Fachberichte Messen · Steuern · Regeln

Herausgegeben von M. Syrbe und M. Thoma

18

S. Engell

Optimale lineare Regelung

Grenzen der erreichbaren Regelgüte in linearen zeitinvarianten Regelkreisen

Springer-Verlag
Berlin Heidelberg NewYork
London Paris Tokyo 1988

G. Eifert, D. Ernst, E. D. Gilles, E. Kollmann, B. Will

Autor:
Dr.-Ing. Sebastian Engell
Fraunhofer-Institut für
Informations- und Datenverarbeitung (IITB)
Sebastian-Kneipp-Straße 12-14
7500 Karlsruhe 1

ISBN-13: 978-3-540-19120-9 e-ISBN-13: 978-3-642-83443-1
DOI: 10.1007/978-3-642-83443-1

CIP-Kurztitelaufnahme der Deutschen Bibliothek
Engell, Sebastian:
Optimale lineare Regelung:
Grenzen d. erreichbaren Regelgüte in linearen zeitinvarianten Regelkreisen / S. Engell. -
Berlin ; Heidelberg ; NewYork ; London ; Paris ; Tokyo : Springer, 1988
(Fachberichte Messen, Steuern, Regeln ; 18)
Zugl.: Duisburg, Univ., Habil.-Schr., 1987 u. d. T.: Engell, Sebastian:
Grenzen der erreichbaren Regelgüte in linearen zeitinvarianten Regelkreisen

Offsetdruck: Color-Druck, G. Baucke, Berlin; Bindearbeiten: B. Helm, Berlin
2160/3020-543210

Vorwort

Seit mehr als 20 Jahren wird "moderne" Regelungstheorie gleichgesetzt mit den sogenannten Zustandsraummethoden, d.h. der Analyse und Synthese im Zeitbereich. Die heute verfügbare umfangreiche Theorie auf diesem Gebiet zeichnet sich aus durch mathematisch klare Problemformulierungen, schlüssige Ableitungen der Lösungen und hochentwickelte Algorithmik. Bekannte Beispiele für im Zustandsraum angesiedelte Syntheseverfahren sind die Polvorgabe, der Entwurf von Optimalreglern für quadratisches Gütefunktional und die Lösungen von Entkopplungsproblemen.

Die Grundzüge der Zustandsraummethoden werden heute bereits allgemein in den regelungstechnischen Grundvorlesungen und Lehrbüchern vermittelt. Doch trotz der inzwischen großen Verbreitung und des hohen Niveaus der Theorie im Zustandsraum haben in der regelungstechnischen Praxis nach wie vor die sogenannten klassischen Entwurfsverfahren anhand von Wurzelortskurven oder Frequenzkennlinien große Bedeutung. Wesentliche Merkmale dieser Verfahren sind:

- die Analyse und Synthese erfolgt im Frequenzbereich,
- es handelt sich eher um Rezepte als um die Lösung eindeutig formulierter Entwurfsprobleme,
- die Strukturen der Regler sind auf relativ einfache Ansätze beschränkt (P-, PI-, PD-, PID-Regler),
- die Verfahren sind auf einschleifige Regelkreise zugeschnitten, Mehrgrößenregelaufgaben müssen in eine Folge von Eingrößenentwurfsproblemen zerlegt werden.

Wenn sich die klassischen Verfahren trotz unscharfer und zum Teil sogar anfechtbarer Formulierung der Entwurfsaufgabe und eingeschränkter Reglerstrukturen bis heute gut behauptet haben, so deshalb, weil sie deutliche praktische Vorteile bieten. Als solche seien genannt:

- erfahrungsgemäß gute Robustheitseigenschaften,
- niedrige und wählbare Komplexität der gewonnenen Regler,
- die Rolle der einzelnen Parameter bleibt für den Entwerfer durchsichtig.

Nach Erhebungen der NAMUR funktionieren ca. 95 % der verfahrenstechnischen Regelungen mit einfachen Reglern befriedigend.

Aufgrund ihrer schwachen theoretischen Fundierung und der Beschränkung auf Einzelregelungen und spezielle Mehrgrößenregelungen wurden die Frequenzbereichsverfahren von den Regelungstheoretikern lange Zeit als Relikte der Vergangenheit ignoriert. Andererseits vermißten die Praktiker wesentliche Vorteile der klassischen Verfahren bei den Zustandsraummethoden. Vor dem Hintergrund dieser unbefriedigenden Situation wurden in den letzten Jahren Anstrengungen unternommen, die Frequenzbereichsverfahren ebenfalls theoretisch zu untermauern.

Dabei zeigte es sich, daß das grundlegende Problem der Robustheit von Regelkreisen, d.h. des Verkraftens von Abweichungen zwischen der Dynamik des realen Systems und des benutzten Modells, im Frequenzbereich prinzipiell besser behandelbar ist als im Zeitbereich. Aus der exakten Formulierung von Entwurfsaufgaben im Frequenzbereich ergaben sich prinzipielle Erkenntnisse über die Möglichkeiten und die Grenzen der Regelung linearer Systeme, die vorher weder mit Zustandsraummethoden noch aus den klassischen Entwurfsregeln abgeleitet werden konnten.

Die moderne Theorie der optimalen Regelung auf der Grundlage von Spezifikationen im Frequenzbereich wird in diesem Buch umfassend dargestellt. Die Robustheit der Regelung wird durch die gewählte Spezifikation mit Sicherheit erreicht, was z. B. beim Optimalregler für quadratisches Gütefunktional nicht der Fall ist. Die klassischen Entwurfsverfahren werden so wesentlich erweitert, zum einen weil die Struktur der Regler nicht von vornherein festgelegt ist, zum anderen weil der Übergang zu Mehrgrößenregelungen ohne die Voraussetzung spezieller Strukturen und Eigenschaften möglich wird.

Im Gegensatz zu den meisten Arbeiten zur optimalen Regelung im Hinblick auf Spezifikationen im Frequenzbereich steht hier nicht ein mathematisches Optimierungsproblem mit vorgegebenen Gewichtungen für die einzelnen Anteile am Anfang der Überlegungen, sondern die Ableitung von Anforderungen an die Frequenzgänge des geschlossenen Regelkreises aus den Forderungen nach gutem Folgeverhalten und Robustheit. Dadurch werden die Ergebnisse direkt und anschaulich interpretierbar. Die optimal mögliche Regelgüte wird ohne Einschränkung der erlaubten Kompensationsglieder bestimmt, und zwar sowohl für den einfachen Fall stabiler minimalphasiger Regelstrecken wie auch insbesondere für Strecken mit schwierig beherrschbaren Dynamikanteilen, wie instabile oder allpaßhaltige Systeme. Es wird erstmals für die wichtigsten Streckentypen die erreichbare Bandbreite guten Regelverhaltens in Abhängigkeit von der Streckendynamik und der Modellgenauigkeit quantitativ exakt bestimmt.

Eine Übersicht über die wesentlichen Aussagen des Buchs und zwei Beispiele für ihre Anwendung auf konkrete Entwurfsprobleme finden sich im Anhang B. Die Arbeit kann damit sowohl "Top-Down" von dort aus als auch mathematisch-logisch, "Bottom-Up", entsprechend der Gliederung erschlossen werden.

Mit Ausnahme dieses Anhangs ist dieses Buch die leicht überarbeitete Fassung meiner Habilitationsschrift "Grenzen der erreichbaren Regelgüte in linearen zeitinvarianten Regelkreisen", die vom Fachbereich Maschinenbau der Universität -GH- Duisburg als schriftliche Habilitationsleistung angenommen wurde. (Das Verfahren wurde am 6. Mai 1987 mit der Feststellung der Lehrbefähigung für das Lehrgebiet "Regelungstechnik" abgeschlossen.)
Die Anfertigung der Habilitationsschrift wurde mir ermöglicht durch ein Stipendium der Deutschen Forschungsgemeinschaft, das einen einjährigen Aufenthalt an der McGill-University, Montréal, einschloß. Die Diskussionen dort mit Prof. G. Zames und seine Unterlagen zur Vorlesung "Frequency Response Methods in Control" sowie die Vorlesung von K. Poolla über robuste Regelung haben mich sehr angeregt und mir den Einstieg in das Gebiet erleichtert.

Ich möchte mich an dieser Stelle zuerst bei Herrn Prof. Dr. H. Schwarz für seine Anstrengungen zur Finanzierung meiner Forschungsarbeiten durch Drittmittel und Stipendien, für die Anregung des Aufenthalts in Nordamerika und sein Interesse an dieser Arbeit herzlich bedanken. Mein Dank gilt ebenso den anderen Gutachtern für das Habilitationsverfahren, Prof. Dr. M. Frik und Prof. Dr. H. Unbehauen, für ihr Interesse und ihre Unterstützung.

In der Control Group an der McGill University und im Fachgebiet MSRT der Universität -GH- Duisburg bin ich vielfältig unterstützt und gastfreundlich aufgenommen worden. Dieter Konik hat sich der Mühe unterzogen, Rohfassungen des Manuskrips zu lesen und so die Darstellung zu verbessern geholfen. Dank schulde ich darüber hinaus allen Fachkollegen, die mich in den letzten Jahren durch ihr Interesse an meinen Arbeiten angespornt und ermuntert haben.

Herr Professor Dr. M. Syrbe hat sich mit großem Engagement der Herausgabe der Arbeit angenommen und mir wertvolle Hinweise zur Verbesserung der Darstellung gegeben. Ihm und dem Springer-Verlag danke ich für die Aufnahme in die Reihe der Fachberichte Messen, Steuern, Regeln und die sorgfältige Durchsicht des Manuskripts.

Frau R. Witting hat das Manuskript in eine ansehnliche Form gebracht und auch die Ergänzungen und Korrekturen mit Sorgfalt und Geduld in den Text eingefügt. Für die gute Zusammenarbeit danke ich ihr sehr, ebenso den Studenten M. Pawlik und R. Vehring, die mich durch Programmier- und Zeichenarbeiten unterstützten.

Schließlich möchte ich mich bei meiner Frau Margret für ihre Geduld und Unterstützung von Herzen bedanken, es ist mir nicht leichtgefallen, sie immer wieder mit unseren lieben Töchtern Sanna und Alva allein zu lassen. Ich hoffe, daß das Ergebnis der Bemühungen ihnen und allen Kindern eines Tages zugute kommen wird.

Karlsruhe, den 13. März 1988 Sebastian Engell

Inhaltsverzeichnis

Verzeichnis wichtiger Formelzeichen

$\mathbb{R}^n$	Menge der n-dimensionalen reellen Vektoren
$\mathbb{Z}$	Menge der ganzen Zahlen
$\mathbb{H}_H^\infty$	Menge der in der offenen rechten s-Halbebene analytischen und beschränkten Funktionen
$\mathbb{H}_{\bar{E}}^\infty$ ($\mathbb{H}_E^\infty$)	Menge der außerhalb (innerhalb) des Einheitskreises analytischen und beschränkten Funktionen
$\bar{p}$	konjugiert komplexe Größe zu p
g(t)	Gewichtsfunktion
g(k)	Gewichtsfolge
ℓ^p	Menge der Signale mit beschränkter p-Norm gemäß (2.3)/(2.4)
ℓ^∞	Menge der überall beschränkten Signale
h^p	Menge der für negative Argumente verschwindenden ℓ^p-Signale
$G_\cdot(s)$	Übertragungsfunktion eines kontinuierlichen Systems
$G_\cdot(z)$	Übertragungsfunktion eines zeitdiskreten Systems gemäß (2.11)
$G_\cdot(e^{j\Omega})$	G(z) für $z = e^{j\Omega}$
$z_1(\cdot)$, $z_2(\cdot)$	Störgrößen
$z(\cdot)$	auf den Streckenausgang bezogene Störgröße
$n(\cdot)$	Meßrauschen
$w(\cdot)$	Führungssignal
$y(\cdot)$	Ausgangssignal
$e(\cdot)$	Regeldifferenz
$\delta(\cdot)$	Regelfehler

$G_S(\cdot)$	Übertragungsfunktion der Strecke (Modell)
$G_M(\cdot)$	Übertragungsfunktion des Meßglieds (Modell)
$G_K(\cdot)$	Übertragungsfunktion des Kompensationsglieds im Vorwärtszweig
$G_F(\cdot)$	Übertragungsfunktion des Kompensationsglieds im Rückführzweig
$G_{SM}(\cdot)$	Produkt von $G_S(\cdot)$ und $G_M(\cdot)$
$G_{KF}(\cdot)$	Produkt von $G_K(\cdot)$ und $G_F(\cdot)$
$G_V(\cdot)$	Übertragungsfunktion im Vorwärtszweig
$G_R(\cdot)$	Übertragungsfunktion im Rückführzweig
n_i	Nullstelle der Ordnung v_i
p_i	Polstelle der Ordnung π_i
$S(\cdot)$	Störübertragungsfunktion (Empfindlichkeitsfunktion, Regelfaktor, inverse Rückführdifferenz)
$T(\cdot)$	komplementäre Störübertragungsfunktion gemäß (2.31)
$R(\cdot)$	Übertragungsfunktion vom Führungssignal zum Regelfehler
$L(\cdot)$	Übertragungsfunktion des offenen Regelkreises
$G_S^r(\cdot)$, $G_{SM}^r(\cdot)$	Übertragungsfunktionen der realen Systeme
$\varepsilon_{\cdot}(s)$, $\varepsilon_{\cdot}(z)$	multiplikative Modellierungsfehler
$l_{\cdot}(\omega)$, $l_{\cdot}(\Omega)$	Schranke für $\lvert\varepsilon_{\cdot}(j\omega)\rvert$ bzw. $\lvert\varepsilon_{\cdot}(e^{j\Omega})\rvert$
$S^r(\cdot)$, $T^r(\cdot)$, $R^r(\cdot)$	Übertragungsfunktionen des realen Regelkreises
C_D	Nyquist-Kontur

$A(\omega)$, $A(\Omega)$	Schranke für $\|S(j\omega)\|$, $\|S(e^{j\Omega})\|$
$B(\omega)$, $B(\Omega)$	Schranke für $\|T(j\omega)\|$, $\|T(e^{j\Omega})\|$
$A_R(\omega)$, $A_R(\Omega)$	Schranke für $\|R(j\omega)\|$, $\|R(e^{j\Omega})\|$
$\mathcal{B}_S$ ($\mathcal{B}_T$)	Frequenzbereiche, in denen $\|S(j\omega)\|$ ($\|T(j\omega)\|$) spezifiziert ist
$W_A(s)$	Poisson-Integral zu $[A(\omega)]^{-1}$
$W_B(s)$	Poisson-Integral zu $[B(\omega)]^{-1}$
$W_R(s)$	Poisson-Integral zu $[A_R(\omega)]^{-1}$
$G_{SM}^a(s)$	Faktor von $G_{SM}(s)$ gemäß (4.6)
$U_{\cdot}^N(s)$, $U_{\cdot}^P(s)$	aus den Nullstellen bzw. Polstellen gebildeter Allpaßfaktor
ε_S	Schranke für $\|S(j\omega)\|$ für $\|\omega\| \le \omega_b$
ε_T	Schranke für $\|T(j\omega)\|$ für $\|\omega\| \ge \omega_z$
S_{max}, T_{max}	erlaubte Maximalwerte von $\|S(j\omega)\|$, $\|T(j\omega)\|$
a_b	ε_S in dB
a_{max}	S_{max} in dB
ω_b	Bandbreite guter Störunterdrückung
$G_{KF}^n(s)$	nicht realisierbares Kompensationsglied
$S^n(s)$, $T^n(s)$	nicht realisierbare Übertragungsfunktionen
$c(\omega)$	frequenzabhängiger Kreismittelpunkt nach (6.27)
$r(\omega)$	frequenzabhängiger Kreisradius nach (6.28)
$V_r(s)$	Poisson-Integral zu $r(\omega)$
$V_c^r(s)$	rationale Approximation zu $c(\omega)$
$\tilde{V}_c^r(s)$, $U_c^p(s)$	Faktorisierung $V_c^r(s)$ nach (6.33)
$\delta_c(\omega)$	Fehler bei der Approximation von $c(\omega)$

$ß,\ \delta_S,\ \delta_T$	Kennwerte der Approximationsgüte nach (7.3)
$\rho,\ a_D,\ a_S$	Filterparameter gemäß (7.10a-c)
$K(s),\ H(s)$	Cauerparameter-Filterfunktionen nach (7.11), (7.12)
$G_{.}(\tilde{z})$	aus $G(z)$ durch Substitution $\tilde{z} = z^{-1}$ entstehende Funktion
$G_{.}^{w}(w)$	aus $G(z)$ durch w-Transformation (8.20) entstehende Funktion
$G_{.}^{*}(s)$	aus $G(z)$ durch Substitution $z=\exp(sT)$ entstehende Funktion
$G_{.}^{'}(z)$	z-Transformierte eines äquivalenten Abtastsystems
$G_H(s)$	Übertragungsfunktion eines Halteglieds
$\mathcal{W}_T$	"Aufwickeloperator" gemäß (8.57) zur Berechnung von $Y^*(s)$ aus $Y(s)$ bei Signalabtastung
$y'(k)$	abgetastetes Signal
$\underline{\Gamma}_V(N)$	Hankel-Matrix der Ordnung N zu $v(\Omega)$ (Gl.(8.45))
$\sigma_1[\ ]$	maximaler Singulärwert einer Matrix
$\underline{G}_{.}(s)$	Übertragungsmatrix
$\underline{N}_{.}^{r}(s),\ \underline{D}_{.}^{r}(s)$	Faktoren bei pseudo-rechtskoprimer stabiler Faktorisierung gemäß (9.19)
$\underline{P}_{.}^{r}(s),\ \underline{Q}_{.}^{r}(s)$	zugeordnete Matrizen bei PRSF nach (9.20)
$\underline{N}_{.}^{l}(s),\ \underline{D}_{.}^{l}(s)$	Faktoren bei pseudo-linkskoprimer stabiler Faktorisierung gemäß (9.21)
$\underline{P}_{.}^{l}(s),\ \underline{Q}_{.}^{l}(s)$	zugeordnete Matrizen bei PLSF nach (9.22)
$\mathcal{V}_{p_i.}$	Nullraum zum Pol p_i bei Mehrgrößensystemen
$\mathcal{N}_{n_i}^{r},\ \mathcal{N}_{n_i}^{l}$	rechter bzw. linker Nullraum zur Nullstelle n_i
$\underline{U}(s)$	Allpaßmatrix
$\underline{G}_{.}^{\varepsilon}(s)$	multiplikative Modellfehlermatrix

1 Einleitung

Diese Arbeit beschäftigt sich mit folgender Fragestellung:

> Es sei ein dynamisches System (Regelstrecke) gegeben sowie ein mathematisches Modell dieses Systems. Das Modell beschreibe das reale System mit einer gewissen abschätzbaren Ungenauigkeit. Welche Anforderungen an den realen geschlossenen Regelkreis lassen sich dann prinzipiell erfüllen ? Wie sehen die Regler aus, die das bestmögliche Regelkreisverhalten bewirken ? Welche Folgen hat eine Beschränkung der Klasse der zulässigen Regler ?

Dies sind Fragen von grundlegender Bedeutung für die Beeinflussung dynamischer Systeme durch Rückführungen unter realen Bedingungen. Sie haben in den letzten Jahren in der Regelungstheorie große Beachtung gefunden. Es wird hier versucht, die wichtigsten Ergebnisse dieser Bemühungen ausgehend von praxisnahen Spezifikationen des gewünschten Regelkreisverhaltens darzustellen und zu diskutieren.

Ein wesentliches Motiv für die Untersuchung der obigen Fragen ist die Bewertung von Regelungsstrukturen und Reglerentwürfen. In der Regelungstechnik gibt es heute eine Vielzahl von Methoden zur Reglerauslegung für eine gegebene Struktur des Regelkreises. Diese reichen von heuristisch gewonnenen und oftmals sehr nützlichen Einstellregeln (z. B. nach Ziegler-Nichols) über theoretisch begründete, jedoch Erfahrung und Intuition voraussetzende Entwurfsmethoden (z. B. das Frequenzkennlinienverfahren oder das Mehrgrößen-Nyquist-Verfahren) bis zur algorithmischen Lösung von Optimierungsproblemen (z. B. für quadratisches Kostenfunktional). Jede dieser Methoden hat Vorzüge und Nachteile.

Da die verschiedenen Entwurfsverfahren sehr unterschiedliche Zielsetzungen haben und von verschiedenen Randbedingungen ausgehen, läßt sich auch keine "Rangordnung" aufstellen. Bei einem speziellen Entwurf ist zumeist äußerst schwer zu beurteilen, ob das Ergebnis durch die strukturellen Möglichkeiten des Ansatzes, die verwendete Methode oder das Geschick des Entwerfers bestimmt wurde.

Sehr schwer abzusehen ist meist auch, wieviel von einer Erweiterung der Klasse zulässiger Kompensationsglieder, z. B. einer Erhöhung der Ordnung, oder dem Übergang zu ganz anderen Strukturen (schaltende Regler, Adaption) zu erwarten ist.

Die in dieser Arbeit dargestellten Ergebnisse sollen nun einen objektiven Maßstab zur Beurteilung eines speziellen Entwurfs bzw. einer speziellen Struktur liefern.

Der zweite wichtige Aspekt der hier behandelten Fragestellung ist, Aufschluß zu geben, welche Qualität des mathematischen Modells eigentlich notwendig ist, und welche Auswirkungen die Modellierungsgenauigkeit auf die Regelgüte hat. Die Modellbildung dürfte in der Praxis der aufwendigste Teil bei der Regelkreisauslegung sein, und hierbei ist das Standardproblem, ob bestimmte Effekte oder Zusammenhänge im Modell berücksichtigt werden sollen oder nicht. Wenn ein sehr komplexes Modell verwendet wird, ohne daß diese Genauigkeit für das gewünschte Regelkreisverhalten erforderlich ist, so entsteht ein unnötig hoher Aufwand, andererseits kann ein zu grobes Modell dazu führen, daß die entworfenen Kompensationsglieder am realen System versagen.

Die zunächst etwas abstrakt anmutende Fragestellung dieser Arbeit nach der prinzipiell in Abhängigkeit von der Streckendynamik und der Modellierungsgenauigkeit erreichbaren Regelgüte hat also große praktische Bedeutung. Allerdings müssen bezüglich der Allgemeinheit der Problemstellung gewisse Einschränkungen gemacht werden, damit sich überhaupt quantitative Aussagen über die Grenzen der Regelgüte ableiten lassen anstelle vager heuristischer Feststellungen wie etwa "nichtminimalphasige Strecken sind schlecht regelbar". Diese Einschränkungen betreffen die betrachtete Systemklasse und die Spezifikation des gewünschten Regelkreisverhalten.

Grundannahme in dieser Arbeit ist, daß alle Regelkreisglieder kausale lineare zeitinvariante Systeme sind, die sich durch Faltungsoperatoren (Faltungsintegrale oder -summen) darstellen lassen. Man kann gegen diese Annahme einwenden, daß sie praktisch nie erfüllt ist, da jedes reale System Nichtlinearitäten und eine gewisse Zeitvarianz des Übertragungsverhaltens aufweist. Praktisch können aber auch gewisse Nichtlinearitäten und langsame zeitliche Änderungen des Systemverhaltens durch eine Schar linearer zeitinvarianter Modelle erfaßt werden. Statische Nichtlinearitäten lassen sich was die Stabilitätsprüfung betrifft mit ganz ähnlichen Methoden berücksichtigen (vgl. [ZA1, DV], eine exakte Bestimmung der Grenzen der Regelgüte ist zur Zeit aber nur unter der Voraussetzung linearen Streckenverhaltens möglich.

Das gewünschte Regelkreisverhalten spezifizieren wir als Übertragungsverhalten des Regelkreises bezüglich verschiedener externer Stör- und Führungssignale. Wie in Kapitel 3 näher erläutert wird, lassen sich die üblichen Anforderungen in Schranken für den Betrag bestimmter Frequenzgänge übersetzen, deren Einhaltung gutes Folgeverhalten des Regelkreises auch bei Vorhandensein von Modellierungsfehlern sicherstellt. Durch den gewählten Ansatz werden natürlich keineswegs alle möglicherweise auftretenden Beschränkungen vollständig abgedeckt. Es handelt sich um Minimalforderungen, die in jedem realen Regelungsproblem erfüllt werden müssen.

Andere Ansätze zur Bestimmung der erreichbaren Regelgüte setzen andere Spezifikationen voraus. Bei einer Analyse mit informationstheoretischen Mitteln [EN3] ist dies ein Kostenfunktional für stochastische Störsignale bekannter gegebener Statistik. Das Verfahren von *Ackermann* [AC1] baut auf der Vorgabe von Eigenwertgebieten auf und liefert implizit für diese Spezifikation Grenzen der erreichbaren Regelgüte für eine endliche Zahl linearer Modelle fester Ordnung. Im Gegensatz dazu wird bei den hier dargestellten Methoden von einem Kontinuum möglicher Streckendynamiken ohne Ordnungsbeschränkung, also z. B. unter Einschluß variabler Totzeiten, ausgegangen.

Die Geschichte der Behandlung der Frage nach der erreichbaren Regelgüte in linearen zeitinvarianten Regelkreisen beginnt mit den grundlegenden Aussagen von *Bode* [BO] aus dem Jahre 1945, die später von verschiedenen Autoren wiederentdeckt und interpretiert wurden [WE, JA, KR]. Diese oft als Gleichgewichtstheorem bezeichnete Beschränkung ist aber in der Praxis nicht sonderlich fühlbar (vgl. die Diskussion in Abschnitt 4.7).

Aufbauend auf den Ergebnissen von Bode diskutiert *Horowitz* in seinem 1963 erschienenen Buch [HOR] die Grenzen des erreichbaren Regelkreisverhaltens. Im wesentlichen werden hierbei die sich aus den Stabilitätsbedingungen ergebenden Schwierigkeiten, große Werte des Amplitudengangs des offenen Regelkreises über möglichst große Frequenzbereiche zu erreichen, dargestellt. Dies bleibt jedoch auf grobe Abschätzungen und qualitative Ergebnisse beschränkt.

Ein erster Beitrag zur quantitativen Erfassung der Auswirkungen der Nichtminimalphasigkeit der gegebenen Regelkreisglieder ist die Arbei von *Kwakernaak* und *Sivan* (1972) [KS]. Hier wird im Rahmen des LQ-Problems (Optimierung für ein quadratisches Kostenfunktional bei Anfangswertausregelung) gezeigt, daß für nahezu perfekte Regelung die Zahl der Stellgrößen nicht kleiner sein darf als die Zahl der Regelgrößen, und daß für gleiche Zahl von Stell- und Regelgrößen das gegebene Modell keine Nullstellen in der rechten s-Halbebene besitzen darf.

Eine stürmische Entwicklung von Untersuchungen zur erreichbaren Regelgüte unter Berücksichtigung von Robustheitsforderungen setzte mit den Arbeiten von *G. Zames* [ZA2, ZA3] ein. Zames stellte zunächst in Frage, ob Zustandsraummethoden und quadratische Optimierung für "gewöhnliche" Regelungsprobleme mit ungenau bekannter Strecke adäquat sind, und propagierte eine Rückbesinnung auf Frequenzbereichsmethoden in mathematisch weiterentwickelter Form. Er kreierte das sogenannte $\mathbb{H}^\infty$-Optimierungsproblem, d. h. praktisch eine Optimierung des Regelkreises für das am schlechtetesten ausregelbare Störsignal anstelle eines bestimmten bekannten Störsignals (vgl. Abschnitt 3.3).

In [ZA3] wurde in diesem Zusammenhang erstmals eine Grenze der erreichbaren Regelgüte bei Vorhandenensein von Nullstellen in der rechten s-Halbebene in quantitativer Form angegeben. Hieran schließt sich eine Folge von Arbeiten an [ZF, FZ, FHZ, FTZ], die das $\mathbb{H}^\infty$-Optimierungsproblem für das Störverhalten für Ein- und Mehrgrößensysteme und schließlich für Totzeitstrecken behandeln.

Zames versuchte auch bereits früh, den Zusammenhang zwischen Modellierungsgenauigkeit und Regelgüte zu erfassen [ZA2].

Erst die Ergebnisse zur robusten Stabilisierung von nur näherungsweise bekannten Strecken [DS, CD1] machten jedoch eine Einbeziehung der Modellierungsunsicherheit in exakter Weise möglich.

Parallel dazu erarbeiten *Freudenberg* und *Looze* eine allgemeinere Form des Theorems von Bode und ähnliche Aussagen wie in [ZF] zur erreichbaren Regelgüte [FL]. Eine sehr elegante Behandlung der erreichbaren Störunterdrückung für den Mehrgrößenfall gaben *Boyd* und *Desoer* in [BD].

Die wegweisende Arbeit zur Analyse von Beschränkungen, die robustes Folgeverhalten des Regelkreises sicherstellen, stammt von *O'Young* und *Francis* [OF].

Die Arbeiten von *J.C. Willems* zur näherungsweise perfekten Störgrößenunterdrückung beinhalten ebenfalls Aussagen zur erreichbaren Regelgüte insofern, als dort Voraussetzungen für (asymptotisch) perfektes Regelkreisverhalten angegeben werden [WI], allerdings nur für die nominale Strecke. Andere im Zustandsraum angesiedelte Methoden liefern Grenzen für die erreichbare Robustheit wie das schon erwähnte Verfahren von Ackermann [AC1] . Eine vergleichbare geschlossene Theorie hat sich aus diesen Ansätzen jedoch nicht entwickelt, weshalb hier der Analyse im Frequenzbereich der Vorzug gegeben wird.

Die vorliegende Arbeit enthält zum ersten Mal eine umfassende Darstellung der Beschränkungen der erreichbaren Regelgüte, wie sie sich aus einer Analyse im Frequenzbereich ergeben. Dabei wird nicht von dem zwar mathematisch eleganten, aber nicht unbedingt praxisgerechten $\mathbb{H}^{\infty}$-Optimierungsproblem ausgegangen, sondern von einer allgemeineren Charakterisierung der gewünschten Regelgüte.

Bezüglich der theoretischen Grundlagen faßt diese Arbeit im wesentlichen den aus der genannten Literatur bekannten Stand zusammen. Sie versucht eine geschlossene Darstellung der Theorie, ausgehend von realitätsnahen Spezifikationen des gewünschten Regelkreisverhaltens mit ausführlicher Interpretation der Resultate zu geben.

Zusätzlich wird hier ein neues Verfahren zur numerischen Auswertung der mathematischen Ergebnisse vorgestellt. Mit Hilfe dieser Methode konnten erstmals für alle wichtigen Fälle quantitative Aussagen zum Einfluß der Streckendynamik und der Modellierungsgenauigkeit gemacht werden.

Aus der Sicht des Ingenieurs erscheint der erforderliche Aufwand vielleicht stellenweise abschreckend. Eine mathematisch haltbare Formulierung ist jedoch der einzige Weg, um zwischen dem, was wir wissen, und dem, was wir vermuten, zu unterscheiden. Und erst die Kenntnis der wesentlichen Schritte zur Ableitung eines Resultats ermöglicht es, dessen Reichweite kritisch zu würdigen. Nicht zuletzt besteht der Reiz der hier dargestellten Theorie gerade darin, daß sie einerseits ein schlüssiges theoretisches Fundament besitzt und andererseits zu sehr praxisrelevanten Aussagen führt. "Schönheit ist der Glanz des Wahren" (Augustinus). Der Aufbau und die Form der Darstellung orientiert sich an dem heute in der internationalen Literatur üblichen Anspruch nach präziser Formulierung und mathematisch haltbarer Ableitung der Ergebnisse. Diese werden daneben für übersichtliche Spezifikationen der Regelgüte ausführlich quantitativ ausgewertet und diskutiert.

Durch die systematische Darstellung ausgehend von einfachen Anforderungen an den Regelkreis soll auch der Einstieg in die zum Teil für den mit der Materie nicht vertrauten schwer verständliche Originalliteratur erleichtert werden.

Die Arbeit gliedert sich in vier Hauptteile, die jeweils zwei Kapitel umfassen:

- Grundlagen (Kapitel 2 und 3)
- unmittelbar aus der Funktionentheorie ableitbare Beschränkungen für zeitkontinuierliche Eingrößenregelkreise (Kapitel 4 und 5)
- eingehende Analyse der Grenzen der Regelgüte in zeitkontinuierlichen Eingrößenregelkreisen mit Hilfe der Interpolationstheorie (Kapitel 6 und 7)
- Übertragung der Ergebnisse auf zeitdiskrete Regelkreise und Verallgemeinerung auf Mehrgrößensysteme mit methodischen Erweiterungen (Kapitel 8 und 9).

Der größte Teil der Arbeit ist also zeitkontinuierlichen Eingrößenregelkreisen gewidmet, was zunächst etwas überraschen mag, sind dies doch die am weitaus gründlichsten behandelten und am besten verstandenen Regelkreise. Eben aus diesem Grund ist es aber auch günstig, die Methodik zur Bestimmung der erreichbaren Regelgüte für diesen Fall zu entwickeln. Wie in den Kapiteln 8 und 9 gezeigt wird, ist der Übergang zu zeitdiskreten Regelkreisen sehr einfach, und auch die Behandlung des Mehrgrößenfalls erfolgt weitgehend analog zum Eingrößenfall.

Die Ausführungen in Kapitel 2 stellen den mathematischen Unterbau für die gesamte Arbeit dar. Es werden zum einen in kompakter Form einige funktionentheoretische Aussagen dargestellt, auf die immer wieder zurückgegriffen wird. Im übrigen beschäftigt sich dieses Kapitel mit der Charakterisierung stabiler Übertragungssysteme und Regelkreise. Hierbei wurde bewußt darauf verzichtet, eine nur für den Fall rationaler Übertragungsfunktion gültige Darstellung zu geben, besteht doch der Vorzug von Frequenzbereichsverfahren gerade darin, eine einheitliche Behandlung aller linearen zeitinvarianten Systeme in der Umgebung eines Modells zu erlauben. Dies macht es erforderlich, den zugrundegelegten Stabilitätsbegriff klar zu definieren und unterschiedliche Stabilitätskriterien für unterschiedliche Stabilitätsdefinitionen anzugeben.

In Kapitel 3 wird dann die grundlegende Frage diskutiert, wie ein "gutes" Verhalten von Regelkreisen zu spezifizieren ist. Ausgehend von den drei Grundanforderungen an jeden Regelkreis, nämlich Stabilität, gutes Folgeverhalten und Robustheit gegenüber Modellierungsfehlern, wird eine Spezifikation im Frequenzbereich gewählt, die qualitativ auf eine robuste Minimierung der Energie der Regelabweichung hinausläuft.

Die zugrundegelegte Beschreibung der Anforderungen an den Regelkreis ist flexibler als die in der Literatur üblicherweise zugrundegelegte Formulierung als Minimierungsproblem mit festen vorgegebenen Gewichtsfaktoren für den Störfrequenzgang [ZA3, ZF, FZ, FHZ] bzw. für das Störverhalten und die Stellenergie [KW1, GR]. Dadurch können sowohl harte Entwurfsanforderungen, z. B. Stabilität trotz vorhandener Modellungenauigkeit, als auch eine Optimierung einzelner Parameter der Spezifikation berücksichtigt werden.

Die so gewonnenen Mindestanforderungen an jede brauchbare Reglerauslegung haben die Form von Schranken für den Betrag der Frequenzgänge der Störübertragungsfunktion oder Empfindlichkeitsfunktion S(s), der hierzu komplementären Funktion T(s), die die Übertragung des Meßrauschens zur Ausgangsgröße beschreibt, und der Übertragungsfunktion vom Führungssignal zur Regelabweichung, R(s).

In den Kapiteln 4 und 5 werden mit Hilfe der in Kapitel 2 zusammengestellten funktionentheoretischen Ergebnisse Bedingungen für die Einhaltbarkeit solcher Schranken für jede dieser Übertragungsfunktionen einzeln unabhängig von den anderen abgeleitet und ausführlich diskutiert.

In Kapitel 4 geht es zunächst um die erreichbaren Störfrequenzgänge $S(j\omega)$. Wir leiten die Ungleichung von Zames und Francis her, die den Einfluß einer Nullstelle der Übertragungsfunktionen der gegebenen Regelkreisglieder in der rechten s-Halbebene sowie der instabilen Pole beschreibt. Diese Ungleichung wird quantitativ ausgewertet und auch auf das entsprechende $\mathbb{H}^\infty$-Optimierungsproblem angewendet. Weiter wird gezeigt, daß das erforderliche Verhalten der Übertragungsfunktionen der Kompensationsglieder im Unendlichen nur infinitesimalen Einfluß auf die erreichbare Regelgüte hat. Schließlich geben wir noch die allgemeine Form des Theorems von Bode an und diskutieren seine Auswirkungen auf die erreichbare Regelgüte.

Kapitel 5 ist zum einen der Übertragung dieser Ergebnisse auf T(s) und R(s) gewidmet. Zum anderen wird dort versucht, mit elementaren Mitteln, nämlich dem Zusammenhang zwischen Amplitude und Phase stabiler Übertragungsfunktionen, die Einhaltbarkeit von Schranken für $|S(j\omega)|$ und $|T(j\omega)|$ in verschiedenen Frequenzbereichen zu untersuchen sowie den Einfluß von Totzeiten. Dies vermittelt einen ersten Eindruck von den hierbei wirksamen Zusammenhängen und den Ursachen der Beschränkungen.

Die in den Kapiteln 4 und 5 behandelten Probleme mit Ausnahme der Auswirkungen von Totzeiten werden in Kapitel 6 noch einmal unter Verwendung der Pickschen Interpolationstheorie für beschränkte analytische Funktionen angegangen. Man erhält so zum einen voll-

Zum anderen läßt sich mit Hilfe dieser Theorie ein Satz über die Einhaltbarkeit von Beschränkungen von $|S(j\omega)|$ und $|T(j\omega)|$ in nicht überlappenden (komplementären) Frequenzbereichen aufstellen. Dieser Satz ist die Grundlage für die Untersuchung der Auswirkung der Modellierungsunsicherheit auf die erreichbare Regelgüte.

Das allgemeine Ergebnis aus Kapitel 6 zur Einhaltbarkeit komplementärer Spezifikationen wird in Kapitel 7 eingehend ausgewertet. Hierzu ist zunächst ein Approximationsproblem zu lösen. Es stellte sich heraus, daß eine effektive Methode die Verwendung der erstmals von W. Cauer angegebenen Tiefpaßfilter mit Tschebycheff-Charakteristik ist. Auf diese Weise wurden zahlreiche Beispiele quantitativ untersucht. Die hier gezeigten Diagramme über die Abhängigkeit der verschiedenen Parameter der Spezifikation von $|S(j\omega)|$ und $|T(j\omega)|$ durch stückweise konstante obere Schranken geben erstmals einen relativ vollständigen Überblick über die aufgrund der Streckendynamik und der Modellierungsunsicherheit auftretenden Beschränkungen der erreichbaren Regelgüte.

Darüber hinaus lassen sich diese Approximationen auch benutzen, um die mit Kompensationsgliedern endlicher Ordnung erreichbare Regelgüte abzuschätzen, was zu Ansätzen für ein Syntheseverfahren führt.

In Kapitel 8 werden die für zeitkontinuierliche Regelkreise gewonnenen Ergebnisse auf zeitdiskrete und Abtastregelkreise übertragen. Dies erfordert für zeitdiskrete Regelkreise lediglich eine passende Transformation, und die vorher gezeigten Diagramme können bei geeigneter Interpretation auch für diesen Fall benutzt werden.

Es ist zusätzlich im zeitdiskreten Fall möglich, Totzeiten exakt zu berücksichtigen. Die dabei verwendete Theorie bietet gleichzeitig eine Alternative zur Überprüfung der Einhaltbarkeit von Spezifikationen von $|S|$ und $|T|$ in komplementären Frequenzbereichen. Man erhält insbesondere in Ergänzung zum Ergebnis in Kapitel 6 eine notwendige Bedingung.

Weiterhin untersuchen wir Abtastregelkreise, wobei im Mittelpunkt die Reduktion auf ein zeitdiskretes Regelungsproblem mit den dabei zu beachtenden Besonderheiten steht.

Kapitel 9 beschäftigt sich schließlich mit der Verallgemeinerung der Ergebnisse auf den Mehrgrößenfall. Die Darstellung ist hierbei allerdings wesentlich kompakter als für Eingrößenregelkreise, und es werden nur die wichtigsten Resultate, nicht aber ihre Ableitung angegeben. Dies ist deshalb möglich, weil die wesentlichen Argumentationsschritte denen für den Eingrößenfall vollständig analog sind und nur die mathematischen Hilfsmittel der komplexeren Problemstellung entsprechend anspruchsvoller. Die dargestellte heute verfügbare Theorie für Mehrgrößenprobleme bildet allerdings nur ein Gerüst, in das noch einiges an Detailuntersuchungen einzufügen bleibt.

In den abschließenden Bemerkungen wird auf die Unterschiede zwischen Zustandsraum- und Frequenzbereichsmethoden eingegangen, sowie eine Zusammenstellung ungelöster Probleme gegeben.

2 Grundlagen für die Behandlung linearer zeitinvarinater Regelkreise im Frequenzbereich

Die Analyse allgemeiner linearer zeitinvarianter Regelkreise, insbesondere die Ableitung von Grenzen der erreichbaren Regelgüte, erfordert gewisse mathematische Hilfsmittel. Da die Grenzen der erreichbaren Regelgüte von der unverzichtbaren Forderung nach Stabilität des geschlossenen Regelkreises gezogen werden, wird zunächst der zugrundegelegte Stabilitätsbegriff erläutert. Davon ausgehend erfolgt eine präzise und erschöpfende Charakterisierung stabiler Systeme und Regelkreise. Hierbei werden, wie auch bei der Analyse der Grenzen der erreichbaren Regelgüte, Begriffe und Ergebnisse der Funktionentheorie verwendet, deshalb enthält der Abschnitt 2.2 einen kurzen Abriß der im folgenden benutzten funktionentheoretischen Aussagen.

2.1 Ein-/Ausgangsverhalten linearer Eingrößensysteme

Wir behandeln hier kausale lineare zeitinvariante Systeme mit je einer Eingangs- und Ausgangsgröße, die sich durch Faltungsoperatoren darstellen lassen.

Im zeitdiskreten Fall lautet die Zuordnung von Eingangssignal $\{x(k)\}$ und Ausgangssignal $\{y(k)\}$ $(k \in \mathbb{Z})$

$$y(k) = \sum_{i=0}^{\infty} g(i)x(k-i), \tag{2.1}$$

und die (als endlich vorauszusetzenden) Werte der Gewichtsfolge $\{g(i)\}$ beschreiben das Übertragungsverhalten von

$$G : \{x(k)\} \rightarrow \{y(k)\}$$

vollständig.

Im zeitkontinuierlichen Fall lautet der Zusammenhang von Ein- und Ausgangssignal:

$$y(t) = \int_0^{\infty} g(\tau)x(t-\tau)d\tau. \tag{2.2}$$

Die Gewichtsfunktion $g(\tau)$, die das zeitkontinuierliche System beschreibt, muß nicht überall als gewöhnliche Funktion existieren.

Insbesondere kann $g(\tau)$ δ-Funktionen (Distributionen) auch höherer Ordnung enthalten.

Um kausale lineare zeitinvariante Systeme näher charakterisieren zu können, ist es zweckmäßig, zunächst die auftretenden Signale zu klassifizieren. $x(t)$ bzw. $\{x(k)\}$ wird als zur Klasse ℓ^p, $1 \le p < \infty$, gehörig bezeichnet, wenn

$$\int_{-\infty}^{\infty} |x(t)|^p dt < \infty$$

bzw.

$$\sum_{k=-\infty}^{\infty} |x(k)|^p < \infty$$

erfüllt ist. $x(t)$ bzw. $\{x(k)\}$ gehören zur Klasse ℓ^∞, wenn sie beschränkt sind, d. h. ein endlicher (von x abhängiger) Wert M_x existiert, so daß

$$x(t) \le M_x \quad \forall\, t \in \mathbb{R}$$

bzw.

$$x(k) \le M_x \quad \forall\, k \in Z$$

gilt. Da die Zugehörigkeit zu ℓ^p bei (punktweiser) Addition und Multiplikation mit Skalaren erhalten bleibt, ist ℓ^p, $1 \le p \le \infty$, ein linearer Raum von Signalen.

Als Maß für die "Größe" eines Signals benutzen wir die ℓ^p-Normen gemäß

$$\| x(t) \|_p = \left\{ \int_{-\infty}^{\infty} |x(t)|^p \, dt \right\}^{1/p} \tag{2.3}$$

bzw.

$$\| x(t) \|_p = \left\{ \sum_{-\infty}^{\infty} |x(k)|^p \right\}^{1/p} \tag{2.4}$$

für $p < \infty$, und

$$\| x \|_\infty = \sup_t |x(t)| = \min_a \left\{ a \in \mathbb{R} : |x(t)| \le a \ \forall\, t \right\} \tag{2.5}$$

bzw. der analogen Beziehung im zeitdiskreten Fall. Damit bildet ℓ^p einen linearen normierten Raum.

Hiervon ausgehend lassen sich auch Normen für kausale Übertragungssysteme definieren, die die "Verstärkung" von $\mathcal{G}$ als Operator im Raum der für negative Werte von t bzw. k verschwindenden Eingangssignale beschreiben. Diese Signalklasse (ebenfalls ein linearer normierter Raum mit der ℓ^p-Norm als Norm) bezeichnen wir mit h^p. Diese induzierte ℓ^p-Norm ist definiert durch

$$\|\mathcal{G}\|_p = \sup_{\substack{x \in h^p \\ \|x\| \neq 0}} \frac{\|y\|_p}{\|x\|_p} \quad . \tag{2.6}$$

Die Wahl des Anfangszeitpunktes ist hierbei offensichtlich unerheblich, wesentlich ist nur, daß x in einem nach links unbeschränkten Intervall verschwindet. Ist $\mathcal{G}$ z. B. die Übertragung von Stör- zu Ausgangssignal in einem Regelkreis, so gibt $\|\mathcal{G}\|_p$ die maximal mögliche Verstärkung (im Sinne der ℓ^p-Norm) von bei $t = 0$ einsetzenden und im Sinne der ℓ^p-Norm beschränkten Störsignalen an. Im Gegensatz zur häufig durchgeführten Analyse des Einflusses bestimmter Störsignale (z. B. sprungförmiger Signale) erfaßt diese Norm den schlechtest möglichen Fall für eine bestimmte Klasse von Eingangssignalen.

Operatornormen finden auch bei der Analyse nichtlinearer Systeme breite Anwendung (s. z. B. [ZA1, DV]).

Wir wollen $\|\mathcal{G}\|_p$ für einige wichtige Fälle genauer bestimmen.

Beispiel 2.1

Das zeitkontinuierliche Übertragungssystem $\mathcal{G}$ sei durch (2.2) beschrieben und die Gewichtsfunktion $g(\tau)$ sei absolut integrierbar ($g(\tau) \in \ell^1$).

Dann gilt:

a) $$\|\mathcal{G}\|_2 = \max_\omega |G(j\omega)| \; , \tag{2.7}$$

worin $G(j\omega)$ die Fourier-Transformierte (bzw. die Laplace-Transformierte für $s = j\omega$) von $g(t)$ ist. $G(j\omega)$ existiert, ist stetig und beschränkt und geht für $\omega \to \infty$ gegen Null (s. z. B. [DO1]).

b) $$\| G \|_\infty = \| g(t) \|_1 = \int_0^\infty |g(t)|dt. \tag{2.8}$$

Gleichung (2.8) folgt daraus, daß einerseits

$$|y(t)| \leq \sup_\tau |x(\tau)| \cdot \int_0^\infty |g(\tau)|d\tau \quad \forall\, t$$

gilt, und sich andererseits eine Folge von Eingangsfunktionen, nämlich

$$x_k(t) = \mathrm{sign}(g(kT - t)), \qquad T > 0, \qquad k \in \mathbb{Z},$$

konstruieren läßt, für die dieser Wert asymptotisch für $k \to \infty$ erreicht wird.

(2.7) folgt aus Parsevals Theorem [DO1, PA] und der Tatsache, daß sich eine Folge von Eingangsfunktionen $x_i(t)$ konstruieren läßt, deren Fourier-Transformierte für $i \to \infty$ gegen eine δ-Funktion strebt, so daß der Grenzwert asymptotisch erreicht wird (Einzelheiten s. [DV, Kap. 3]).

Es gilt im übrigen

$$\sup_\omega |G(j\omega)| \leq \| g(t) \|_1 \tag{2.9}$$

und folglich auch

$$\| G \|_2 \leq \| G \|_\infty .$$

□

Beispiel 2.2

Das zeitdiskrete Übertragungssystem G sei durch (2.1) beschrieben und die Gewichtsfolge g(k) sei absolut summierbar. Dann gilt

a) $$\| G \|_2 = \max_{|z|=1} |G(z)| = \max_\Omega |G(e^{j\Omega})|, \tag{2.10}$$

worin G(z) die für $|z| \geq 1$ absolut konvergierende z-Transformierte von g(k) in der regelungstechnisch üblichen Definition ist:

$$G(z) = \sum_{k=0}^{\infty} g(k) z^{-k} . \qquad (2.11)$$

(Es ist mathematisch oft praktischer, anstelle von G(z) die durch Substitution $\tilde{z}=z^{-1}$ aus G(z) entstehende Funktion $\tilde{G}(\tilde{z})$ zu betrachten, für die (2.10) natürlich ebenfalls gilt.)

b) $$\| G \|_{\infty} = \| g(k) \|_1 = \sum_{i=0}^{\infty} |g(k)| . \qquad (2.12)$$

Die Beweisführung verläuft ganz analog zum zeitkontinuierlichen Fall. □

Mit Hilfe der Operatornormen läßt sich die Stabilität von Übertragungssystemen auf klare und eindeutige Weise behandeln. Zuvor geben wir jedoch einen knappen Überblick über einige Begriffe und Ergebnisse der Funktionentheorie, die für die folgenden Überlegungen in diesem und späteren Kapiteln benötigt werden.

2.2 Etwas Funktionentheorie

In diesem Abschnitt werden zunächst einige grundlegende Definitionen und Ergebnisse der Funktionentheorie dargestellt, die bei der Analyse dynamischer Systeme eine Rolle spielen. Danach werden zwei Resultate behandelt, die bei der Analyse der Grenzen der erreichbaren Regelgüte eine zentrale Rolle spielen: das Maximum-Prinzip und die Poissonschen Integralformeln für den Einheitskreis bzw. die rechte Halbebene. Die grundlegenden Aussagen der Funktionentheorie finden sich in allen Lehrbüchern, z. B. [AH, CO, HI], bezüglich der Poissonschen Integralformeln sei für Einzelheiten auf [GA, HO] verwiesen.

Analytische Funktionen, Singularitäten

Es geht hier um komplexe Funktionen einer komplexen Variablen z. Eine solche Funktion, sagen wir F(z), heißt analytisch, holomorph oder regulär in einem offenen Gebiet Γ wenn

(i) F(z) für alle $z \in \Gamma$ existiert oder durch stetige Fortsetzung bestimmt werden kann und eine eindeutige (d. h. von der Richtung unabhängige) Ableitung besitzt;

(ii) $F(z)$ für $z_o \in \Gamma$ und alle $z \in \Gamma$ in eine absolut konvergente Potenzreihe um z_o entwickelt werden kann, d. h. als

$$F(z) = \sum_{i=0}^{\infty} \gamma_i \, (z - z_o)^i \qquad (2.13)$$

darstellbar ist.

Diese beiden Forderungen sind äquivalent und die (selbst analytische) Ableitung $F'(z)$ kann durch gliedweises Differenzieren der Potenzreihe berechnet werden. Unter einem offenen Gebiet versteht man ein Gebiet, für das es zu jedem Punkt im Innern auch eine kleine Umgebung (einen kleinen Kreis um den Punkt) gibt, der ebenfalls ganz im Gebiet liegt. Ein offenes Gebiet ist z. B. eine Kreisscheibe ohne den Rand. Die Aussage, $F(z)$ sei in einem abgeschlossenen Gebiet $\bar{\Gamma}$ analytisch, bedeutet, daß $F(z)$ in einem $\bar{\Gamma}$ enthaltenen offenen Gebiet analytisch ist.

Jede Potenzreihe der Form (2.13) konvergiert absolut in einem Kreisgebiet $|z - z_o| < R$, der Konvergenzradius R kann auch unendlich sein. Ist R endlich, so liegt auf dem Rand ($|z - z_o| = R$) eine Stelle, an der $F(z)$ nicht analytisch ist, eine Singularität. Die Potenzreihe kann natürlich auch außerhalb des Kreisgebiets mit Radius R konvergieren, da Γ kein Kreisgebiet sein muß.

Summen und Produkte in Γ analytischer Funktionen sind wiederum analytisch in Γ. Die Differentiation kann nach den üblichen Regeln der reellen Analysis durchgeführt werden.

Die Singularitäten lassen sich nach ihrer Bösartigkeit klassifizieren:

Es sei $F(z)$ analytisch in Γ außer im Punkt $a \in \Gamma$. Es gelte $\lim_{z \to a} F(z) = \infty$. Wir betrachten die Funktionen

$$F_m(z) = (z-a)^m F(z).$$

Es sei m die kleinste Zahl, so daß $F_m(z)$ in ganz Γ analytisch ist. Dann besitzt $F(z)$ bei a einen Pol der Ordnung m. Bemerkenswerterweise ist m stets eine ganze Zahl [AH, S. 128]. Existiert kein solcher Wert von m, so ist a eine wesentliche Singularität. Die

Funktion

$$F(z) = \exp\left(\frac{1}{z}\right)$$

besitzt z. B. eine wesentliche Singularität bei $z = 0$. In der Umgebung eines Pols wächst $|F(z)|$ für $z \to a$ gleichförmig, während $F(z)$ in der Nähe einer wesentlichen Singularität fast alle möglichen Werte annimmt. So besitzt $\exp\left(\frac{1}{z}\right)$ für $z = j\varepsilon, \varepsilon > 0$, z.B. stets den Betrag 1.

Eine weitere Form von Singularitäten sind Verzweigungspunkte. Diese treten auf bei mehrdeutigen Funktionen an den Stellen, wo "Äste" der Funktion zusammenfallen.

$$F(z) = \sqrt{z}$$

besitzt einen Verzweigungspunkt (der Ordnung 1) bei $z = 0$.

Auf dem Rand von Γ können Singularitäten auftreten, obwohl $F(z)$ definiert und endlich ist. Ein Beispiel hierfür ist

$$F(z) = \sum_{n=1}^{\infty} n^{-p} z^n \quad , \quad 1<p\leq 2 \; ,$$

[HI, S. 133]. $F'(z)$ existiert für $z=1$ nicht, wohl aber $F(z)$.

Meromorphe Funktionen

Eine Funktion $F(z)$ heißt meromorph innerhalb eines offenen Gebiets Γ, wenn sie in Γ analytisch ist bis auf Pole. Die Polstellen einer meromorphen Funktion $F(z)$ sind stets isoliert, d. h. innerhalb einer gewissen Umgebung der Polstelle ist $F(z)$ analytisch. Dasselbe gilt für die Nullstellen von $F(z)$. Ist $F(z)$ meromorph in Γ und gilt $F(a) = 0$ für ein $a \in \Gamma$, jedoch nicht überall in Γ, so kann man stets schreiben

$$F(z) = (z-a)^n \, F_1(z),$$

wobei $F_1(z)$ in einer Umgebung von a analytisch und überall von Null verschieden ist. Die so bestimmte ganze Zahl n heißt die Ordnung der Nullstelle und ist endlich.

Hieraus folgt, daß der Quotient meromorpher Funktionen meromorph ist, sofern nicht der Nenner überall verschwindet. Die Singularitäten einer als Quotient zweier analytischer Funktionen definierten Funktion sind Pole und stets Nullstellen der Nennerfunktion.

Die Ordnung von Polen und Nullstellen im Unendlichen definiert man als Ordnung des Pols bzw. der Nullstelle von $F(z^{-1})$ bei $z = 0$.

Meromorphe Funktionen verhalten sich bezüglich der Pole und Nullstellen im Endlichen wie rationale Funktionen.

Das Maximum-Prinzip

Eine grundlegende Eigenschaft nicht konstanter analytischer Funktionen ist, daß sie offene Gebiete in offene Gebiete abbilden, d. h. zu jedem $\varepsilon>0$ gibt es ein $\delta>0$, so daß $F(z)$ alle Werte in dem Kreis

$$|F(z) - F(z_0)| < \delta$$

annimmt für irgendwelche z aus dem Kreis $|z - z_0| < \varepsilon$. Hieraus folgt das Maximum-Prinzip in der Form:

Lemma 2.1 [HI, AH]

Ist $F(z)$ eine in einem offenen Gebiet Γ analytische und nicht konstante Funktion, so besitzt $|F(z)|$ kein Maximum für $z \in \Gamma$.

Beweis: Es sei $|F(z_0)|$ das Maximum. Dann nimmt $F(z)$ alle Werte in einem kleinen Kreis mit Radius δ um $F(z_0)$ an, also auch solche mit Absolutbetrag $|F(z_0)| + \delta$, was ein Widerspruch zur Annahme ist. □

Etwas weitergehend ist die folgende Aussage [AH, HI] :

Ist $F(z)$ in einem abgeschlossenen Gebiet $\bar{\Gamma}$ definiert und dort stetig sowie im Innern analytisch, so nimmt $|F(z)|$ den Maximalwert auf dem Rand von $\bar{\Gamma}$ an. Ist $F(z)$ in $\bar{\Gamma}$ frei von Nullstellen, so gilt dies auch für den Minimalwert.

Wir benötigen später das Maximum-Prinzip in noch allgemeinerer Form, nämlich :

Lemma 2.1'

Es sei F(z) in einem Kreisgebiet oder einer Halbebene analytisch und auf dem Rand fast überall beschränkt mit Maximalwert M des Betrags. Dann gilt

$$|F(z)| \leq M$$

für alle z im Inneren des Gebiets. □

Diese Form des Maximum-Prinzips ergibt sich aus der Poissonschen Integralformel (s. u.).

Harmonische Funktionen [HO, Kap. 3]

Eine (reelle oder komplexe) Funktion U(x+jy) heißt harmonisch in einem Gebiet Γ, wenn in ganz Γ

$$\frac{\partial^2 U}{\partial x^2} + \frac{\partial^2 U}{\partial y^2} = 0 \quad ,$$

die sogenannte Laplacesche Differentialgleichung, erfüllt ist. Wenn U(z) komplex ist, so ist U(z) auch analytisch in Γ (es ist vorausgesetzt, daß die Ableitungen existieren). Ist U(z) reell, so ist es der Realteil einer analytischen Funktion. Die Funktion V(z), welche

$$F(z) = U(z) + jV(z)$$

zu einer analytischen Funktion macht (die zu U(z) konjugierte Funktion), ist durch die Cauchy-Riemann Differentialgleichungen

$$\frac{\partial U}{\partial x} = \frac{\partial V}{\partial y}$$

$$\frac{\partial U}{\partial y} = - \frac{\partial V}{\partial x}$$

bis auf eine Konstante eindeutig bestimmt. Real- und Imaginärteil einer analytischen Funktion sind harmonische Funktionen. Für eine harmonische Funktion gilt

$$U(z_o) = \frac{1}{2\pi}\int_0^{2\pi} U(z_o + re^{j\Omega})d\Omega,$$

wobei der Kreis mit Radius r um z_o in Γ liegen muß.

Poissonsche Integralformeln ([HO, Kap. 3 u. 8; GA, Kap. 1 AH, Kap. 4])

Es sei U(z) eine für $|z| \leq 1$ (Einheitskreisscheibe einschließlich des Rands) harmonische Funktion. Dann gilt

$$U(0) = \frac{1}{2\pi}\int_0^{2\pi} U(e^{j\Omega})d\Omega.$$

Durch Substitution

$$w = \frac{z_o - z}{1 - \bar{z}_o z} \quad , \qquad |z_o| < 1,$$

erhält man eine harmonische Funktion U(w), für die dieselbe Beziehung gilt [GA]. Rücksubstitution ergibt die Poissonsche Integralformel für den Einheitskreis

$$U(z_o) = \frac{1}{2\pi}\int_0^{2\pi} U(e^{j\Omega}) \frac{1 - |z_o|^2}{|e^{j\Omega} - z_o|^2} d\Omega$$

oder ($r < 1$)

$$U(re^{j\Omega_o}) = \frac{1}{2\pi}\int_{-\pi}^{\pi} U(e^{j\Omega}) \frac{1 - r^2}{1 - 2r\cos(\Omega-\Omega_o) + r^2} d\Omega. \qquad (2.14a)$$

Da

$$\frac{1 - r^2}{1 - 2r\cos(\Omega-\Omega_o) + r^2} = \mathrm{Re}\left[\frac{e^{j\Omega} + re^{j\Omega_o}}{e^{j\Omega} - re^{j\Omega_o}}\right]$$

gilt, liefert

$$F(z) = \frac{1}{2\pi}\int_{-\pi}^{\pi} U(e^{j\Omega}) \frac{e^{j\Omega} + z}{e^{j\Omega} - z} d\Omega, \quad |z| < 1, \qquad (2.14b)$$

eine im Einheitskreis analytische Funktion zum auf dem Einheitskreis vorgegebenen Realteil. Die Formel (2.14b) kann insbesondere auch zur Faktorisierung auf dem Einheitskreis reeller Funktionen benutzt werden [SN]. Es gilt:

Lemma 2.2 [HO]

Es sei $U(e^{j\Omega})$ in $[-\pi,\pi]$ absolut (quadratisch) integrierbar. Dann ist die durch (2.14a) bestimmte Funktion $U(re^{j\Omega})$ im Einheitskreis harmonisch und konvergiert für $r \to 1$ fast überall gegen $U(e^{j\Omega})$, insbesondere gleichmäßig in allen Intervallen, in denen $U(e^{j\Omega})$ stetig ist. □

Die Bedeutung des Poisson-Integrals für die Untersuchung von Regelkreisen liegt darin, daß es benutzt werden kann, um im Einheitskreis analytische - und dazu von Nullstellen freie - Funktionen zu bestimmen, die auf dem Einheitskreis einen vorgegebenen Betragsverlauf besitzen. Es gilt:

Lemma 2.3 [HO, Kap. 4]

Notwendig und hinreichend dafür, daß es eine im Einheitskreis beschränkte und analytische Funktion $F(z)$ gibt, so daß

$$|F(e^{j\Omega})| = f(\Omega) < \infty$$

fast überall gilt, ist, daß $\ln[f(\Omega)]$ in $[0, 2\pi]$ integrierbar ist. □

Dann liefert

$$F(z) = \exp\left\{ \frac{1}{2\pi} \int_{-\pi}^{\pi} \ln\,[\,f(\Omega)\,]\, \frac{e^{j\Omega} + z}{e^{j\Omega} - z}\, d\Omega \right\} \qquad (2.15)$$

eine Lösung, welche zusätzlich im Einheitskreis frei von Nullstellen ist und unter allen möglichen Funktionen im Einheitskreis den maximalen Betrag besitzt [HO, Kap. 5]. Daraus folgt die oben angegebene Version des Maximum-Prinzips (Lemma 2.1').

Die Ergebnisse für im Einheitskreis harmonische Funktionen lassen sich mit Hilfe der Transformation

$$z = \frac{s - 1}{s + 1} \qquad (2.16)$$

auf Funktionen, die in der rechten Halbebene harmonisch sind, übertragen [HO, Kap. 8; GA, Kap. 1]. Man erhält als zu (2.14a), (2.14b) korrespondierende Beziehungen

$$U(x + jy) = \frac{1}{\pi} \int_{-\infty}^{\infty} U(j\omega) \frac{1}{x^2 + (y-\omega)^2} d\omega \qquad (2.17a)$$

bzw. für die in der rechten Halbebene analytische Funktion zum vorgegebenen harmonischen Realteil

$$F(x + jy) = \frac{1}{\pi} \int_{-\infty}^{\infty} U(j\omega) \frac{1}{x + j(y-\omega)} d\omega. \qquad (2.17b)$$

Die modifizierte Fassung von Lemma 2.3 für in der rechten s-Halbebene analytische Funktionen lautet:

Lemma 2.3' (Paley-Wiener-Bedingung) [HO, Kap. 8]

Notwendig und hinreichend dafür, daß es eine in der rechten s-Halbebene beschränkte und analytische Funktion F(s) gibt, so daß

$$|F(j\omega)| = f(\omega) < \infty$$

fast überall gilt, ist

$$\int_{-\infty}^{\infty} \left| \frac{\ln[f(\omega)]}{1 + \omega^2} \right| d\omega < \infty \qquad (2.18)$$

□

Ist diese Bedingung erfüllt, so liefert

$$F(x+jy) = \exp\left\{ \frac{1}{\pi} \int_{-\infty}^{\infty} \frac{\ln [f(\omega)]}{x+j(y-\omega)} d\omega \right\}, \quad x > 0, \qquad (2.19)$$

eine Lösung, die in der rechten s-Halbebene nirgendwo verschwindet und unter allen möglichen Funktionen dort den maximalen Betrag besitzt. Für $x \to 0$ konvergiert $F(x+jy)$ gleichmäßig gegen $f(y)$ in jedem Intervall, in dem $f(\omega)$ stetig ist.

Aus (2.17b) folgt im übrigen direkt die Bodesche Beziehung [BO] zwischen der Amplitude und der Phase minimalphasiger Übertragungsfunktionen:

Lemma 2.4 [BO]

Ist $F(s)$ eine in der rechten Halbebene einschließlich des Punkts $s = \infty$ analytische und beschränkte Funktion, die keine endlichen Nullstellen in der rechten s-Halbebene besitzt und nur eine Nullstelle endlicher Ordnung im Unendlichen, so gilt

$$\varphi(\omega_0) = \arg[F(j\omega_0)] = \frac{1}{\pi}\int_{-\infty}^{\infty} \frac{\ln|F(j\omega)|}{\omega - \omega_0}\, d\omega + \varphi_0 \qquad (2.20)$$

an allen Stellen, an denen der Betrag stetig ist. Ist $F(s)$ in der rechten Halbebene nur analytisch und beschränkt, so liefert (2.20 für $\omega_0 > 0$ die maximal mögliche Phase für festen Wert von φ_0.

Beweis:

Unter den genannten Voraussetzungen ist $\ln F(s)$ das Poisson-Integral von $\ln F(j\omega)$, wenn $F(s)$ frei von endlichen Nullstellen ist. □

2.3 Stabilität linearer Eingrößensysteme

Wie schon erwähnt, definieren wir die Stabilität von Übertragungssystemen unter Benutzung der Operatornormen aus Abschnitt 2.1.

Definition 2.1

Ein System $\mathcal{G}$ heißt ℓ^p-stabil $(1 \le p \le \infty)$, wenn

$$\|\mathcal{G}\|_p = M_G < \infty \qquad (2.21)$$

erfüllt ist (M_G ist eine von $\mathcal{G}$ und p abhängige Konstante). □

Praktisch wichtig sind ℓ^∞-Stabilität (BIBO(=bounded-input-bounded-output)-Stabilität) und ℓ^2-Stabilität. BIBO-Stabilität bedeutet, daß beschränkte Eingangssignale zu beschränkten Ausgangssignalen führen, und ℓ^2-Stabilität, daß Eingangssignale endlicher Energie Ausgangssignale endlicher Energie hervorrufen.

Da die Verhältnisse hier etwas einfacher sind, beginnen wir mit der eingehenden Diskussion der Stabilität zeitdiskreter Systeme. Ausgehend von den Aussagen in Beispiel 2.2 erhält man folgenden Satz:

Satz 2.1

Das zeitdiskrete System $\mathcal{G}$ der Form (2.1) ist dann und nur dann BIBO-stabil, wenn die Folge $\{g(k)\}$ absolut summierbar ist, d. h. wenn

$$\sum_{k=0}^{\infty} |g(k)| < \infty$$

gilt.

Ist $\mathcal{G}$ BIBO stabil, dann ist $\mathcal{G}$ auch ℓ^2-stabil. Die durch (2.11) definierte z- Übertragungsfunktion des Systems $\mathcal{G}$ ist bei einem BIBO stabilen System analytisch für $|z| > 1$ und stetig für $|z| \geq 1$.

Beweis:

Die Tatsache, daß aus der absoluten Summierbarkeit von g(k) BIBO-Stabilität folgt, ergibt sich direkt aus dem Beispiel 2.2.

Ist g(i) nicht absolut summierbar, so existiert eine Folge von durch 1 betragsmäßig beschränkten Eingangssignalen, für die $\| y(k) \|_\infty$ über alle Grenzen wächst, nämlich die analog zum Vorgehen in Beispiel 2.1 konstruierte Folge. Aus der zu (2.9) analogen Abschätzung folgt die ℓ^2-Stabilität. Da G(z) für $|z| > 1$ (absolut und gleichmäßig) konvergiert aufgrund der Tatsache, daß $g \in h^1$ ist, ist G(z) analytisch in $|z| > 1$ (s. Abschnitt 2.2). Schließlich ist die Funktion G(z) für $|z| = 1$ eine gleichmäßig konvergente Summe stetiger Funktionen und somit selbst stetig. □

Eine partielle Umkehrung zu Satz 2.1 läßt sich so formulieren:

Folgerung 2.1.1

Ist G(z) eine für $|z| > 1 - \varepsilon$, $\varepsilon > 0$, analytische Funktion, so ist G(z) Übertragungsfunktion eines BIBO-stabilen Systems.

Beweis:

$\tilde{G}(\tilde{z}=z^{-1})$ besitzt dann eine für $|\tilde{z}| < (1-\varepsilon)^{-1}$ absolut konvergente Potenzreihenentwicklung (2.13) um $\tilde{z}_o = 0$, setzt man $\tilde{z} = 1$, so folgt aus Satz 2.1 die BIBO-Stabilität. □

Es sei ausdrücklich darauf hingewiesen, daß damit nicht gesagt ist, daß alle BIBO oder ℓ^2-stabilen Systeme diese Bedingung erfüllen. Die Forderung nach BIBO-Stabilität ist im Bildbereich direkt nicht vollständig überprüfbar. Für die Prüfung der ℓ^2-Stabilität wird dagegen weiter unten ein notwendiges und hinreichendes Kriterium angegeben. Einfach sind die Verhältnisse nur für rationale Funktionen G(z), denn für diese Funktionen liefert die Folgerung 2.1.1 eine notwendige und hinreichende Bedingung. Dagegen kann aufgrund von Folgerung 2.1.1 z. B. nicht überprüft werden, ob

$$G(z) = (1 - z^{-1})^{1/2}$$

die z-Transformierte der Gewichtsfolge eines BIBO-stabilen Systems ist. Denn für kein $\varepsilon > 0$ ist die Bedingung für BIBO-Stabilität erfüllt. Aus der Potenzreihenentwicklung

$$(1-z^{-1})^{1/2} = 1 - \frac{1}{2} z^{-1} - \frac{1}{2\cdot 4} z^{-2} - \frac{1\cdot 3}{2\cdot 4\cdot 6} z^{-3} - \ldots,$$

die für $|z| \geq 1$ gilt, folgt jedoch BIBO-Stabilität, denn Konvergenz für $z = 1$ und absolute Konvergenz fallen zusammen. Es lassen sich aber auch (wenn auch mit hohem Aufwand) Beispiele konstruieren, in denen G(z) für $|z| > 1$ analytisch ist und auf dem Einheitskreis stetig, jedoch die Potenzreihenentwicklung von G(z) nicht absolut konvergiert (s. [HI, S. 122]). Also ist eine solche Funktion G(z) nicht Transformierte der Gewichtsfolge eines BIBO-stabilen Systems, obwohl sie frei von Polen in $|z| \geq 1$ ist.

In praktischen Fällen geht man oft von rationalen Übertragungsfunktionen als Modellen des Systemverhaltens aus. Dann bereitet die Stabilitätsprüfung keine besonderen Schwierigkeiten, und ℓ^2 und BIBO-Stabilität fallen zusammen. Für die Analyse von Regelkreisen ist es trotzdem wichtig , allgemeine Kriterien zur Verfügung zu haben. Zum einen ergeben sich bereits in durchaus nicht akademischen Fällen nicht-rationale Übertragungsfunktionen, zum Beispiel bei der Abtastregelung zeitkontinuierlicher Systeme, die durch partielle Differentialgleichungen beschrieben sind oder Totzeiten in Rückführschleifen aufweisen. Zum anderen ist es bei der Bestimmung der erreichbaren Regelgüte wie auch bei der Berücksichtigung von Abweichungen zwischen Modell und realem System, günstiger und natürlicher, keine feste maximale Systemordnung vorzuschreiben, sondern beliebige, auch nicht-rationale Übertragungsfunktionen zuzulassen. Es ist deshalb wichtig festzuhalten, daß die BIBO-Stabilität nicht anhand von Eigenschaften von $G(z)$ im Bildbereich vollständig überprüft werden kann. Will man die BIBO-Stabilität von Regelkreisen ohne die Einschränkung auf rationale Übertragungsfunktionen exakt diskutieren, so muß man gewisse zusätzliche Voraussetzungen machen (man benötigt einen Ausgangspunkt im <u>Zeitbereich</u> bevor im Bildbereich argumentiert werden kann) und sehr tiefgehende Ergebnisse der Funktionalanalysis heranziehen (vgl. [DV]).

Der wesentliche Vorteil der ℓ^2-Stabilität ist, daß sie im Bildbereich vollständig charakterisiert werden kann. Da ℓ^2-Stabilität nach Satz 2.1 eine <u>schwächere</u> Forderung ist als BIBO-Stabilität, erhält man so auch eine <u>hinreichende</u> Bedingung für <u>Instabilität</u> im BIBO-Sinne. Zwischen den hinreichenden Bedingungen für BIBO-Stabilität und -Instabilität verbleibt jedoch ein gewisser nicht erfaßter Bereich.

<u>Satz 2.2</u>

Notwendig und hinreichend für ℓ^2-Stabilität des linearen zeitdiskreten Übertragungssystems mit der Beschreibung (2.1) ist, daß die z-Transformierte der Gewichtsfolge nach (2.11) außerhalb des Einheitskreises, d. h. für $|z| > 1$, analytisch und beschränkt ist. Umgekehrt ist jede Funktion $G(z)$, die diese Bedingung erfüllt, Transformierte der Gewichtsfolge eines ℓ^2-stabilen kausalen Systems der Form (2.1).

Beweis: s. Anhang 1. □

Die Klasse der Funktionen, die die Bedingungen des Satzes 2.2 erfüllen, bezeichnen wir mit $\mathbb{H}^{\infty}_{\bar{E}}$, oder, wenn der Zusammenhang klar ist, einfach mit $\mathbb{H}^{\infty}$. $\mathbb{H}^{\infty}_{\bar{E}}$ besteht also aus den außerhalb des Einheitskreises analytischen und beschränkten Funktionen. Ist G(z) eine $\mathbb{H}^{\infty}_{\bar{E}}$ - Funktion, so gilt nach dem Maximum-Prinzip

$$\sup_{|z|>1} |G(z)| = \sup_{\Omega} |G(e^{j\Omega})|. \tag{2.22}$$

Der Vollständigkeit halber sei angemerkt, daß G(z) auf dem Einheitskreis in gewissen isolierten Punkten u. U. nicht existiert, diese werden auf der rechten Seite ignoriert.

Die Übertragungsfunktionen

$$G(z) = (1+z^{-1})^{\alpha} \quad , \quad \alpha > 0 ,$$

beschreiben somit z. B. ℓ^2-stabile Systeme, während für $\alpha < 0$ stets Instabilität vorliegt. Ebenso ist

$$G_1(z) = \exp\left(\frac{1+z}{1-z}\right)$$

Übertragungsfunktion eines ℓ^2-stabilen Systems, dagegen

$$G_2(z) = \frac{1+z}{1-z}$$

nicht, obwohl im ersten Fall sogar eine wesentliche Singularität auf dem Einheitskreis (für z = 1) vorhanden ist. $|G_1(z)|$ ist nämlich für $|z| > 1$ nicht größer als 1. Stets instabil (sowohl im ℓ^2- als auch im ℓ^{∞}-Sinn) sind Systeme mit Polen auf dem oder außerhalb des Einheitskreises.

Aus dem im Anhang dargestellten Beweis ergibt sich ferner:

Folgerung 2.2.1

Es sei G ein zeitdiskretes System, das in der Form (2.1)

dargestellt werden kann, und G(z) die z-Transformierte der Gewichtsfolge.
Dann ist für ℓ^2-stabile Systeme

$$\|G\|_2 = \sup_{|z|>1} |G(z)| = \sup_{\Omega} |G(e^{j\Omega})|. \qquad (2.23)$$
□

Das im Beispiel 2.2 angegebene Resultat für absolut summierbare Gewichtsfolgen gilt also auch allgemeiner für ℓ^2-stabile Systeme.

Mit der Definition

$$\|G(z)\|_{\infty} = \sup_{|z|>1} |G(z)| \qquad (2.24)$$

für Übertragungsfunktionen in $\mathbb{H}^{\infty}_{E}$ lassen sich die normierten Räume der ℓ^2-stabilen Systeme und der z-Übertragungsfunktionen aus $\mathbb{H}^{\infty}_{E}$ isometrisch und eindeutig aufeinander abbilden. Man kann folglich anstelle von Aussagen über Elemente der Menge der ℓ^2-stabilen Systeme ("es gibt ein ℓ^2-stabiles System, das.... erfüllt") Aussagen über $\mathbb{H}^{\infty}_{E}$ machen. Da die "Algebra" im Bildbereich wesentlich einfacher ist (die Multiplikation tritt an die Stelle der Faltung im Zeitbereich, inverse Systeme ergeben sich einfach durch Kehrwertbildung), ist das eine große Erleichterung.

Im zeitkontinuierlichen Fall sind die Verhältnisse noch ein wenig komplizierter als im zeitdiskreten. Das liegt daran, daß hier das Verhalten der Übertragungsfunktion im Unendlichen zusätzlich eine Rolle spielt, während im zeitdiskreten Fall mit der Substitution $\tilde{z} = z^{-1}$ nur das Innere des Einheitskreises, also ein endliches Gebiet, betrachtet werden mußte.

Wir können zunächst die zu Satz 2.1 analoge Aussage festhalten:

Satz 2.3

Es sei $\mathcal{G}$ ein lineares System der Form (2.2), und die Gewichtsfunktion g(t) sei absolut integrierbar in endlichen Intervallen (z. B. stetig). Dann gilt:
(i) $\mathcal{G}$ ist genau dann BIBO-stabil, wenn $g(t) \in \ell^1$ ist;

(ii) aus der BIBO-Stabilität von $\mathcal{G}$ folgt, daß $\mathcal{G}$ auch ℓ^2-stabil ist;

(iii) ist $\mathcal{G}$ BIBO-stabil, so besitzt $g(t)$ eine für $\mathrm{Re}[s] \geq 0$ absolut konvergente Laplace-Transformierte $G(s)$, diese ist analytisch für $\mathrm{Re}[s] > 0$, stetig auf der $j\omega$-Achse und geht in der abgeschlossenen rechten Halbebene gegen Null, wenn $|s|$ gegen ∞ strebt. $G(s)$ ist die Übertragungsfunktion von $\mathcal{G}$.

Der Beweis von (i), (ii) wurde schon in Beispiel 2.1 angegeben. Für (iii) s. z. B. [DO2], die letzte Aussage wird auch als Riemann-Lebesguesches Lemma bezeichnet. □

Teil (iii) des Satzes liefert, wie im zeitdiskreten Fall, notwendige Bedingungen für BIBO-Stabilität. Hinreichend sind diese aber nicht. Es reicht auch nicht aus, daß $G(s)$ z. B. in einer Halbebene $\mathrm{Re}[s]>-\sigma$, $\sigma>0$, analytisch ist! Zusätzlich muß das Verhalten für $|s| \to \infty$ im Konvergenzbereich von $G(s)$ beachtet werden.

Dies verdeutlicht das Beispiel der Gewichtsfunktion

$$g(t) = e^t \sin(e^t), \; t \geq 0,$$

die eine überall analytische Laplace-Transformierte besitzt [DO1, S. 40], aber keineswegs absolut integrierbar ist, somit ein instabiles System (im BIBO-Sinn) beschreibt.

Im Sonderfall, daß $G(s)$ eine rationale Funktion von s ist, gilt allerdings die Umkehrung von Satz 2.3:

Folgerung 2.3.1

Eine rationale Funktion $G(s)$ ist Übertragungsfunktion eines BIBO-stabilen Systems genau dann, wenn $G(s)$ in der abgeschlossenen rechten s-Halbebene ($\mathrm{Re}[s] \geq 0$) beschränkt ist, also dort keine Pole besitzt, und auch für $|s| \to \infty$ beschränkt ist.

Beweis:

$G(s)$ läßt sich als Summe eines Polynoms in s und einer echt gebrochen rationalen Funktion (Nennergrad höher als Zählergrad, keine gemeinsamen Wurzeln) darstellen. Die Rücktransformierte gewinnt man durch gliedweise Rücktransformation der Summanden des Polynoms und der Partialbruchzerlegung der echt gebrochen rationalen Funktion. Da Ableitungen einer beschränkten Funktion unbegrenzt große Werte annehmen können, darf im Polynom nur der konstante Term auftreten (also dürfen auch keine δ-Funktionen höherer Ordnung in g(t) enthalten sein), und die Wurzeln des Nennerpolynoms des echt gebrochen rationalen Anteils müssen negativen Realteil besitzen, wenn BIBO-Stabilität vorliegen soll. Sind umgekehrt diese Voraussetzungen erfüllt, so besteht g(t) aus einer absolut integrierbaren Funktion plus einer δ-Funktion mit endlichem Gewicht bei t = 0 und $\mathcal{G}$ ist ℓ^∞-stabil. □

Kombiniert man Satz 2.3 mit der Überlegung zum Auftreten von δ-Funktionen in g(t) aus diesem Beweis, so ergibt sich :

Folgerung 2.3.2

(i) $\mathcal{G}$ ist sicher ℓ^∞-instabil, wenn g(t) δ-Funktionen höherer Ordnung enthält.

(ii) Ist g(t) darstellbar als

$$g(t) = g_1(t) + \sum_{i=0}^{\infty} \alpha_i \delta(t-T_i), \qquad (2.25)$$

wobei $g_1(t)$ (im Riemann'schen Sinne) in endlichen Intervallen integrierbar ist, so ist $\mathcal{G}$ genau dann BIBO-stabil, wenn $g_1(t)$ in $[0,\infty]$ absolut integrierbar und die Folge $\{\alpha_i\}$ absolut summierbar ist.

(iii) Ist $\mathcal{G}$ BIBO-stabil und g(t) durch (2.25) gegeben, so konvergiert G(s) absolut in Re[s] ≥ 0 und ist dort beschränkt. Ferner ist G(s) im Innern der rechten s-Halbebene analytisch.

Beweis:
Dies folgt aus dem Superpositionsprinzip und der in Beispiel 2.1 verwendeten Konstruktion. □

Die durch (2.25) beschriebene Klasse von BIBO-stabilen Systemen ist der Ausgangspunkt der Diskussion der BIBO-Stabilität von Regelkreisen z. B. in [DV] . Für diese Systemklasse gilt

$$\|G\|_\infty = \int_0^\infty |g_1(t)|dt + \sum_{i=0}^\infty |\alpha_i|$$

Wie im zeitdiskreten Fall, so ist auch für zeitkontinuierliche Systeme eine vollständige Charakterisierung der BIBO-Stabilität im Bildbereich (also anhand von Eigenschaften wie Beschränktheit oder Analytizität von G(s)) nicht möglich. Dies ist durchaus von großer praktischer Bedeutung, da sich bei der Modellierung von zeitkontinuierlichen Systemen allein durch das Auftreten von Totzeiten bereits irrationale Übertragungsfunktionen ergeben. Ganz allgemein gilt dies für jede Modellierung von Systemen mit verteilten Parametern durch partielle Differentialgleichungen

Ein Beispiel für das Auftreten komplizierter irrationaler Übertragungsfunktionen ist die Modellierung von Wasserkraftanlagen [HOP]. So wird eine Druckrohrleitung bei Berücksichtigung der Kompressibilität der Wassersäule durch Übertragungsfunktionen vom Typ

$$G(s) = k \cdot \tanh(sT)$$

beschrieben.

Bei der Lösung der Wärmeleitungsgleichung ergibt sich für das Randwertproblem bei einseitig begrenztem Wärmeleiter [FÖ3, DO3]

$$G(s) = e^{-z \cdot \sqrt{s}}$$

als Übertragungsfunktion, also eine irrationale Funktion mit Verzweigungspunkt auf der $j\omega$-Achse.

Schon für ein einfaches rationales Übertragungsglied mit nachgeschalteter Totzeit im geschlossenen Regelkreis mit Einheitsrückführung ist die Folgerung 2.3.1 nicht mehr anwendbar. Es ist allerdings unter gewissen Voraussetzungen (z. B. stabiles System im Rückführzweig) möglich, mit Hilfe eines Satzes aus der Funktionalanalysis über die Existenz von Inversen in der Algebra der durch (2.25) beschriebenen BIBO-stabilen Systeme die bekannten Stabilitätsbedingungen für Regelkreise mit durch (2.25) beschriebenen Teilsystemen auch exakt herzuleiten (s. [DV, Kap. 4]).

Für die Zwecke dieser Arbeit, nämlich die Ableitung von Grenzen der Regelgüte, ist es zweckmäßiger, nur die Forderung nach ℓ^2-Stabilität zugrundezulegen, denn hierfür existiert eine einfache vollständige Charakterisierung im Bildbereich. Diese lautet:

Satz 2.4

Ein Übertragungssystem der Form (2.2) ist genau dann ℓ^2-stabil, wenn die Gewichtsfunktion g(t) eine in Re[s] > 0 konvergierende (folglich in der offenen rechten Halbebene analytische) und beschränkte Laplace-Transformierte G(s) besitzt.

Umgekehrt ist jede in der offenen rechten s-Halbebene analytische und beschränkte Funktion G(s) Laplace-Transformierte der Gewichtsfunktion g(t) eines kausalen ℓ^2-stabilen Systems der Form (2.2), und g(t) besitzt die Form (2.25), wobei g(t) in jedem endlichen Intervall [0, T] integrierbar ist, und diese Integrale gleichförmig beschränkt sind.

Beweis s. Anhang 2 . □

Die Klasse der Übertragungsfunktionen ℓ^2-stabiler kausaler zeitkontinuierlicher Systeme bezeichnen wir mit $\mathbb{H}_H^\infty$. $\mathbb{H}_H^\infty$ besteht aus den in der offenen Halbebene Re[s] > 0 analytischen und beschränkten Funktionen.

Aus dem Beweis von Satz 2.4 ergibt sich noch:

Folgerung 2.4.1

Für ℓ^2-stabile Übertragungssysteme der Form (2.2) gilt

$$\|G\|_2 = \sup_{Re[s] > 0} |G(s)| = \sup_{\omega} |G(j\omega)| \,, \qquad (2.26)$$

wobei auf der rechten Seite die (isolierten) Punkte, in denen $G(j\omega)$ nicht existiert, unberücksichtigt bleiben. □

Auch hier gilt also das im Beispiel 2.1 abgeleitete Resultat allgemein für ℓ^2-stabile Systeme. Mit der Definition

$$\|G(s)\|_\infty = \sup_{Re[s] > 0} |G(s)| \qquad (2.27)$$

für Übertragungsfunktionen in $\mathbb{H}_H^\infty$ besteht wiederum eine isometrische eindeutige Korrespondenz zwischen den Mengen (Algebren) der ℓ^2-stabilen kausalen Systeme und der Übertragungsfunktionen in $\mathbb{H}_H^\infty$, die es erlaubt, im folgenden nur noch im Bildbereich zu argumentieren.

So wie die Charakterisierung der BIBO-Stabilität im Frequenzbereich nicht befriedigend gelingt, trifft dies für die Charakterisierung der ℓ^2-Stabilität im Zeitbereich zu. Man könnte vermuten, daß z. B. $g(t)$ statt absolut integrierbar einfach integrierbar sein müßte, um die ℓ^2-Stabilität zu sichern. Dem ist aber nicht so:

$$g(t) = \frac{\sin(at)}{t}, \quad t \geq 0,$$

ist in $[0,\infty]$ einfach integrierbar, jedoch nicht Gewichtsfunktion eines ℓ^2-stabilen Systems, denn $G(s)$ erhält man als [DO1]

$$G(s) = \arctan\left(\frac{a}{s}\right),$$

und diese Funktion ist in der Nähe von $s = \pm$ ja nicht beschränkt (s. [BS, S. 517/518]). Dagegen ist die (ebenfalls integrierbare) Funktion

$$g(t) = \cos(t^2)$$

Gewichtsfunktion eines ℓ^2-stabilen, jedoch nicht BIBO-stabilen Systems, denn $G(s)$ existiert für $Re[s] \geq 0$ (s. [DO2, S. 38/39]) und ist auf der $j\omega$-Achse beschränkt.

Föllinger begann in [Föl] die Behandlung der Stabilität von Totzeitsystemen auf eine exakte Grundlage zu stellen, indem er als Stabilitätsdefinition die Forderung einführte, daß die Sprungantwort für $t \to \infty$ gegen einen endlichen Wert konvergieren soll, was darauf hinausläuft, daß $g(t)$ in $[0,\infty]$ integrierbar ist. Dies ist aber für ℓ^2-Stabilität nicht ausreichend, geschweige denn für BIBO-Stabilität. Dagegen ist die Klasse $\mathbb{H}_H^\infty$ die vollständig charakterisierte Klasse ℓ^2-stabiler linearer kausaler zeitinvarianter Übertragungssysteme.

Diese ausführliche Diskussion der Stabilität linearer Übertragungssysteme bildet die Grundlage für das hier eigentlich interessierende Problem, die Stabilität von Regelkreisen, dem wir uns nun zuwenden.

2.4 Stabilitätsbedingungen für lineare Eingrößenregelkreise

Gegenstand der Untersuchung ist der in Bild 2.1 dargestellte Standardregelkreis.

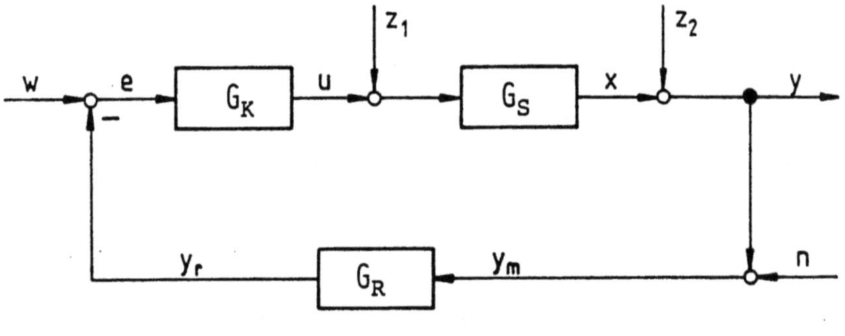

Bild 2.1: Blockschaltbild der betrachteten Regelkreiskonfiguration

Im Regelkreis treten die externen Signale w (Führungsgröße), z_1, z_2 (Störgrößen) und n(Meßrauschen) auf. Die Regelgröße ist y, u ist die Reglerausgangsgröße, e die Rückführdifferenz. Es ist zunächst unerheblich, ob alle Signale als zeitdiskret oder zeitkontinuierlich angenommen werden. Die Teilsysteme G_K, G_S, G_R werden als lineare, zeitinvariante, kausale Systeme mit einer Darstellung in der Form (2.1) bzw. (2.2) vorausgesetzt.

Wir gehen von folgender grundlegender Stabilitätsdefinition aus:

Definition 2.2

> Der Regelkreis nach Bild 2.1 heißt vollständig ℓ^2-stabil, wenn für beliebige externe Signale aus h^2 alle auftretenden Signale in h^2 sind, d. h. ebenfalls beschränkte Energie besitzen. □

Man erkennt leicht, daß hierzu folgende Bedingung äquivalent ist:

Satz 2.5 (Grundlegende Stabilitätsbedingung)

> Der Regelkreis in Bild 2.1 ist (vollständig ℓ^2-) stabil, wenn alle Übertragungspfade von (w, z_1, z_2) nach (e, u, y) ℓ^2-stabil sind.

Beweis:
Ist diese Bedingung erfüllt, so sind zwangsläufig auch alle übrigen Signale in ℓ^2. □

Die folgende Darstellung bezieht sich ausschließlich auf zeitkontinuierliche Systeme. Die entsprechenden Resultate für zeitdiskrete Systeme sind völlig analog, es ist nur s durch z, $\mathbb{H}^\infty_H$ durch $\mathbb{H}^\infty_E$, die rechte Halbebene durch das Gebiet außerhalb des Einheitskreises und die $j\omega$-Achse durch den Einheitskreis zu ersetzen.

Wir nehmen als stillschweigende Voraussetzung an, daß die Gewichtsfunktionen der Teilsysteme G_K, G_S, G_R in irgendeiner nach rechts offenen Halbebene eine Laplace-Transformierte besitzen, und daß diese Funktionen $G_K(s)$, $G_S(s)$, $G_R(s)$ jeweils "bereinigt" sind von zusammenfallenden Polen und Nullstellen in der abgeschlossenen rechten s-Halbebene $Re[s] \geq 0$. Dies dient nur der Vereinfachung der Formulierung und hat keine physikalische Bedeutung, denn eventuelle interne (nicht steuerbare und/oder nicht beobachtbare [SW1]) Instabilitäten der Teilsysteme treten bei der hier benutzten Ein-/Ausgangsdarstellung (2.1) bzw. (2.2) nicht in Erscheinung. Würden die Übertragungsfunktionen allerdings jeweils aus Zustandsraumdarstellungen gewonnen, so wäre die Freiheit von zusammenfallenden Polen und Nullstellen in $Re[s] \geq 0$ notwendig und hinreichend für die Stabilisierbarkeit des Regelkreises im Sinne von Ljapunov (s. z. B. [UN2]), d. h. bezüglich der Reaktion auf beliebige Anfangswerte der Differentialgleichungen. Für die ℓ^2-Stabilität spielen solche internen Instabilitäten aber keine Rolle, da es sich um eine nur das Ein-/Ausgangsverhalten betreffende Stabilitätsdefinition handelt.

Mit der Abkürzung

$$S(s) = \frac{1}{1 + G_S(s)G_K(s)G_R(s)} \tag{2.28}$$

erhält man für das Übertragungsverhalten des geschlossenen Regelkreises von (w, z_1, z_2) nach (e, u, y):

$$\begin{bmatrix} E(s) \\ U(s) \\ Y(s) \end{bmatrix} = \begin{bmatrix} S(s) & -G_R(s)G_S(s)S(s) & -G_R(s)S(s) \\ G_K(s)S(s) & -G_K(s)G_R(s)G_S(s)S(s) & -G_K(s)G_R(s)S(s) \\ G_S(s)G_K(s)S(s) & G_S(s)S(s) & S(s) \end{bmatrix} \begin{bmatrix} W(s) \\ Z_1(s) \\ Z_2(s) \end{bmatrix}. \tag{2.29}$$

Daraus ergibt sich unmittelbar wegen Satz 2.4:

Satz 2.6

Der Regelkreis in Bild 2.1 ist dann und nur dann vollständig ℓ^2-stabil, wenn sämtliche Elemente der Matrix in (2.29) in $\mathbb{H}_H^\infty$ sind, d. h. in der rechten Halbebene analytisch und beschränkt. □

Aus diesem Satz gewinnt man zunächst die folgende grundlegende Aussage:

Folgerung 2.6.1

Notwendig für die Stabilität des geschlossenen Regelkreises in Bild 2.1 ist, daß die Übertragungsfunktionen $G_K(s)$, $G_S(s)$,

$G_R(s)$ in der offenen rechten Halbebene meromorph sind, d. h. analytisch mit Ausnahme von (isolierten) Polen.

Beweis:
Der geschlossene Regelkreis in Bild 2.1 sei stabil. Dazu muß S(s) in Re[s] > 0 analytisch sein ebenso wie

$$G_{WU}(s) = G_K(s) \cdot S(s).$$

Folglich ist $G_K(s)$ der Quotient zweier in der rechten Halbebene analytischer Funktionen, und da S(s) nicht überall Null ist (in diesem Fall würde mindestens eine Übertragungsfunktion nicht existieren), kann $G_K(s)$ nur isolierte Pole, die gleichzeitig Nullstellen von S(s) sind, besitzen. Eine analoge Argumentation liefert dasselbe Ergebnis für $G_R(s)$ und $G_S(s)$. □

Gewisse Funktionen lassen sich also aus den möglichen Übertragungsfunktionen der einzelnen Blöcke von vornherein ausschließen. Verzweigungspunkte von Übertragungsfunktionen und wesentliche Singularitäten müssen in Re[s] ≤ 0 liegen, abgesehen von "Punkt" $s=\infty$, den wir nicht zur offenen rechten s-Halbebene rechnen. Dort können durchaus wesentliche Singularitäten liegen, wie bei exp (-sT), wenn nur die "gutmütige Seite" in die rechte Halbebene fällt.

Hat man einmal diese Grundlage für die Stabilitätsuntersuchung gewonnen, so lassen sich die Stabilitätsbedingungen übersichtlich als Bedingungen für das Auftreten von Polen und Nullstellen in Re[s] ≥ 0 formulieren.

Folgerung 2.6.2

Es seien $G_K(s)$, $G_S(s)$, $G_R(s)$ meromorph in der offenen rechten s-Halbebene. Dann ist die Einhaltung der beiden folgenden Bedingungen notwendig und hinreichend für die (vollständige ℓ^2-) Stabilität des Regelkreises in Bild 2.1:

(i)
$$\inf_{\mathrm{Re}[s] \geq 0} |1 + G_S(s)G_K(s)G_R(s)| > 0; \qquad (2.30)$$

(ii) im Produkt $G_S(s)G_K(s)G_R(s)$ treten keine Kürzungen von Polen gegen Nullstellen in der abgeschlossenen rechten Halbebene $\mathrm{Re}[s] \geq 0$ auf (d. h. kein Pol einer der Übertragungsfunktionen der einzelnen Blöcke ist gleichzeitig Nullstelle einer anderen Übertragungsfunktion, die in das Produkt eingeht).

Beweis:

Notwendigkeit der Bedingungen:

Ist (i) verletzt, so ist S(s) in $\mathrm{Re}[s] > 0$ nicht beschränkt und folglich nicht in $\mathbb{H}_H^\infty$, also liegt nach Satz 2.6 Instabilität vor.

Es sei nun (i) erfüllt, nicht aber (ii), d. h. es existiert z. B. eine Stelle p_k in $\mathrm{Re}[s] \geq 0$ (einschließlich des Werts ∞ bei Annäherung in der rechten Halbebene), an der $G_S(s)$ und $G_K(s)$ einen Pol der Ordnung π_{kS} bzw. π_{kK} besitzen, während das Produkt $G_S(s)$ $G_K(s)G_R(s)$ dort einen Pol der Ordnung

$$\pi_{kRSK} < \pi_{kS} + \pi_{kK}$$

hat (ist eine Funktion an der Stelle p_k analytisch, so ist die "Ordnung des Pols" gleich Null). Dies setzt voraus, daß $G_R(s)$ bei p_k eine Nullstelle besitzt. Somit hat S(s) bei $s=p_k$ eine Nullstelle der Ordnung π_{kRSK}, das Produkt $G_S(s)G_K(s)S(s)$, das ebenfalls in (2.29) auftritt, hat aber einen Pol bei p_k (mindestens der Ordnung 1) und ist nicht in $\mathbb{H}_H^\infty$. Diese Argumentation kann auf die anderen Fälle (Nullstellen von $G_K(s)$ oder $G_S(s)$) ganz analog angewendet werden.

Die Bedingungen (i) und (ii) sind auch hinreichend:
Zunächst ist S(s) in $\mathrm{Re}[s] > 0$ beschränkt und $[S(s)]^{-1}$ ist in der offenen rechten Halbebene meromorph. S(s) kann dort als Singularitäten nur die Nullstellen von $[S(s)]^{-1}$ als Pole enthalten, solche treten aber nicht auf, wenn (2.30) erfüllt ist. Somit ist S(s) in $\mathbb{H}_H^\infty$. Ist (ii) erfüllt, so besitzt S(s) bei allen (endlichen und unendlichen) Polstellen p_k von $G_S(s)$, $G_R(s)$, $G_K(s)$ in $\mathrm{Re}[s] \geq 0$

eine Nullstelle der Ordnung $\pi_{kK} + \pi_{kS} + \pi_{kR}$, und deshalb sind auch die anderen Übertragungsfunktionen in (2.29) in $\mathbb{H}_H^\infty$. □

Bei der Anwendung von Folgerung 2.6.2 ist auf zwei Feinheiten zu achten: Erstens steht in (2.30) nicht

$$|1 + G_S(\sigma+j\omega)G_K(\sigma+j\omega)G_R(\sigma+j\omega)| > 0 \qquad \forall\sigma > 0!$$

Dies wäre z. B. für $G_S(s) = \exp(-sT)$, $G_K(s) = (a+s)/(b+s)$, $G_R(s) = 1$ erfüllt. Der geschlossene Kreis ist jedoch instabil, da für die Folge

$$\{s_k = \frac{1}{k} + j(2k+1)\pi, \; k = 1,2,\ldots\}$$

$G_S(s_k)G_K(s_k)G_R(s_k)$ gegen -1 konvergiert, S(s) also nicht beschränkt ist in der offenen rechten s-Halbebene.

Zum zweiten gilt das Verbot der Pol-/Nullstellenkürzungen auch für Pole und Nullstellen im Unendlichen. Ist z. B. $G_S(s) = s^{-1}$, $G_K(s) = 1$, $G_R(s) = s$, so ist zwar S(s) ℓ^2-stabil, nicht aber $G_{EZ_2}(s) = -s/2$. Dieser Fall kann auftreten zum einen durch die Annahme differenzierender Regelgesetze, aber auch durch die Modellierung von Strecke und Meßglied, wenn z. B. eine Ableitung der Regelgröße meßtechnisch erfaßt und zurückgeführt wird. Falls die Aufspaltung von Strecke und Meßglied nur formal zu einem Pol des Meßglieds bei $s = \infty$ führt, jedoch physikalisch keine externen Signale zwischen Strecke und Meßglied eingreifen, so braucht natürlich für diesen Teil nicht die vollständige Stabilität gefordert zu werden. Die Forderung nach vollständiger Stabilität ist nur sinnvoll, wenn die Blöcke in Bild 2.1 tatsächlich getrennte physikalische Systeme mit dazwischenliegendem Eingriff externer (Stör-) Signale darstellen.

Es ergibt sich aus der Folgerung 2.6.2 insbesondere auch, daß keine der Übertragungsfunktionen $G_K(s)$, $G_R(s)$ (dies sind i. allg. die freien Entwurfsparameter) für $|s| \to \infty$ unbeschränkt anwachsen darf.

Wir wollen die Stabilitätsbedingungen aus Folgerung 2.6.2 für die nachfolgende Diskussion noch etwas griffiger formulieren:

Satz 2.7

Es seien $G_S(s)$, $G_K(s)$, $G_R(s)$ meromorph in der offenen rechten s-Halbebene. Dann ist die Einhaltung einer der beiden folgenden Bedingungen notwendig und hinreichend für die vollständige ℓ^2-Stabilität des Regelkreises in Bild 2.1:

(i) $S(s) \in \mathbb{H}_H^\infty$ und $S(s)$ besitzt für alle p_k in $Re[s] \geq 0$ an der Stelle p_k eine Nullstelle der Ordnung $\pi_{kS} + \pi_{kK} + \pi_{kR}$, wenn $G_S(s)$, $G_K(s)$, $G_R(s)$ bei p_k eine Polstelle der Ordnung π_{kS}, π_{kK}, π_{kR} besitzen.

(ii) Die Funktion $T(s)$,

$$T(s) = 1 - S(s), \qquad (2.31)$$

ist in $\mathbb{H}_H^\infty$ und besitzt für alle n_k in $Re[s] \geq 0$, eine Nullstelle der Ordnung $\nu_{kS} + \nu_{kK} + \nu_{kR}$, wenn $G_S(s)$, $G_K(s)$, $G_R(s)$ bei n_k eine Nullstelle der Ordnung $\nu_{kS}, \nu_{kK}, \nu_{kR}$ besitzen.

Kurz gefaßt muß $S(s)$ alle Polstellen der Teilübertragungsfunktionen als Nullstellen besitzen und $T(s)$ alle Nullstellen der Teilübertragungsfunktionen, und $S(s)$ und $T(s)$ müssen stabil sein.

Beweis:

Man überzeugt sich leicht davon, daß bei Einhaltung der Bedingungen in Folgerung 2.6.2 sowohl (i) als auch (ii) erfüllt sind. Umgekehrt kann, wenn (i) erfüllt ist, keine Pol/Nullstellenkürzung in der rechten Halbebene auftreten, ebensowenig, wenn (ii) erfüllt ist. □

Der Satz 2.7 stellt die entscheidende Grundlage für die Überlegungen zur Beschränkung der erreichbaren Regelgüte in linearen, zeitinvarianten zeitkontinuierlichen Systemen dar. Die zeitdiskrete Version von Satz 2.7 lautet:

Satz 2.7'

Es seien $G_S(z)$, $G_K(z)$, $G_R(s)$ meromorph für $|z| > 1$. Dann ist die Einhaltung einer der beiden folgenden Bedingungen notwendig und hinreichend für die vollständige ℓ^2-Stabilität des Regelkreises in Bild 2.1.:

(i) Die Funktion $S(z)$,

$$S(z) = [1 + G_S(z)G_K(z)G_R(z)]^{-1}, \tag{2.32}$$

ist in $H_E^{-\infty}$ und besitzt, für alle p_K mit Betrag größer oder gleich Eins, bei p_k eine Nullstelle der Ordnung $\pi_{kS} + \pi_{kK} + \pi_{kR}$, wenn $G_S(z)$ $G_K(z)$, $G_R(z)$ bei p_k eine Polstelle der Ordnung π_{kS}, π_{kK}, π_{kR} besitzen.

(ii) Die Funktion $T(z)$,

$$T(z) = 1 - S(z), \tag{2.33}$$

besitzt, für alle n_k mit $|n_k| \geq 1$, bei n_k eine Nullstelle der Ordnung $\nu_{kS} + \nu_{kK} + \nu_{kR}$, wenn $G_S(z)$, $G_K(z)$, $G_R(z)$ bei n_k eine Nullstelle der Ordnung ν_{kS}, ν_{kK}, ν_{kR} besitzen. □

Es sei darauf hingewiesen, daß die Stabilitätsbedingungen in Satz 2.7 bzw. 2.7' ohne jeden Bezug auf die Möglichkeit oder Unmöglichkeit der exakten Realisierung einer Pol-/Nullstellenkürzung außerhalb des Einheitskreises bzw. der linken Halbebene abgeleitet wurden. Das in Lehrbüchern häufig angeführte Argument der Unmöglichkeit einer exakten Kompensation ist zwar einleuchtend und meist auch zutreffend, jedoch nicht ganz befriedigend. Im zeitdiskreten Fall z. B. lassen sich durchaus digitale Systeme aufbauen, die exakt übereinstimmende Pole bzw. Nullstellen außerhalb des Einheitskreises besitzen. Es gilt aber generell, daß auch die Realisierung einer exakten Kompensation nicht zu einem brauchbaren Regelkreis führen würde.

Falls im Regelkreis noch mehr Blöcke auftreten als in Bild 2.1, gelten Satz 2.7 bzw. 2.7' natürlich ganz analog.

In den meisten Fällen sind die angegebenen Stabilitätsbedingungen auch hinreichend für BIBO-Stabilität, so für rationale Übertragungsfunktionen oder solange ein Teilsystem als stabil vorausgesetzt werden kann und alle Gewichtsfunktionen die Form (2.25) haben (vgl. [DV, Kap.4]). Da die Bedingungen auf jeden Fall notwendig sind für BIBO-Stabilität, gelten alle nachfolgend hieraus abgeleiteten Beschränkungen insbesondere auch, wenn BIBO-Stabilität verlangt wird.

3 Zur Spezifikation zeitkontinuierlicher Eingrößenregelkreise

Voraussetzung für eine Analyse der Grenzen der Regelgüte in linearen zeitinvarianten Eingrößenregelkreisen ist eine mathematische Beschreibung dessen, was unter Regelgüte verstanden werden soll. Solche mathematische Formulierungen der Anforderungen an Regelkreise existieren in großer Zahl: von Kennwerten der Sprungantwort bei Änderung des Führungssignals wie beim klassischen Reglerentwurf [FÖ2, LS, SS, SM, UN1] über die Vorgabe der Pole des geschlossenen Kreises [AC2] bis zur Minimierung der ℓ^2-Norm der Regelabweichung oder der gewichteten Summe aus Regelabweichung und Stellenergie für vorgegebene stochastische Eingangssignale [KK, SW1]. Jede solche Mathematisierung des Entwurfsproblems hat ihre Vorzüge und Schwächen. In diesem Kapitel wird eine Spezifikation der Regelgüte anhand von Frequenzgängen vorgenommen, die zum einen relativ gut und flexibel die realen Anforderungen an Regelkreise beschreibt und zum anderen gute Voraussetzungen für eine Untersuchung der Grenzen der Regelgüte bietet.

Der betrachtete Regelkreis ist in Bild 3.1 im Blockschaltbild dargestellt.

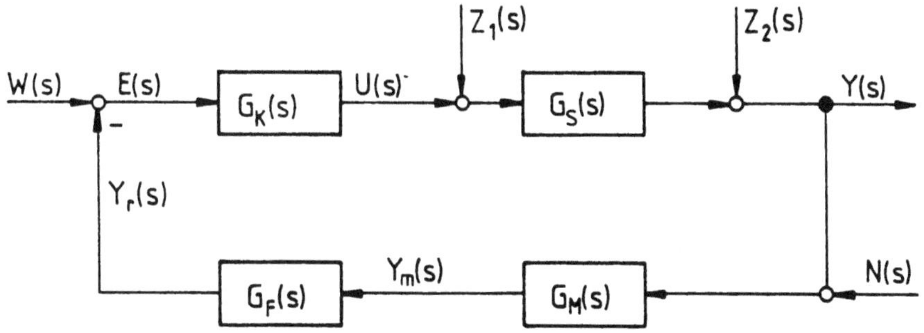

3.1 Allgemeine Überlegungen

Die Übertragungsfunktionen $G_S(s)$ und $G_M(s)$ (die als in einer rechten Halbebene konvergierende Transformierte der Gewichtsfunktion kausaler linearer zeitinvarianter Systeme der Form (2.2) ohne zusammenfallende Pole und Nullstellen in der rechten s-Halbebene vorausgesetzt werden) sind die gegebenen, dem Entwurf zugrundegelegten Beschreibungen von Regelstrecke und Meßglied. Die übrigen Übertragungsfunktionen, $G_K(s)$ und $G_F(s)$, sind freie Entwurfsparameter zur Erfüllung der Spezifikationen.

Es ist klar, daß $G_S(s)$ und $G_M(s)$ nur das Ein-/Ausgangsverhalten von Strecke bzw. Meßglied beschreiben, nicht aber gegebenenfalls vorhandene nicht steuerbare oder nicht beobachtbare Dynamikanteile [SW1]. Sind solche Anteile mit instabilen Eigenwerten vorhanden, so kann durch keine Auslegung der freien Elemente ein unbrauchbares Regelkreisverhalten vermieden werden. Es wird daher prinzipiell angenommen, daß das Ein-/Ausgangsverhalten Strecke und Meßglied ausreichend charakterisiert.

Für $G_K(s)$ und $G_F(s)$ setzen wir zunächst nur voraus, daß sie für $|s| \to \infty$ in der rechten s-Halbebene $Re[s] \geq 0$ beschränkt sind. Dies ist eigentlich etwas weniger, als zur physikalischen Realisierbarkeit notwendig ist, da für reale Systeme der Grenzwert für $|s| \to \infty$ stets Null ist. Andererseits sind alle Beschreibungen realer Systeme ohnehin nur in einem gewissen Frequenzbereich zuverlässig, und in diesem Rahmen sind auch endliche Grenzwerte sinnvoll.

Ganz allgemein lassen sich folgende Anforderungen für die Bestimmung von $G_F(s)$ und $G_K(s)$ formulieren:

1. Der Regelkreis muß <u>vollständig stabil</u> sein für die gegebenen Funktionen $G_S(s)$ und $G_M(s)$.

2. Es soll <u>gutes Folgeverhalten</u> erreicht werden, d. h. die Abweichung zwischen $w(t)$ und $y(t)$ soll in irgendeinem Sinn klein sein.

3. Stabilität und gutes Folgeverhalten müssen auch erhalten bleiben, falls gewisse, noch näher zu charakterisierende Abweichungen zwischen $G_S(s)$ bzw. $G_M(s)$ und dem realen Verhalten von Strecke und Meßglied auftreten.

Es ist wichtig, zu betonen, daß erst diese drei Forderungen <u>zusammengenommen</u> eine praktisch sinnvolle Reglerauslegung beschreiben.

Stabilität und gutes Folgeverhalten bei genau bekanntem Übertragungsverhalten von Strecke und Meßglied allein sind nur theoretisch sinnvolle Anforderungen. Erst die Garantie einer gewissen Robustheit oder Unempfindlichkeit gegen Abweichungen zwischen Modellen und realen Systemen macht eine Reglerauslegung brauchbar.

Ist die Regelstrecke stabil, so macht überhaupt erst das Auftreten von nicht im voraus bekannten Störgrößen und von Abweichungen zwischen Modell und realer Strecke die Benutzung einer Rückführung zur Verbesserung der Dynamik plausibel. Denn eine reine Kompensation der zu langsamen Streckendynamik ist anderenfalls durch Vorschalten von $G_K(s)$ allein ohne Rückführung viel einfacher möglich.

Die drei grundlegenden Entwurfsanforderungen diskutieren wir jeweils für sich in den folgenden Abschnitten, abschließend werden die Ergebnisse dieser Überlegungen zu einer Gesamtspezifikation zusammengefaßt.

3.2 Stabilität

Die Bedingungen für vollständige ℓ^2-Stabilität von Regelkreisen wurden im Abschnitt 2.4 bereits ausführlich behandelt. Aus Folgerung 2.6.1 und Folgerung 2.6.2 ergibt sich zunächst, daß $G_S(s)$ und $G_M(s)$ in der offenen rechten s-Halbebene nur Pole als Singularitäten enthalten dürfen sowie daß $G_S(s)$ und $G_M(s)$ keine zusammenfallenden Pole bzw. Nullstellen mit nicht-negativem Realteil besitzen dürfen. Sind diese Voraussetzungen erfüllt, so ist ein stabiles Verhalten des Regelkreises stets erreichbar, und für die Stabilitätsanalyse ist nur das Produkt

$$G_{SM}(s) = G_S(s) \cdot G_M(s) \tag{3.1}$$

wesentlich. Es seien $\{n_k,\ k = 1..N_{SM}^N\}$ die Nullstellen von $G_{SM}(s)$ in der abgeschlossenen rechten Halbebene mit Ordnungen ν_k, und $\{p_k,\ k = 1..N_{SM}^P\}$ die Pole von $G_{SM}(s)$ in diesem Gebiet mit Ordnungen π_k, einschließlich der Nullstelle bei ∞. Dann müssen nach Satz 2.7 folgende Bedingungen erfüllt sein:

1. Die Übertragungsfunktion S(s),

$$S(s) = [1 + G_S(s) \cdot G_K(s) \cdot G_F(s) \cdot G_M(s)]^{-1} \qquad (3.2)$$

muß in Re[s]>0 analytisch und beschränkt sein, d. h. zur Klasse $\mathbb{H}_H^\infty$ gehören ;

2. S(s) muß an den Stellen p_k Nullstellen mindestens der Ordnung π_k besitzen;

3. T(s) nach (2.31),

$$T(s) = 1 - S(s),$$

muß an den Stellen n_k Nullstellen mindestens der Ordnung ν_k besitzen.

Anders ausgedrückt dürfen die Funktionen $G_K(s)$ und $G_F(s)$ an den Stellen n_k keine Pole und an den Stellen p_k keine Nullstellen besitzen und müssen

$$\inf_{Re[s]\geq 0} |1 + G_K(s)\, G_F(s)\, G_{SM}(s)| > 0 \qquad (3.3)$$

erfüllen.

Darüber hinaus darf auch im Produkt $G_K(s) \cdot G_F(s)$ keine Pol-/Nullstellenkürzung in der rechten (abgeschlossenen) Halbebene auftreten. Da $G_K(s)$ und $G_F(s)$ aber freie Entwurfsparameter sind, bereitet die Einhaltung dieser Forderung keine Probleme, zumal sich aus einer solchen verbotenen Wahl keine Vorteile für die Regelgüte ergeben (s. u.).

Die Bedingung (3.3) zusammen mit dem "Kürzungsverbot" läßt sich mit Hilfe des bekannten <u>Nyquistkriteriums</u> graphisch auswerten:

<u>Satz 3.1 (Nyquistkriterium)</u>

Es seien $G_K(s)$, $G_F(s)$, $G_{SM}(s)$ gegeben mit folgenden Eigenschaften:

1. $\lim\limits_{|s|\to\infty} |G_{SM}(s)| = 0$ für $Re[s]\geq 0$.

2. $G_K(s)$ und $G_F(s)$ sind außerhalb eines Halbkreises in der rechten s-Halbebene beschränkt.

3. $G_K(s)$, $G_F(s)$ und $G_{SM}(s)$ sind meromorph in $Re[s]\geq 0$ (mit Ausnahme des Wertes ∞), und besitzen dort $\hat{n}_K$, $\hat{n}_F$, $\hat{n}_{SM}$ Pole unter Berücksichtigung der Vielfachheit.

Es sei C_D eine geschlossene Kurve bestehend aus der $j\omega$-Achse von -D bis D, wobei Pole von einer der Übertragungsfunktionen durch kleine Halbkreise in der <u>linken</u> s-Halbebene umgangen werden, sowie einem großen Halbkreis von jD nach -jD um den Ursprung in der rechten s-Halbebene. Es sei D so gewählt, daß für $Re[s]\geq 0$

$$M_L(D) = \sup_{|s|\geq D} |G_K(s)\ G_F(s)\ G_{SM}(s)| < 1$$

erfüllt ist. Aufgrund der Annahmen über die auftretenden Übertragungsfunktionen kann $M_L(D)$ durch Wahl von D beliebig klein gemacht werden.

Dann gilt:

Der geschlossene Regelkreis in Bild 3.1 (mit der eingangs getroffenen generellen Annahme über $G_S(s)$ und $G_M(s)$) ist genau dann vollständig ℓ^2-stabil, wenn die Abbildung der einmal im Uhrzeigersinn durchlaufenen Kurve C_D durch $[S(s)]^{-1}$ nicht durch den Ursprung geht und diesen genau $(\hat{n}_K + \hat{n}_F + \hat{n}_{SM})$-mal im Gegenuhrzeigersinn umschließt. Äquivalent hierzu ist die Bedingung, daß die Abbildung von C_D durch L(s),

$$L(s) = G_K(s)\cdot G_F(s)\cdot G_{SM}(s) \quad ,$$

den Punkt (-1, j0) in der komplexen Ebene $(\hat{n}_K + \hat{n}_F + \hat{n}_{SM})$-mal umschließt und nicht durch diesen Punkt geht.

Dies folgt aus (3.3) (d. h. der Tatsache, daß $[S(s)]^{-1}$ in C_D keine Nullstellen besitzen darf), dem Verbot von Kürzungen in $Re[s]\geq 0$

(d.h. $[S(s)]^{-1}$) muß innerhalb von C_D $\hat{\pi}_K + \hat{\pi}_F + \hat{\pi}_{SM}$ Pole besitzen) und dem Cauchyschen Integralsatz (s. z. B. [SW2]). □

Wenn die Voraussetzungen dieses Satzes erfüllt sind, so ist die Auswertung des graphischen Kriteriums der einfachste Weg, um die Stabilität des geschlossenen Regelkreises zu überprüfen. In vielen Fällen genügen vereinfachte Versionen, s. dazu z. B. [FÖ2,SW2]

Wir werden auf diese graphische Charakterisierung der vollständigen Stabilität bei der Diskussion der Robustheitsanforderung zurückkommen. Aufgrund der bisher dargestellten Zusammenhänge ist klar, daß das Nyquistkriterium in dieser Form die vollständige ℓ^2-Stabilität für alle Systeme, die die Voraussetzungen des Satzes erfüllen, nicht nur für rationale Übertragungsfunktionen, charakterisiert.

3.3 Folgeverhalten

Für die Diskussion der Anforderungen an das Folgeverhalten des Regelkreises nehmen wir zuerst einige Vereinfachungen vor.
Mit den Definitionen

$$G_V(s) = G_K(s) \cdot G_S(s) \tag{3.4}$$

$$G_R(s) = G_F(s) \cdot G_M(s) \tag{3.5}$$

und der Zusammenfassung der Störgrößen $Z_1(s)$ und $Z_2(s)$ zu einer einzigen, am Streckenausgang angreifenden Störgröße $Z(s)$,

$$Z(s) = G_S(s) \cdot Z_1(s) + Z_2(s), \tag{3.6}$$

ergibt sich der vereinfachte Regelkreis in Bild 3.2.

Mit den Abkürzungen (3.4), (3.5) erhält man

$$S(s) = \frac{1}{1 + G_V(s) \cdot G_R(s)}$$

$$T(s) = 1 - S(s) = \frac{G_V(s) \cdot G_R(s)}{1 + G_V(s) \cdot G_R(s)}$$

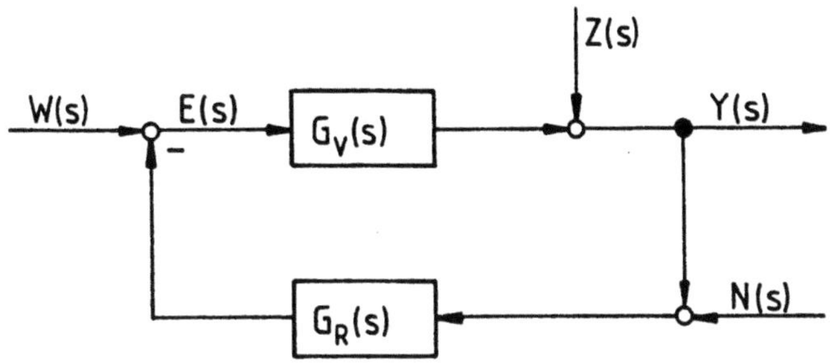

Bild 3.2: Vereinfachte Darstellung des Regelkreises in Bild 3.1

Wir bezeichnen die Abweichung zwischen Führungsgröße und Ausgangsgröße mit $\delta(t)$

$$\delta(t) = w(t) - y(t). \tag{3.7}$$

Damit ergibt sich im Bildbereich

$$\Delta(s) = R(s)\, W(s) - S(s)\, Z(s) + T(s)\, N(s), \tag{3.8}$$

mit der Abkürzung

$$R(s) = 1 - [G_R(s)]^{-1} \cdot T(s) = 1 - G_V(s) \cdot S(s). \tag{3.9}$$

Hieraus wird deutlich, daß $S(s)$ das Störübertragungsverhalten bezüglich der Störung $z(t)$, und $T(s)$ das Störübertragungsverhalten bezüglich des Meßrauschens $n(t)$ beschreibt. Ist die Übertragungsfunktion im Rückführzweig gleich Eins (negative Einheitsrückführung), so charakterisiert $T(s)$ gleichzeitig das Führungsverhalten. Da $G_V(s)$ und $G_R(s)$ variabel und (im Rahmen der Stabilitätsbedingungen) beliebig wählbar sind, können das Stör- und das Führungsverhalten unabhängig voneinander vorgegeben werden. Dagegen sind $S(s)$ und $T(s)$ nicht unabhängig vorgebbar, sondern erfüllen für alle Werte von s

$$S(s) + T(s) = 1, \tag{3.10}$$

sind also komplementär zueinander. Aus diesem Grund wollen wir $S(s)$ als <u>Störübertragungsfunktion</u> und $T(s)$ als <u>komplementäre</u>

Störübertragungsfunktion bezeichnen.

Da der Regelkreis als ℓ^2-stabil vorausgesetzt wurde, liegt es nahe, für gegebene h^2-Signale w(t), z(t), n(t) (d. h. für bei t = 0 einsetzende Signale endlicher Energie) die Regelgüte anhand der Energie der Regelabweichung $\delta(t)$ bei Einwirken dieser Signale zu bewerten. Diese kann (wegen der ℓ^2-Stabilität) gemäß

$$\|\delta(t)\|_2^2 = \frac{1}{2\pi} \int_{-\infty}^{\infty} |\Delta(j\omega)|^2 \, d\omega \tag{3.11}$$

berechnet werden. Im Prinzip ist (3.11) natürlich für eine Optimierung mit $G_V(s)$, $G_R(s)$ als gesuchten Größen geeignet, wobei die Stabilitätsanforderungen als Randbedingungen auftreten. Damit erhält man aber nur eine Lösung für ganz bestimmte Eingangssignale, und zudem ist die Robustheitsforderung als weitere Bedingung zu beachten. Deshalb wird im folgenden einer qualitativen Diskussion von (3.11) der Vorzug gegeben, die, wie sich zeigen wird, die Einbeziehung der Robustheitsforderung sehr einfach ermöglicht.

Da $|S(j\omega)|$ und $|T(j\omega)|$ wegen (3.10) nicht beide gleichzeitig klein gegen Eins sein können, sind für eine kleine Gesamtenergie des Regelfehlers auf jeden Fall folgende Bedingungen einzuhalten:

- $|S(j\omega)| \ll 1$ falls $|Z(j\omega)| \gg |N(j\omega)|$ (3.12a)
- $|T(j\omega)| \ll 1$ falls $|N(j\omega)| \gg |Z(j\omega)|$ (3.12b)
- $|R(j\omega)| \ll 1$ falls $|W(j\omega)| \gg 0$. (3.12c)

Für den typischen Fall, daß die Störung z(t) und das Führungssignal w(t) ein tiefpaßförmiges Spektrum besitzen (d. h. $|Z(j\omega)|$ und $|W(j\omega)|$ zu hohen Frequenzen hin rasch abfallen), während n(t) ein sehr breitbandiges Rauschsignal darstellt, sind Amplitudengänge von $S(j\omega)$, $R(j\omega)$, $G_V(j\omega)$ und $G_R(j\omega)$ in Bild 3.3 skizziert, die diesen Bedingungen genügen.

In dem Frequenzbereich, in dem das Meßrauschen n(t) gegenüber der Störung z(t) dominiert ($|\omega| \geq \omega_{bz}$ in Bild 3.3), ist bei sinnvoller Auslegung die Rückführung nicht mehr wirksam, die Kreisübertragungsfunktion $G_R(s) \cdot G_V(s)$ ist betragsmäßig kleiner als Eins.

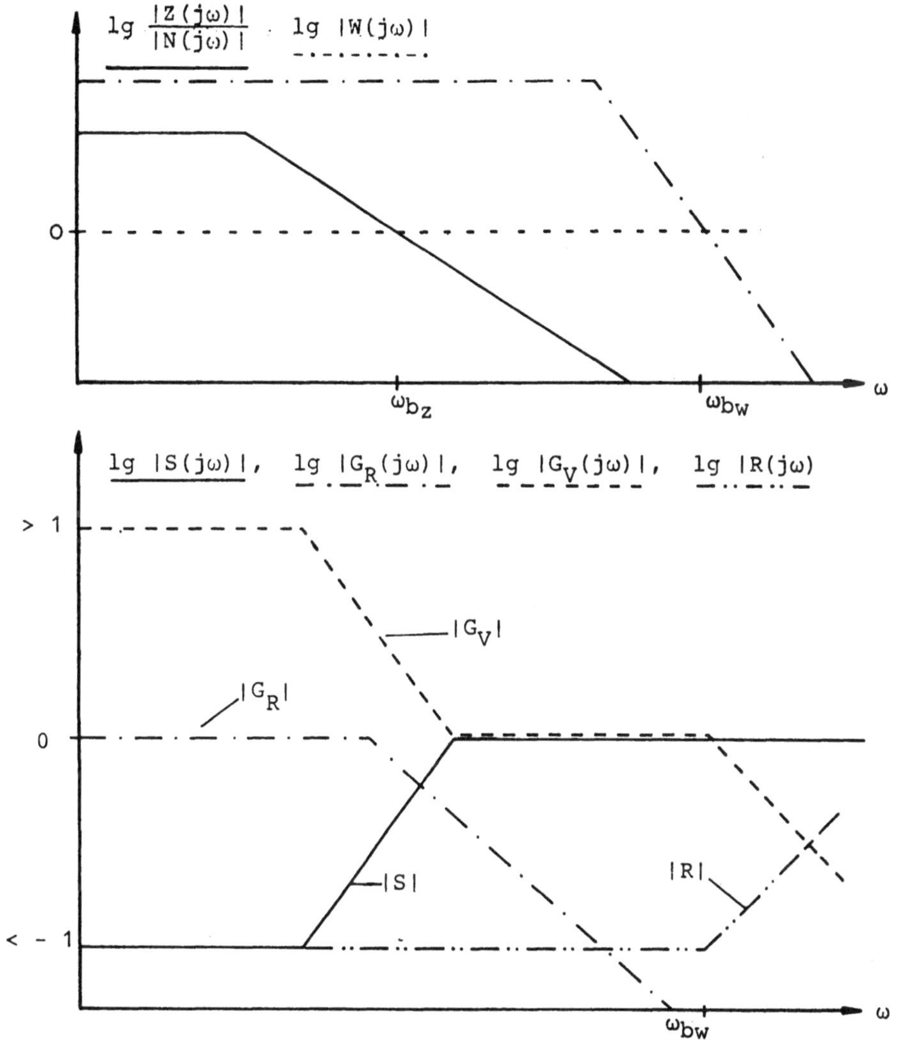

<u>Bild 3.3:</u> Gewünschte Amplitudengänge im Regelkreis

Soll für solche Frequenzwerte gutes Führungsverhalten erreicht werden, so muß dies durch eine reine Vorwärtskompensation

$$G_K(j\omega) \approx [G_S(j\omega)]^{-1}$$

erreicht werden. Die Störung z wird dann natürlich nicht mehr abgeschwächt, so daß eine solche Auslegung nur zweckmäßig ist, wenn gleichzeitig

$$|W(j\omega)| >> |Z(j\omega)|$$

erfüllt ist. Soll gutes Führungsverhalten nur in dem Frequenzbereich erreicht werden, in dem auch die Störung z gut unterdrückt wird, so kann dies durch eine Einheitsrückführung

$$G_R(j\omega) = 1$$

einfach bewirkt werden. Eine hiervon abweichende Wahl von $G_R(j\omega)$ hat nur Sinn, wenn gleichzeitig gutes Führungsverhalten und ein kleiner Wert von $|T(j\omega)|$, z. B. zur Vermeidung einer Verstärkung des Meßrauschens, erzielt werden soll.

Geht man davon aus, daß die Amplitudengänge $|W(j\omega)|$, $|Z(j\omega)|$, $|N(j\omega)|$ nicht a priori genau bekannt sind, sondern nur qualitative Kenntnisse vorliegen in der Form, daß in bestimmten Frequenzbereichen eine vorgegebene Abschwächung der Störungen bzw. gutes Führungsverhalten erreicht werden soll, so lassen sich die Entwurfsanforderungen einfach in folgender Weise darstellen:

$$|S(j\omega)| \leq A_o(\omega) \tag{3.13a}$$

$$|T(j\omega)| \leq B_o(\omega) \tag{3.13b}$$

$$|R(j\omega)| \leq A_R(\omega) , \tag{3.13c}$$

wobei $A_o(\omega)$, $B_o(\omega)$, $A_R(\omega)$ aus den Kenntnissen über die zu erwartenden Signale und den Anforderungen an das Regelverhalten gewonnene Schranken sind. $A_o(\omega)$ wird klein sein in dem Bereich, in dem $|Z(j\omega)| >> |N(j\omega)|$ erwartet wird, umgekehrt wird $B_o(\omega)$ klein sein, wenn N dominiert.

Man kann nun annehmen, daß die Funktionen $A_o(\omega)$, $B_o(\omega)$, $A_R(\omega)$ zusammengesetzt sind aus einem "Formfaktor", der das relative Gewicht der einzelnen Frequenzbereiche beschreibt, und einem konstanten Multiplikator:

$$A_o(\omega) = \mu_A \cdot A_o'(\omega) \tag{3.14a}$$

$$B_o(\omega) = \mu_B \cdot B_o'(\omega) \tag{3.14b}$$

$$A_R(\omega) = \mu_R \, A_R'(\omega). \tag{3.14c}$$

Ein naheliegender Gedanke ist dann, den Regelkreis so auszulegen, daß für gegebene Funktionen $A_o'(\omega)$, $B_o'(\omega)$, $A_R'(\omega)$ und minimale Werte von μ_A, μ_B, μ_R die Spezifikationen (3.13a - c) eingehalten werden. Dies könnte dann als "optimale" Einstellung bezeichnet werden. Genau dieser Gedanke liegt der sogenannten *$\mathbb{H}^\infty$-Optimierung*, wie sie von *Zames* [ZA3] initiiert wurde, zugrunde. Beschränkt man sich, wie in vielen Arbeiten zu diesem Thema, z. B. [ZF], [FZ], auf die Optimierung von S(s), wie sie durch (3.13a), (3.14a) und die Stabilitätsbedingungen aus dem vorigen Abschnitt als Randbedingungen beschrieben ist, so ergibt sich die folgende Interpretation dieses Ansatzes:

Es wird der in Bild 3.4 dargestellte Regelkreis betrachtet.

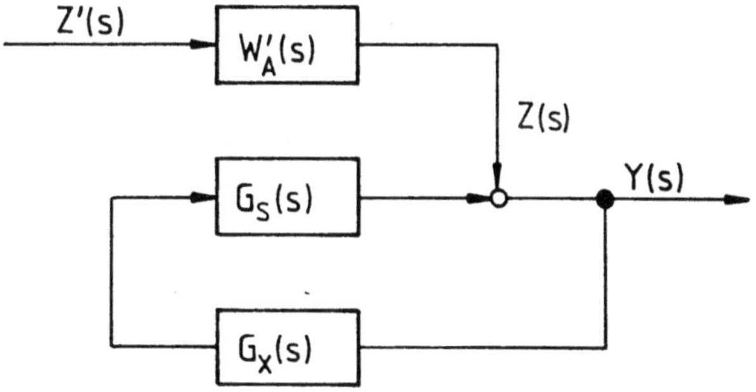

Bild 3.4: Zur Veranschaulichung der $\mathbb{H}^\infty$-Optimierung

$G_S(s)$ stellt die (gegebene) Regelstrecke dar, $G_X(s)$ eine gesuchte Übertragungsfunktion. Das Störfilter $W_A'(s)$ ist durch die Forderung

$$|W_A'(j\omega)| = [A_o'(\omega)]^{-1}. \tag{3.15}$$

charakterisiert. Ohne Beschränkung der Allgemeinheit kann $W_A'(s)$ als stabil und minimalphasig angenommen werden. Als Spezifikation von $G_X(s)$ wird das Optimierungsproblem

$$\sup_{\|z\|_2=1} [\|y(t)\|_2] \overset{!}{\to} \text{Min.} \tag{3.16}$$

angesetzt. Nach Kapitel 2 kann dafür auch geschrieben werden

$$\|W_A'(s)\ S(s)\|_\infty = \sup_\omega |W_A'(j\omega)\ S(j\omega)| \overset{!}{\to} \text{Min.}, \tag{3.17}$$

unter Einhaltung der Stabilitätsbedingungen.

Denn (3.16) ist äquivalent zu

$$\| G_{z',y} \|_2 \overset{!}{\to} \text{Min.},$$

und es ist

$$G_{z'y}(s) = W_A'(s)\ S(s),$$

$G_{z'y}(s)$ muß in $\mathbb{H}_H^\infty$ sein, somit gilt (2.26) und damit (3.17).

Physikalisch bedeutet dies, daß die "Verstärkung" im ℓ^2-Sinne für das ungünstigste Störsignal z'(t) unter allen möglichen h^2-Störsignalen (die induzierte ℓ^2-Norm von $G_{z'y}$) minimiert werden soll. Das klassische ($\mathbb{H}^2$-)Optimierungsproblem lautet demgegenüber

$$\int_{-\infty}^{\infty} |W_A'(j\omega)\cdot S(j\omega)|^2 |Z'(j\omega)|^2 d\omega \overset{!}{\to} \text{Min.} \tag{3.18}$$

für vorgegebenes Spektrum $|Z'(j\omega)|^2$. Natürlich liefert dies bessere Ergebnisse, wenn $|Z'(j\omega)|$ gut bekannt ist, während umgekehrt die für ein bestimmtes Störspektrum aus (3.18) gewonnene Lösung auf weitaus schlechtere Ergebnisse für besonders unangenehme Störungen mit abweichendem Spektrum führt.

Anstelle von (3.13a), (3.14a) kann man nun auch

$$|S(j\omega)|\,[A_o'(\omega)]^{-1} \overset{!}{\le} \mu_A$$

oder $$\sup_\omega |S(j\omega)|\,|A_o'(\omega)|^{-1} = \sup_\omega |S(j\omega)\cdot W_A'(j\omega)| \overset{!}{\le} \mu_A$$

schreiben, so daß die Bestimmung des minimalen möglichen Werts von μ_A genau identisch ist mit dem $\mathbb{H}^\infty$-Optimierungsproblem (3.16).

Es sei darauf hingewiesen, daß das Störfilter $W_A'(s)$ in (3.16) nicht einfach als Konstante angesetzt werden kann. Dies würde einer worst-case-Auslegung bezüglich der am Streckenausgang direkt einwirkenden h^2-Störsignale z(t) entsprechen. Für reale Strecken und realisierbarer Übertragungsfunktion $G_X(s)$ gilt allerdings für jede Wahl von $G_X(s)$

$$\lim_{\omega \to \infty} |S(j\omega)| = 1,$$

und deshalb

$$\|y(t)\|_2 \geq \|z(t)\|_2.$$

Das hat aber zur Konsequenz, daß das Optimum bei stabiler Strecke schon für $G_X(s) = 0$ erreicht wird, was sicher nicht als vernünftiger Zugang zur Reglerauslegung anzusehen ist. Deshalb ist es auch nicht sinnvoll, $A_o(\omega)$ in (3.13a) als Konstante anzusetzen.

Wir haben also gesehen, daß das oft behandelte $\mathbb{H}^\infty$-Optimierungsproblem (3.16) nichts anderes ist als ein Spezialfall der Untersuchung der Grenzen für die Wahl von $A_o(\omega)$ in (3.13a). Wie häufig, ist die Bezeichnung der so gefundenen Reglerübertragungsfunktion als "optimal" insofern angreifbar, als, wie auch in (3.18), das Ergebnis völlig von der Vorgabe von $A_o'(\omega)$ abhängt und sogar für jede Auslegung eine passende Gewichtung gefunden werden kann, so daß die (willkürliche) Auslegung "optimal" ist. Hinzu kommt, daß, wie sich auch aus der anschließenden Diskussion der Robustheitsanforderung ergeben wird, meist die Schranken in (3.13a-c) in gewissen Frequenzbereichen fest sind und in anderen möglichst klein sein sollten, also nicht die Form (3.14a-c) mit unbestimmtem konstantem Faktor haben. Wir werden uns deshalb vorwiegend direkt mit Spezifikationen der Form (3.13a-c) beschäftigen und untersuchen, welche Beschränkungen für die rechten Seiten aufgrund der Streckendynamik auftreten. In diesem Zusammenhang werden wir auf das Optimierungsproblem (3.16) und seine Lösung zurückkommen.

Die analogen Probleme für T(s) und R(s) können natürlich in genau gleicher Weise angegangen werden, und es sind die gleichen Einwände gegen die Optimalität der Lösungen zu erheben. Die Formulierung als $\mathbb{H}^{\infty}$-Optimierungsproblem gewinnt allerdings an Relevanz, wenn man zu einer "worst-case-Gesamtbetrachtung" übergeht.

Die umfassendste Formulierung als Optimierungsaufgabe in diesem Sinn ist

$$\sup_{\omega} |W_A'(j\omega)\ S(j\omega)| + \gamma_1 \cdot \sup_{\omega} |W_B'(j\omega)\ T(j\omega)| + \\ + \gamma_2 \cdot \sup_{\omega} |W_R'(j\omega) \cdot R(j\omega)| \overset{!}{\rightarrow} \text{Min.} \qquad (3.19)$$

Dieses Optimierungsproblem hat folgende anschauliche Interpretation:

Es seien z(t), n(t), w(t) Ausgangssignale linearer Systeme gemäß

$$Z(s) = W_A'(s) \cdot Z'(s)$$

$$N(s) = W_B'(s) \cdot N'(s)$$

$$W(s) = W_R'(s) \cdot W'(s) \ .$$

Als Zeitsignale z'(t), n'(t), w'(t) nehmen wir nun voneinander unabhängige normalverteilte stochastische Prozesse mit

$$E[z'^2(t)] \leq 1$$

$$E[n'^2(t)] \leq \gamma_1$$

$$E[w'^2(t)] \leq \gamma_2$$

an. Dann ist (3.19) äquivalent zu

$$\sup_{z',n',w'} E[\delta^2(t)] \overset{!}{\rightarrow} \text{Min.},$$

also der Minimierung der durchschnittlichen Leistung der Regelabweichung für den schlechtesten Fall von über Vorfilter W_A', W_B', W_R' einwirkenden unabhängigen stochastischen Signalen mit der angegebenen Beschränkung der mittleren Leistungen.

Dies ist also gewissermaßen die Optimierung des Regelkreises im Sinne der induzierten Operatornorm der Gesamtübertragungsmatrix von den unabhängigen externen Signalen zur Regelabweichung

$$\underline{G}_{Ges}(s) = [-S(s)W_A'(s) \quad T(s)W_B'(s) \quad R(s)W_R'(s)]$$

bei allerdings vorgegebenem Verhältnis der Leistungen der einwirkenden Signale. Von einem mathematischen Standpunkt ist dies ansprechender als die Formulierung durch (3.13a-c), (3.14a-c), die nicht unmittelbar mit einer Minimierung einer Norm der Regelabweichung identifiziert werden kann (auch nicht mit der Minimierung von $\|\delta(t)\|_2$), obwohl sie anschaulich einer solchen Minimierung nahekommt.

Im Gegensatz zu der diskutierten Umformulierung von (3.13a) in das $\mathbb{H}^\infty$-Optimierungsproblem (3.16), die eine reine Spezialisierung darstellt, sind (3.19) und (3.13a-c) qualitativ verschiedene Ansätze. Man kann allerdings die beiden ersten und den letzten Term in (3.19) separat betrachten, da der Regelkreis zwei Freiheitsgrade besitzt. Das Problem (3.19) zerfällt dann in zwei unabhängige Probleme, von denen das zweite dem schon diskutierten gleicht.

Das verbleibende Problem

$$\sup_\omega |W_A'(j\omega)\, S(j\omega)| + \gamma \cdot \sup_\omega |W_B'(j\omega)[1 - S(j\omega)]| \overset{!}{\to} \text{Min.} \qquad (3.20)$$

ist so kompliziert, daß eine allgemeine Lösung zur Zeit nicht bekannt ist. Dasselbe gilt für die Frage, wann beliebige simultane Spezifikationen (3.13a) und (3.13b) einhaltbar sind. Wenn allerdings die Spezifikationen <u>komplementär</u> sind, d. h. für jeden ω-Wert entweder (3.13a) <u>oder</u> (3.13b) einzuhalten ist bzw. $W_A'(j\omega)$ oder $W_B'(j\omega)$ verschwinden, kann eine Lösung angegeben werden. Dann allerdings ist (3.20) auch wieder ein Sonderfall von (3.13a) und (3.13b) zusammengenommen.

Im folgenden werden wir deshalb die Spezifikationen (3.13a-c) als Beschreibung des gewünschten "guten" Regelverhaltens zugrundelegen.

Das $\mathbb{H}^\infty$-Optimierungsproblem wird dabei - soweit wie es überhaupt lösbar ist - mit erledigt.

3.4 Robustheit

Wie eingangs bereits erwähnt, ist eine unabdingbare Forderung, daß der Regelkreis auch dann ein befriedigendes Verhalten zeigt, wenn das tatsächliche Übertragungsverhalten von Regelstrecke und Meßaufnehmer von den beim Entwurf zugrundegelegten Übertragungsfunktionen $G_S(s)$ und $G_M(s)$ abweicht. Es gibt natürlich, selbst wenn man sich auf den Fall beschränkt, daß auch die <u>realen</u> Systeme linear und zeitinvariant mit Übertragungsfunktionen $G_S^r(s)$ und $G_M^r(s)$ sind, viele Möglichkeiten, die Abweichungen zu modellieren. Wir wollen hier eine relativ einfach handhabbare und anschauliche Modellierung durch sogenannte unstrukturierte Modellunsicherheiten, wie sie von Doyle und Stein [DS] eingeführt wurden, zugrundelegen. Es seien die <u>realen</u> Systeme beschrieben durch

$$G_S^r(s) = G_S(s)\,[1 + \varepsilon_S(s)] \tag{3.21}$$

$$G_S^r(s)G_M^r(s) = G_S(s)G_M(s)[1 + \varepsilon_{SM}(s)], \tag{3.22}$$

wobei über die Fehlerterme $\varepsilon_S(s)$ und $\varepsilon_{SM}(s)$ zunächst nur bekannt ist, daß sie den Beschränkungen

$$|\varepsilon_S(j\omega)| \leq l_S(\omega) \tag{3.23}$$

$$|\varepsilon_{SM}(j\omega)| \leq l_{SM}(\omega) \tag{3.24}$$

unterliegen. Geometrisch gesprochen liegt z. B. $G_S^r(j\omega_i)$ innerhalb einer Kreisscheibe um $G_S(j\omega_i)$ mit Radius $l_S(\omega_i)\cdot|G_S(j\omega_i)|$ (s. Bild 3.5). In etwas verallgemeinernder Sprechweise kann gesagt werden, daß der Frequenzgang $G_S^r(j\omega)$ ein beliebiger Punkt einer Kreisscheibe um den Nominalwert $G_S(j\omega)$ ist, analoges gilt für $G_{SM}^r(j\omega)$.

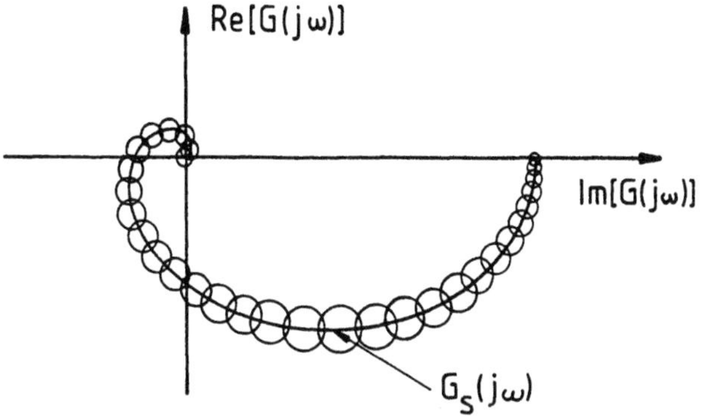

Bild 3.5: Zur Veranschaulichung der benutzten Modellunsicherheit

Die Beschränkungen (3.23) und (3.24) schließen aus, daß Pole von $G_S(s)$ bzw. von $G_{SM}(s)$ beim Übergang vom Modell zum realen System über die $j\omega$-Achse wandern. Allerdings sind sie noch nicht ausreichend, um robustes Verhalten des Regelkreises garantieren zu können. Man muß zusätzlich aus der durch (3.23) bzw. (3.24) charakterisierten Klasse von Funktionen $G_S^{\hbar}(s)$ bzw. $G_{SM}^{\hbar}(s)$ diejenigen ausschließen, bei denen "plötzlich" Pole in $Re[s]>0$ auftauchen. So erfüllt z. B.

$$\varepsilon_S(s) = \frac{-\delta}{\alpha + \delta - s} \qquad \alpha>0,\ \delta>0$$

für hinreichend kleines δ stets Schranken der Form (3.23) (es sei denn $l_S(\omega)$ verschwindet), wegen

$$G_S^{\hbar}(s) = G_S(s) \cdot \frac{\alpha - s}{\alpha + \delta - s}$$

taucht für $\delta > 0$ jedoch ein zusätzlicher Pol in $Re\,[s] \geq 0$ auf, und wenn der Regelkreis für $G_S(s)$ stabil ist, so ist dies für $G_S^{\hbar}(s)$ für hinreichend kleines δ sicher nicht der Fall. Man muß daher die Modellunsicherheiten auf solche Perturbationen $\varepsilon_S(s)$, $\varepsilon_{SM}(s)$ beschränken, bei denen die Pole und Nullstellen in $Re\,[s] \geq 0$ von $G_S^{\hbar}(s)$ bzw. $G_{SM}^{\hbar}(s)$ als durch eine stetige Verschiebung aus den Polen und Nullstellen von $G_S(s)$ bzw. $G_{SM}(s)$ hervorgegangen darstellbar sind [VSF, CD1].

Mit dieser Voraussetzung impliziert (3.23) bzw. (3.24), daß die Zahl der instabilen Pole von $G_S^{r}(s)$ und $G_S(s)$ bzw. $G_{SM}^{r}(s)$ und $G_{SM}(s)$ gleich ist. Diese Voraussetzung kann abgeschwächt werden, wenn eine Beschränkung derselben Form für die inversen Übertragungsfunktionen angenommen wird [PF] . Es erscheint jedoch nicht unvernünftig, vorauszusetzen, daß die Zahl der instabilen Pole von Strecke und Meßglied bekannt ist.

Mit unstrukturierten Modellunsicherheiten muß stets gerechnet werden, da lineare Modelle nur Näherungsscharakter haben, und der Frequenzgang experimentell nur mit einer gewissen Genauigkeit ermittelt werden kann. Typischerweise sind $l_S(\omega)$ und $l_{SM}(\omega)$ im Bereich niedriger und mittlerer Frequenzen klein gegen Eins, während bei hohen Frequenzen eine erhebliche Unsicherheit auftritt, da die Modellierung als System mit konzentrierten Parametern hier nicht mehr zulässig ist, und Messungen wegen der starken Abschwächung nur noch fragwürdige Ergebnisse liefern, falls die nötigen Eingangssignale überhaupt aufgebracht werden dürfen. Für große Werte von ω wird daher $l_{SM}(\omega)$ stets größer als Eins sein, was zur Folge hat, daß dort keinerlei Information über die Phase von $G_{SM}(j\omega)$ mehr vorliegt.

Zusätzlich können auch noch <u>strukturierte Abweichungen</u> , z. B. aufgrund unterschiedlicher Arbeitspunkte, auftreten. Dies führt zur Problematik der simultanen Einhaltung von bestimmten Anforderungen für gewisse erhebliche, jedoch <u>bekannte</u> Perturbationen bzw. für verschiedene Nominalmodelle [AC1] . Wir gehen hier davon aus, daß solche strukturierte Unsicherheiten in unstrukturierte der Form (3.21) - (3.24) eingebettet werden, was eine pessimistische Abschätzung der zu erwartenden Abweichungen bedeutet. Es sei abschließend darauf hingewiesen, daß Modellunsicherheiten nicht nur auf die Unmöglichkeit exakter Modelle, sondern auch z. B. auf den Verzicht auf die Modellierung von Nichtlinearitäten zur Erleichterung des Entwurfs zurückzuführen sein können.

Eine grundlegende Anforderung ist zunächst, daß die Abweichungen zwischen den bei der Reglerauslegung benutzten nominalen Übertragungsfunktionen und den realen Übertragungsfunktionen gemäß (3.21), (3.22) die Stabilität des Regelkreises nicht zunichte machen dürfen.

Die nominale Übertragungsfunktion S(s) erfülle also die Bedingungen von Satz 2.7, d. h. der nominale Gesamtregelkreis nach Bild 3.1 ist stabil. Wir können uns auf den Fall beschränken, daß ebenso wie im nominalen Fall auch $G_{SM}^{r}(s)$ alle instabilen Pole von $G_S^{r}(s)$ und von $G_M^{r}(s)$ mit derselben Ordnung enthält. Andernfalls ist eine Stabilisierung des realen Regelkreises ohnehin ausgeschlossen.

Als notwendige Stabilitätsbedingung ergibt sich aus (3.3) sofort

$$\inf_{Re[s]\geq 0} |1 + G_S^{r}(s)G_M^{r}(s)G_F(s)G_K(s)| > 0 \qquad (3.25)$$

für alle durch (3.24) zugelassenen Perturbationen $\varepsilon_{SM}(s)$ unter Beachtung des Ausschlusses "neu auftauchender" Pole in $Re[s]>0$. Daraus erhält man folgende notwendige Bedingung für robuste Stabilisierung:

Satz 3.2

Notwendig für robuste Stabilität des geschlossenen Regelkreises mit unstrukturierter Modellunsicherheit nach (3.22) mit (3.24) ist die Einhaltung der beiden Bedingungen

(i) $S(s) \in \mathbb{H}_H^{\infty}$

(ii) $$\sup_{\omega} |T(j\omega)\cdot l_{SM}(\omega)| < 1 . \qquad (3.26)$$

Beweis:

(i) ist klar, da $\varepsilon_{SM}(s)=0$ zulässig ist. (3.25) läßt sich mit (3.22) schreiben als

$$\inf_{Re[s]\geq 0} |1 + G_F(s)G_K(s)G_{SM}(s) + G_F(s)G_K(s)G_{SM}(s)\varepsilon_{SM}(s)| =$$

$$= \inf_{Re[s]\geq 0} [|S(s)|^{-1}\cdot |1 + T(s)\cdot\varepsilon_{SM}(s)|] > 0 .$$

Da S(s) stabil ist, ist der erste Faktor von Null verschieden, so daß sich als Stabilitätsbedingung

$$\inf_{Re[s] \geq 0} |1 + T(s)\varepsilon_{SM}(s)| > 0$$

ergibt. Wäre (3.26) nicht erfüllt, so existierte ein $\varepsilon_{SM}(s)$ derart, daß für eine passende Folge $\{\omega_i\}$

$$\lim_{i\to\infty} T(j\omega_i)\ \varepsilon_{SM}(j\omega_i) = -1$$

gilt, und somit auch

$$\lim_{i\to\infty} |1 + T(j\omega_i)\ \varepsilon_{SM}(j\omega_i)| = 0$$

im Widerspruch zu dieser Stabilitätsbedingung. □

Die notwendige Bedingung des Satzes 3.2 ist <u>exakt</u>, d. h. bei Verletzung von (3.26) gibt es mit Sicherheit eine zulässige Perturbation, die zur Instabilität führt!

Äußerst angenehm und nicht auf den ersten Blick zu erwarten ist, daß (3.26) <u>auch hinreichend</u> dafür ist, daß $S(s)$ und $S^{\pi}(s)$ <u>gleichzeitig</u> stabil sind, wenn man nur geringe zusätzliche Einschränkungen macht:

<u>Satz 3.3 ([CD1,DS])</u>

Es seien folgende Voraussetzungen erfüllt:

1. $G_{SM}(s)$ und $G^{\pi}_{SM}(s)$ haben dieselbe Zahl von Polen in $Re[s] \geq 0$.

2. Die Produkte $[G_K(s)G_F(s)G_{SM}(s)]$ und $[G_K(s)G_F(s)G^{\pi}_{SM}(s)]$ besitzen beide den Grenzwert Null für $|s| \to \infty$ in $Re[s] \geq 0$.

3. $[S(s)]^{-1}$ und $[S^{\pi}(s)]^{-1}$ sind meromorph in $Re[s] \geq 0$.

Dann ist (3.26) hinreichend dafür, daß aus der Stabilität des nominalen geschlossenen Regelkreises die vollständige ℓ^2-Stabilität des <u>realen</u> Regelkreises folgt.

Beweis (aus [CD1]):

Es sei $\varepsilon_{SM}(s)$ eine beliebige feste zulässige Perturbation. Wir wollen mit Hilfe des Nyquist-Kriteriums in Satz 3.1 zeigen, daß der reale Regelkreis stabil ist, wenn dies für den nominalen zutrifft. Wir führen dazu folgende Klasse von Funktionen ein:

$$F(\alpha, s) = 1 + G_K(s)\cdot G_F(s)\cdot G_{SM}(s)\cdot[1 + \alpha\varepsilon_{SM}(s)]$$

mit $0 \leq \alpha \leq 1$. Offensichtlich ist

$$F(0, s) = [S(s)]^{-1}$$

$$F(1, s) = [S^{\pi}(s)]^{-1}.$$

Da $\varepsilon_{SM}(s)$ (3.24) erfüllt, besitzt $F(\alpha,s)$ für $\alpha>0$ höchstens dieselben Pole auf der $j\omega$-Achse wie $F(0, s)$. Deshalb bilden alle Funktionen $F(\alpha, s)$ die für $[S(s)]^{-1}$ anwendbare Nyquist-Kontur C_D in eine stetige Kurve ab. Lassen wir $D\to\infty$ gehen, so gehen alle Kurven durch den Punkt $(1, j0)$. Da $S(s)$ stabil ist, kann $[S(s)]^{-1}$ nicht durch den Ursprung gehen, und aufgrund der getroffenen Voraussetzungen gilt

$$\infty > M_S > |S(s)|^{-1} > \delta_1 > 0 \quad \text{für} \quad s\in C_\infty .$$

Da (3.26) auch auf den kleinen Halbkreisen um Pole von $[S(s)]^{-1}$ der $j\omega$-Achse erfüllt ist, wenn diese klein genug sind, ist

$$2 > |1 + T(s)\varepsilon_{SM}(s)| > \delta_2 > 0 \text{ für } s\in C_\infty.$$

Somit haben wir für alle Funktionen $F(\alpha, s)$ (vgl. Beweis von Satz 3.2)

$$2\, M_S > |F(\alpha, s)| > \delta_1\delta_2 > 0 \quad \text{für } s\in C_\infty.$$

Die Funktionenschar $F(\alpha, s)$ bildet also C_∞ auf Kurven ab, die alle innerhalb eines Kreisrings um den Ursprung liegen, durch einen gemeinsamen Punkt gehen, und sich stetig als Funktion von α ändern. Es ist offensichtlich, daß all diese Kurven den Ursprung gleich oft umschließen müssen, insbesondere also auch die Abbildung von C_∞

durch $[S(s)]^{-1}$ und durch $[S^{r}(s)]^{-1}$. Da $[S(s)]^{-1}$ voraussetzungsgemäß Satz 3.1 erfüllt, und da die Zahl der instabilen Pole der Einzelübertragungsfunktionen konstant ist, ist auch der reale geschlossene Regelkreis nach Satz 3.1 vollständig ℓ^2-stabil. Da $\varepsilon_{SM}(s)$ beliebig war, gilt dies für alle zulässigen Perturbationen. □

Neben der Stabilität muß auch das entsprechend dem vorigen Abschnitt näher spezifizierte Folgeverhalten bei Auftreten unstrukturierter Modellierungsunsicherheiten garantiert werden.

Wir beginnen mit der Untersuchung der durch $S(s)$ bzw. $S^{r}(s)$ charakterisierten Abschwächung der am Ausgang angreifenden Störungen. Es gilt, wie man leicht durch Hinschreiben von $S(j\omega)$ / $S^{r}(j\omega)$ sieht,

$$S^{r}(j\omega) = \frac{S(j\omega)}{1 + \varepsilon_{SM}(j\omega)T(j\omega)} \tag{3.27}$$

Mit Hilfe der Dreiecksungleichung läßt sich hieraus eine <u>hinreichende</u> Bedingung für

$$|S^{r}(j\omega)| \leq A_o(\omega) \tag{3.28}$$

für beliebige zulässige Perturbationen ableiten, in der nur $S(j\omega)$ auftritt, nämlich

$$|S(j\omega)| \leq A(\omega) = A_o(\omega) \cdot \frac{1 - l_{SM}(\omega)}{1 + A_o(\omega)\, l_{SM}(\omega)} \,. \tag{3.29}$$

Ist (3.29) erfüllt, so wird (3.28) garantiert eingehalten.
(3.29) kann natürlich nur dann befriedigt werden, wenn

$$l_{SM}(\omega) < 1$$

gilt. Für $l_{SM}(\omega_i) > 1$ ist dies im allgemeinen nicht möglich, es existiert dann stets eine Perturbation $\varepsilon_{SM}(s)$, so daß $|S^{r}(j\omega_i)| = 1$ gilt. In diesem Fall kann nur ausgeschlossen werden, daß $|S^{r}(j\omega_i)|$ allzu groß wird. Denn aus (3.27) erhält man durch Einsetzen von (3.10) und Abschätzung nach oben

$$|S^{r}(j\omega)| \leq 1 + \frac{|T(j\omega)|(1+l_{SM}(\omega))}{1-l_{SM}(\omega)|T(j\omega)|}$$

Ist also

$$|T(j\omega)|\, l_{SM}(\omega) << 1$$

erfüllt, so liegt $|S^{r}(j\omega)|$ dicht bei 1.

Wir können somit festhalten:

Satz 3.3

Gilt

$$l_{SM}(\omega) < 1, \tag{3.30}$$

so kann im Prinzip durch Auslegung des nominalen Regelkreises eine bestimmte durch (3.13a) festgelegte Störunterdrückung garantiert werden, indem $A_o(\omega)$ durch die kleinere Schranke $A(\omega)$ nach (3.29) ersetzt wird. Ist (3.30) nicht erfüllt, so kann nur durch Spezifikation von $|T(j\omega)|$ erreicht werden, daß $|S^{r}(j\omega)|$ nicht wesentlich größer ist als Eins. Gute Störunterdrückung setzt ein einigermaßen verläßliches Modell voraus. □

Eine andere Umformung von (3.27), nämlich

$$T^{r}(j\omega)-T(j\omega) = S(j\omega) - S^{r}(j\omega) = \frac{\varepsilon_{SM}(j\omega)T(j\omega)S(j\omega)}{1+\varepsilon_{SM}(j\omega)T(j\omega)}, \tag{3.31}$$

zeigt schließlich, daß in realen Regelkreisen, bei denen $|S(j\omega)|$ für $\omega\to\infty$ gegen Eins geht, die Auswirkung der Modellierungsunsicherheit nicht überall beliebig reduziert werden kann. Denn in einem gewissen Frequenzbereich (um die "Durchtrittsfrequenz" des offenen Kreises, bei der $|L(j\omega)| = 1$ ist) sind sowohl $T(j\omega)$ als auch $S(j\omega)$ wesentlich von Null verschieden, so daß die Perturbation bestenfalls kaum abgeschwächt in die Störübertragungsfunktion eingeht. Es ist daher günstig, wenn dieser Frequenzbereich schmal ist.

Aus (3.31) ergibt sich für $|T^{r}(j\omega)|$

$$|T^{r}(j\omega)| \leq |T(j\omega)| \cdot \frac{1+l_{SM}(\omega)}{1-l_{SM}(\omega)\,|T(j\omega)|}$$

Die Schranke (3.13b) wird daher für den realen Regelkreis sicher eingehalten, wenn

$$|T(j\omega)| \leq \beta(\omega) = \frac{B_o(\omega)}{1+l_{SM}(\omega)\,[1+B_o(\omega)]} < [l_{SM}(\omega)]^{-1} \qquad (3.32)$$

erfüllt ist. Robustes Verhalten bezüglich der Abschwächung von n(t) kann also einfach durch Ersetzung von (3.13b) durch die härtere Spezifikation (3.32) sichergestellt werden.

Schließlich gilt

$$R^{r}(s) = 1 - \frac{1+\varepsilon_S(s)}{1+\varepsilon_{SM}(s)T(s)}\; G_V(s)S(s)$$

und bei im nominalen Fall optimaler Auslegung

$$G_V(s)S(s) = 1$$

$$|R^{r}(j\omega)| \leq \frac{|\varepsilon_{SM}(j\omega)-\varepsilon_S(j\omega)-\varepsilon_{SM}(j\omega)S(j\omega)|}{|1 + \varepsilon_{SM}(j\omega)T(j\omega)|} .$$

Für $|S(j\omega)| \ll 1$ (und deshalb auch $l_{SM}(\omega) < 1$) gilt näherungsweise

$$|R^{r}(j\omega)| \leq \frac{|\varepsilon_{SM}(j\omega) - \varepsilon_S(j\omega)|}{1-l_{SM}(\omega)}$$

und für $|T(j\omega)| \ll 1$

$$|R^{r}(j\omega)| \leq \frac{l_S(\omega)}{1-l_{SM}(\omega)|T(j\omega)|} .$$

Das Führungsverhalten wird also im Bereich guter Störunterdrückung und relativ zuverlässiger Modellierung im wesentlichen durch die Abweichungen bei der Modellierung des Meßglieds bestimmt, im Bereich hoher Ungenauigkeit durch die Modellierungsfehler für die Strecke, wenn $|T(j\omega)|$ klein genug ist. Die Beschränkung von $|R(j\omega)|$ im nominalen Fall in der Form (3.13c) kann allein kein robustes Führungsverhalten sicherstellen. Durch passende Wahl von $S(j\omega)$ und $T(j\omega)$ kann nur erreicht werden, daß das relative Verhältnis der Modellierungsungenauigkeiten für Strecke und Meßglied in der Weise ausgenutzt wird, daß jeweils die höhere Genauigkeit zum Tragen kommt.

Robustes Verhalten des Regelkreises läßt sich also dadurch erreichen, daß im Bereich relativ zuverlässiger Modellierung ($l_{SM}(\omega)<1$) $|S(j\omega)|$ klein gemacht wird, während im Bereich hoher Unsicherheit $|T(j\omega)|$ und damit auch $|L(j\omega)|$, die Verstärkung des offenen Regelkreises, klein sein muß.

Der Fall relativ zuverlässiger Modellierung wird in der Empfindlichkeitsanalyse behandelt [FR2]. $S(s)$ wird auch als Empfindlichkeitsfunktion bezeichnet, da $|S(j\omega)|$ für kleine Fehler die relative Änderung des Führungsverhaltens des geschlossenen Regelkreises bei Einheitsrückführung beschreibt (vgl. (3.32)).

3.5 Zusammenfassung

Aus der bisherigen Diskussion der Anforderungen an das Regelkreisverhalten läßt sich folgern, daß prinzipiell bei der Spezifikation drei verschiedene Frequenzbereiche unterschieden werden können:

1. Der Bereich wirksamer Rückführung (B_r)

Dieser Frequenzbereich ist dadurch charakterisiert, daß

$$|S(j\omega)| \leq A(\omega) << 1 \quad \forall\, \omega \in B_r \tag{3.33}$$

gilt. Voraussetzung hierfür ist, daß die Modellierungsunsicherheit nicht zu groß ist, d. h. $l_{SM}(\omega) < 1$ in B_r erfüllt ist.

In diesem Frequenzbereich

- werden am Ausgang angreifende Störungen stark abgeschwächt, und zwar mindestens auf das durch (3.29) bestimmte Maß $A_o(\omega)$;

- wird gutes Führungsverhalten erreicht, indem

$$G_R(j\omega) \approx 1 \qquad \text{für} \quad \omega \in \mathcal{B}_r$$

  gewählt wird ;

- wird das Meßrauschen praktisch ohne Abschwächung zum Ausgang übertragen ($T(j\omega) \approx 1$);

- wird die Robustheit des Führungsverhaltens nur durch die Genauigkeit der Modellierung des Meßglieds bestimmt.

Umgekehrt ergibt die Spezifikation (3.33) nur ein sinnvolles Regelkreisverhalten, wenn in $\mathcal{B}_r$

- die Störungen am Ausgang gegenüber dem Meßrauschen dominieren;

- die Gesamtmodellierungsunsicherheit nicht allzu groß ist;

- insbesondere das Meßglied in seinem dynamischen Verhalten recht genau bekannt ist.

2. Der Bereich ohne wirksame Rückführung ($\mathcal{B}_o$)

In diesem Frequenzbereich gilt

$$|T(j\omega)| \leq B(\omega) \ll 1 \qquad \forall\, \omega \in \mathcal{B}_o \tag{3.34}$$

und damit auch

$$|S(j\omega)| \approx 1.$$

Deshalb

- werden die am Ausgang angreifenden Störungen nicht mehr abgeschwächt;

- wird das Meßrauschen kaum zum Ausgang übertragen;

- kann gutes Führungsverhalten nur durch

$$G_V(j\omega) \approx 1 \qquad \text{für } \omega \in B_o,$$

  d. h. reine Vorwärtskompensation, erreicht werden, wobei die Ungenauigkeit bei der Modellierung der Regelstrecke voll eingeht;

- ist keine zuverlässige Modellierung für die Aufrechterhaltung der Stabilität erforderlich.

Die Spezifikation (3.34) ergibt sich u. a. daraus, daß in B_o

- das dynamische Verhalten von Regelstrecke und/oder Meßglied nicht mehr zuverlässig bekannt ist ($l_{SM}(\omega) > 1$)

- das Meßrauschen gegenüber den zu erwartenden Störungen dominiert

- Begrenzungen und kleine Werte von $|G_{SM}(j\omega)|$ zu kleinen maximal erlaubten Werten von $|G_K(j\omega)G_F(j\omega)G_{SM}(j\omega)|$ führen.

3. Der Übergangsbereich ($B_ü$)

Dieser Frequenzbereich ist ganz einfach dadurch bestimmt, daß weder (3.33) noch (3.34) gelten, sondern sowohl $|S(j\omega)|$ als auch $|T(j\omega)|$ wesentlich von Null verschieden sind. Wegen (3.10) tritt ein solcher Bereich stets auf. Wie bald gezeigt wird, muß praktisch in diesem Bereich immer für gewisse ω-Werte

$$|S(j\omega)| > 1$$

in Kauf genommen werden. Aufgrund der Robustheitsforderung muß auch

$$|T(j\omega)| \leq B(\omega) < l_{SM}^{-1}(\omega), \qquad \omega \in B_ü, \tag{3.35}$$

gelten. Zusätzlich ist es sinnvoll,

$$|S(j\omega)| \leq A(\omega) \leq S_{max}, \qquad \omega \in B_ü, \tag{3.36}$$

auch hier zu verlangen, um eine übermäßige Verstärkung von Störungen in diesem Bereich auszuschließen.

Man erhält also *überlappende* Spezifikationen von $|T(j\omega)|$ und $|S(j\omega)|$. Um Grenzen der erreichbaren Regelgüte zu diskutieren, ist es zweckmäßig, zusätzlich die wegen (3.10) automatisch erfüllten Beschränkungen

$$|S(j\omega)| \leq A(\omega) = 1 + B(\omega), \qquad \omega \in \mathcal{B}_o, \tag{3.37}$$

und

$$|T(j\omega)| \leq B(\omega) = 1 + A(\omega), \qquad \omega \in \mathcal{B}_r, \tag{3.38}$$

anzugeben. Damit kann zwar <u>nicht</u> durch Spezifikation von $|S(j\omega)|$ oder $|T(j\omega)|$ allein ein befriedigendes Gesamtverhalten sichergestellt werden, jedoch ist die Einhaltung von

$$|S(j\omega)| \leq A(\omega) \qquad \forall\omega$$

$$|T(j\omega)| \leq B(\omega) \qquad \forall\omega$$

dann <u>notwendig</u> für ein allen Anforderungen genügendes Gesamtverhalten nach (3.33) - (3.36). Beschränkt man sich im Übergangsbereich auf die Spezifikation von $|S(j\omega)|$ <u>oder</u> $|T(j\omega)|$, so erhält man eine Spezifikation von $|S(j\omega)|$ und $|T(j\omega)|$ in <u>komplementären</u> Intervallen. Wie schon erwähnt, ist dies zur Zeit der komplizierteste mathematisch behandelbare Fall. Für einfache Funktionen $A(\omega)$, $B(\omega)$ sind die Beschränkungen für $|S(j\omega)|$ und für $|T(j\omega)|$ in Bild 3.6 dargestellt, wobei, wie praktisch in der Regel anzutreffen, $\mathcal{B}_r$ als Bereich niedriger Frequenzen und $\mathcal{B}_o$ als Bereich hoher Frequenzen angenommen ist. Die eigentlichen Forderungen (3.33) - (3.36) sind ausgezogen, die implizierten notwendigen Beschränkungen (3.37), (3.38) gestrichelt dargestellt.

Zusätzlich kann noch das <u>nominale</u> Führungsverhalten durch (3.13c) spezifiziert werden. Bei Einheitsrückführung ist wegen (3.31) die Bandbreite der nominalen Führungsübertragungsfunktion bei akzeptabler Dämpfung auf den Frequenzbereich beschränkt, in dem $l_S(\omega)$ kleiner als 1/3 ist.

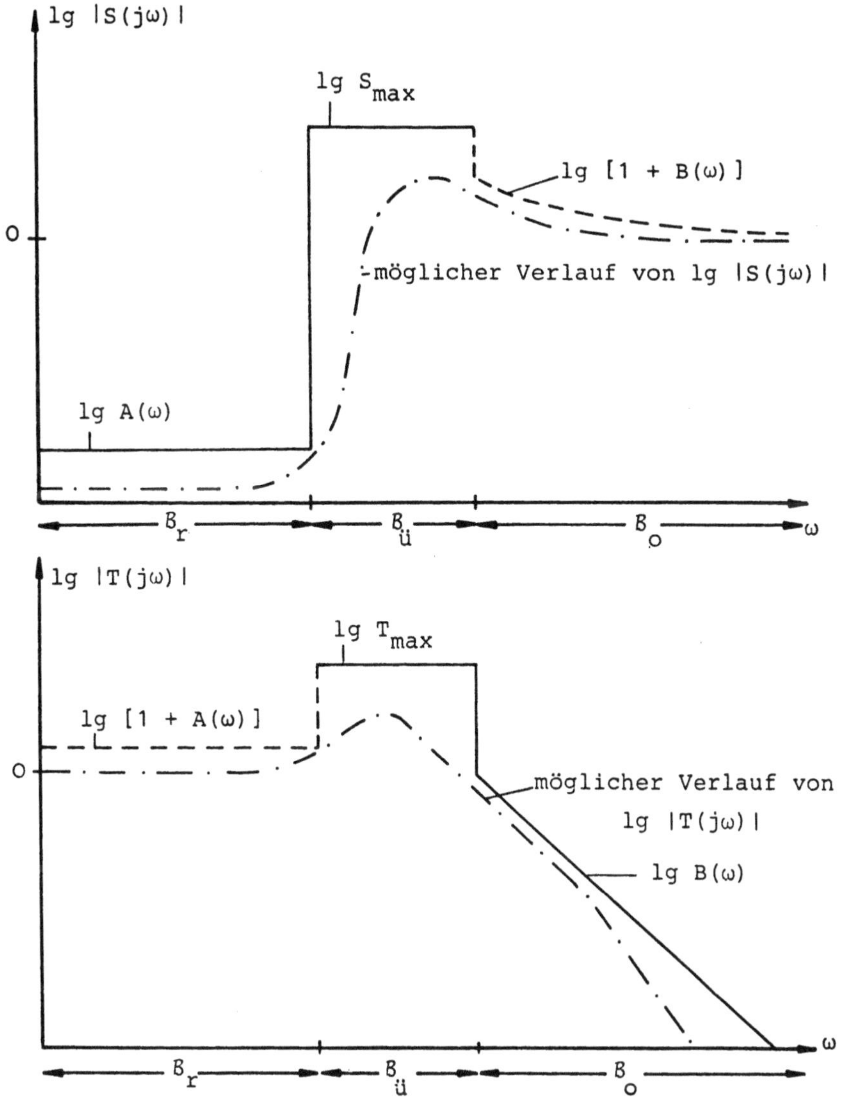

<u>Bild 3.6:</u> Entwurfsanforderungen für |S(jω)| und |T(jω)|

In den folgenden Kapiteln wird untersucht werden, inwieweit die Dynamik der Modelle der vorgegebenen Regelkreiselemente, d. h. die Übertragungsfunktionen $G_S(s)$, $G_M(s)$, zu Einschränkungen für die vorgebbaren Funktionen $A(\omega)$, $B(\omega)$, $A_R(\omega)$ führen.

4 Grundlegende Beschränkungen des erreichbaren Störfrequenzgangs

4.1 Problemstellung

Ausgangspunkt der Überlegungen ist die Regelkreiskonfiguration in Bild 3.1. Die Regelstrecke $\mathcal{G}_S$ und das Meßglied $\mathcal{G}_M$ seien lineare zeitinvariante Systeme. Dem Reglerentwurf seien Modelle in Form von (nicht notwendigerweise rationalen) Übertragungsfunktionen $G_S(s)$ und $G_M(s)$ für die Strecke bzw. das Meßglied zugrundegelegt. Aufgrund der zu berücksichtigenden Modellunsicherheit, der Anforderungen an das Folgeverhalten und anderer Überlegungen wie z. B. einer Bandbreitenbegrenzung der Kompensationsglieder seien für das Verhalten des geschlossenen nominalen Regelkreises Spezifikationen in der Form

$$|S(j\omega)| \leq A(\omega) \qquad \text{für } \omega \in \mathcal{B}_S \tag{4.1a}$$

$$|T(j\omega)| \leq B(\omega) \qquad \text{für } \omega \in \mathcal{B}_T \tag{4.1b}$$

$$|R(j\omega)| \leq A_R(\omega) \qquad \text{für } \omega \in \mathcal{B}_R \tag{4.1c}$$

aufgestellt worden (vgl. Kapitel 3).

Die allgemeine Fragestellung, der wir in diesem und in den folgenden Kapiteln nachgehen wollen, lautet dann: existieren kausale Kompensationsglieder mit Übertragungsfunktionen $G_F(s)$ und $G_K(s)$ für die gegebenen Beschreibungen $G_S(s)$ und $G_M(s)$ von Regelstrecke und Meßglied, so daß die Spezifikationen (4.1a) - (4.1c) eingehalten werden, und der geschlossene Regelkreis vollständig ℓ^2-stabil ist? Oder etwas allgemeiner: wie lassen sich für die gegebenen Funktionen $G_S(s)$ und $G_M(s)$ die einhaltbaren Schranken $A(\omega)$, $B(\omega)$, $A_R(\omega)$ charakterisieren?

Daran schließt sich natürlich die Frage an, wie man Kompensationsglieder $G_F(s)$ und $G_K(s)$ findet, so daß das gewünschte Regelkreisverhalten erreicht wird, falls die Spezifikationen prinzipiell erfüllbar sind.

Es ist klar, daß die hier behandelte Fragestellung nur einen Teil der tatsächlich bei der Auslegung von Regelkreisen auftretenden Beschränkungen erfaßt und auf einer zwar realistischen aber nicht unbedingt erschöpfenden Spezifikation des Regelkreisverhaltens beruht. Es treten z. B. in realen Regelkreisen auch Beschränkungen aufgrund der begrenzten "Kanalkapazität" von Meßgliedern, d. h. der Tatsache, daß nur eine endliche Informationsmenge über die rückgeführten Signale zur Verfügung steht, auf. Deren Behandlung erfordert jedoch einen ganz anderen Bezugsrahmen, nämlich eine Kennzeichnung der Regelgüte für stochastische externe Signale (vgl. [EN3]). Wir gehen hier davon aus, daß solche Überlegungen in die Schranken (4.1a)-(4.1c) soweit wie möglich Eingang gefunden haben.

Aufgrund des Zusammenhangs (3.10) tritt in den Entwurfsanforderungen (4.1a) und (4.1b) nur eine unabhängige Funktion auf. Dagegen kann (4.1c) unabhängig von den beiden anderen Schranken untersucht werden, weil zwei freie Entwurfsparameter $G_K(s)$ und $G_F(s)$ vorhanden sind. Da der ganz allgemeine Fall der gleichzeitigen Erfüllung von (4.1a) und (4.1b) in überlappenden Bereichen B_S und B_T bisher ein ungelöstes Problem ist, werden wir uns nur mit der Situation beschäftigen, daß entweder (4.1a) oder (4.1b) für alle ω-Werte einzuhalten sind, oder B_S und B_T komplementäre Intervalle sind, d. h. jeder ω-Wert entweder zu B_S oder B_T gehört. Wie bereits erwähnt, liefert eine isolierte Betrachtung von (4.1a) oder (4.1b) notwendige Bedingungen für die Einhaltbarkeit der Gesamtspezifikation. In diesem Kapitel wird nur die Erfüllbarkeit von (4.1a) allein untersucht. Die Überlegungen werden dann in späteren Kapiteln auf die anderen Anforderungen erweitert.

Die Frage, ob eine gegebene Schranke (4.1a) bei vollständiger Stabilität des Regelkreises einhaltbar ist, umfaßt mehrere Teilprobleme:

1. Existiert für gegebene Funktionen $G_S(s)$ und $G_M(s)$ bzw. für gegebenes Produkt $G_{SM}(s)$ eine $\mathbb{H}_H^\infty$- Funktion $S(s)$, die die Stabilitätsbedingungen von Satz (2.7) in Bezug auf die Pole und Nullstellen von $G_{SM}(s)$ in der rechten s-Halbebene erfüllt, so daß (4.1a) gilt?

2. Kann eine solche Funktion S(s) durch kausale lineare Kompensationsglieder G_K, G_F als Störübertragungsfunktion des geschlossenen Regelkreises erreicht werden?

3. Kann eine Realisierung von G_K und G_F angegeben werden, d. h. eine elektrische Schaltung oder ein mechanisches, hydraulisches oder pneumatisches System, das die benötigte Übertragungsfunktion $G_K(s)$ bzw. $G_F(s)$ besitzt?

Ist $G_{SM}(s)$ rational, so folgt aus der positiven Beantwortung der ersten Frage auch die Kausalität der zur Erzeugung der gewünschten Funktion S(s) benötigten Kompensationsglieder. Im allgemeinen ist das nicht so. Enthält $G_{SM}(s)$ z. B. einen Faktor $\exp(-sT_t)$, so schließt Satz 2.7 die Kompensation der Totzeit nicht aus, da dort alle Systeme bereits als kausal vorausgesetzt werden. Tatsächlich muß in diesem Fall T(s) mindestens dieselbe Verzögerung wie $G_{SM}(s)$ aufweisen, wenn S(s) mit kausalen Kompensationsgliedern erzeugt werden soll. Wir werden die Funktionen $G_{SM}(s)$, für die aus der Existenz des gewünschten S(s) auch die Kausalität der Kompensationsglieder folgt, im nächsten Abschnitt genauer charakterisieren. Für beliebiges $G_{SM}(s)$ liefert die Untersuchung der ersten Teilfrage aber auf jeden Fall eine notwendige Bedingung für die Einhaltbarkeit von (4.1a).

Ist $G_{SM}(s)$ rational und $A(\omega)$ z. B. eine rationale Funktion von ω^2, so sichert die Existenz einer zulässigen Funktion S(s) auch die Realisierbarkeit der Kompensationsglieder (zumindest solange verlustlose Schaltungen zugelassen werden). Da im allgemeinen Fall über die Realisierbarkeit nichts ausgesagt werden kann, liegt es nahe, dem Reglerentwurf geeignete rationale Approximationen von $G^{\kappa}_{SM}(s)$ (ggf. mit einer zusätzlichen Totzeit) zugrundezulegen. Dadurch kann natürlich der Modellierungsfehler erhöht werden, was kleinere Werte der einzuhaltenden Schranken $A(\omega)$ und $B(\omega)$ zur Folge hat (vgl. Abschnitt 3.4). Aus dem Vergleich der notwendigen Bedingung (Existenz von S(s)) für den nicht-rationalen Fall und der resultierenden hinreichenden Bedingung für die rationale Approximation läßt sich dann abschätzen, welche Genauigkeit der Approximation notwendig ist.

Selbst wenn man letztlich eine Modellierung durch rationale Übertragungsfunktionen benutzt, ist die Zulässigkeit dieses Vorgehens doch nur durch die Aussage zur robusten Stabilität (Satz 3.3) und zur Stabilität linearer Regelkreise ohne die Beschränkung auf den rationalen Fall begründet. Der bei der Ableitung dieser Ergebnisse getriebene mathematische Aufwand ist also auch dann keineswegs überflüssig, sondern im Gegenteil die Voraussetzung einer solchen Vereinfachung.

Wir werden in diesem Kapitel eine detaillierte Antwort auf das erste Teilproblem, also die Existenz einer Funktion S(s) mit den geforderten Eigenschaften geben, sowie die Fälle charakterisieren, in denen daraus auch die Kausalität der Kompensationsglieder folgt. Auf die Berücksichtigung der Kausalität für Strecken mit Totzeit wird in späteren Kapiteln eingegangen.

4.2 Faktorisierung von Übertragungsfunktionen

Nach der Folgerung 2.6.1 müssen die gegebenen Systeme $\mathfrak{G}_S$ und $\mathfrak{G}_M$ in der offenen rechten s-Halbebene meromorphe Übertragungsfunktionen besitzen, wenn ein stabiler geschlossener Regelkreis möglich sein soll. Das bedeutet, daß $G_S(s)$ und $G_M(s)$ in der Halbebene $Re[s] > 0$ nur Nullstellen endlicher Ordnung und keine Singularitäten außer Polen besitzen. Dasselbe gilt dann natürlich auch für ihr Produkt

$$G_S(s)G_M(s) = G_{SM}(s)$$

sowie für $[G_{SM}(s)]^{-1}$. Wir können deshalb ohne Verlust an Allgemeinheit voraussetzen, daß $G_{SM}(s)$ in der Form

$$G_{SM}(s) = [U_{SM}^P(s)]^{-1} \cdot U_{SM}^N(s) G_{SM}'(s) \tag{4.2}$$

darstellbar ist, worin $G_{SM}'(s)$ in der offenen rechten Halbebene analytisch und überall von Null verschieden ist. $U_{SM}^P(s)$ und $U_{SM}^N(s)$ sind stabile, aus den Polen bzw. endlichen Nullstellen mit positivem Realteil gebildete rationale Allpaßfunktionen :

$$U_{SM}^{P}(s) = \prod_{i=1}^{N_{SM}^{P}} \left(\frac{s - p_i}{s + \bar{p}_i} \right)^{\pi_i} \tag{4.3}$$

$$U_{SM}^{N}(s) = \prod_{i=1}^{N_{SM}^{N}} \left(\frac{s - n_i}{s + \bar{n}_i} \right)^{\nu_i} \tag{4.4}$$

($\bar{q}$ bedeutet die zu q konjugiert komplexe Zahl). Die Darstellung (4.2) ist eine unmittelbare Konsequenz aus der Tatsache, daß die Pole und Nullstellen ganzzahlige Ordnungen besitzen.

In der mathematischen Literatur werden rationale Allpaßfunktionen auch als *Blaschke-Produkte* bezeichnet. Sie haben die Eigenschaft, daß überall auf der jω-Achse

$$|U(j\omega)| = 1 \tag{4.5}$$

gilt. Aufgrund des Maximumprinzips sind sie deshalb in der ganzen offenen rechten s-Halbebene betragsmäßig kleiner als 1.

Es sei ausdrücklich betont, daß der (geeignet verstandene, s. [AH]) "Punkt" $s = \infty$ nicht zur offenen rechten s-Halbebene gerechnet wird. $G_{SM}(s)$ und $G_{SM}'(s)$ müssen dort nicht meromorph bzw. analytisch sein. Die Funktion $\exp(-sT_t)$ besitzt z. B. im Unendlichen eine wesentliche Singularität.

In vielen Fällen, z. B. dann, wenn $G_{SM}(s)$ rational ist, gibt es eine Darstellung

$$G_{SM}(s) = \left(\frac{a}{s+a}\right)^{k} [U_{SM}^{P}(s)]^{-1} U_{SM}^{N}(s) G_{SM}^{a}(s), \quad k < \infty , \tag{4.6}$$

worin $G_{SM}^{a}(s)$ eine in der offenen rechten s-Halbebene analytische Funktion ist, für die in jeder Halbebene $Re[s] \geq \sigma > 0$

$$\inf_{Re[s] \geq \sigma} |G_{SM}^{a}(s)| > 0$$

gilt.

Der Parameter a ist beliebig bis darauf, daß

$$|G_{SM}(a)| \neq 0$$

gelten soll. Damit ist der Minimalwert von k in (4.6) eindeutig bestimmt. Ist $G^a_{SM}(s)$ stabil (d. h. in $\mathbb{H}^\infty_H$) und liegen keine Nullstellen von $G_{SM}(s)$ auf der $j\omega$-Achse, so ist auch $[G^a_{SM}(s)]^{-1}$ stabil.

$G^a_{SM}(s)$ ist dann in $\mathbb{H}^\infty_H$ invertierbar. In jedem Fall ist $[G^a_{SM}(s)]^{-1}$ in der Halbebene $\mathrm{Re}[s] > \sigma$ analytisch und beschränkt. Nach Lemma A2.1 ist die Inverse von $G^a_{SM}(s)$ deshalb Übertragungsfunktion eines kausalen Systems der Form (2.2), wobei die Gewichtsfunktion höchstens einfache δ-Funktionen enthält. Dasselbe trifft für die Allpaßfaktoren $U^P_{SM}(s)$ und $U^N_{SM}(s)$ zu. Solche Übertragungsfunktionen werden auch als bikausal bezeichnet.

Ist $G_{SM}(s)$ faktorisierbar gemäß (4.6), so gibt es deshalb für jeden Wert von a ein System $\hat{G}^a_{SM}$ der Form (2.2), dessen Gewichtsfunktion frei von δ-Impulsen höherer Ordnung ist, so daß

$$\hat{G}^a_{SM}(s)\,G_{SM}(s) = \left(\frac{a}{a+s}\right)^k$$

gilt. Für $|s| \ll a$ ist die rechte Seite näherungsweise gleich Eins. Da a beliebig ist und insbesondere beliebig groß gemacht werden kann, stellt $\hat{G}^a_{SM}$ für $a \to \infty$ eine approximative kausale Inverse von $G_{SM}(s)$ dar (vgl. [ZA3]). Wir wollen deshalb diejenigen Übertragungsfunktionen $G_{SM}(s)$, die eine Darstellung (4.6) besitzen, als näherungsweise invertierbar bezeichnen.

Ist $G_{SM}(s)$ auch für $s = \infty$ analytisch, so gibt es stets eine Darstellung (4.6). Wenn diese Voraussetzung nicht erfüllt ist, kann trotzdem eine solche Darstellung existieren, hierfür ist die bei der Modellierung von Druckrohrleitungen auftretende Funktion [HOP]

$$G_{S_{DR}}(s) = G^a_{S_{DR}}(s) = K\cdot\tanh(sT) \qquad (T \in \mathbb{R})$$

ein Beispiel. Dagegen sind Strecken mit Totzeit nicht näherungsweise invertierbar. Es wird sich zeigen, daß genau für die Funktionen $G_{SM}(s)$, die in der Form (4.6) geschrieben werden können, die vollständige Stabilität nach Satz 2.7 gleichzeitig die Existenz kausaler Kompensationsglieder sicherstellt, die das gewünschte Übertragungsverhalten des geschlossenen Regelkreises erzeugen. Damit ist allerdings im allgemeinen noch nichts darüber gesagt, ob und wie man diese Kompensationsglieder praktisch realisieren kann.

4.3 Die Ungleichung von Zames und Francis

Eine erste grundlegende Beschränkung der erreichbaren Amplitudengänge $|S(j\omega)|$ bei Strecken mit Nullstellen in der rechten s-Halbebene aufgrund der Bedingungen für vollständige Stabilität des Regelkreises wurde von G. *Zames* in [ZA3] angegeben. Zames betrachtete das $\mathbb{H}^\infty$-Optimierungsproblem für S(s) und zeigte, daß für minimalphasige $\mathbb{H}_H^\infty$-Funktionen $W_A'(s)$

$$\sup_\omega |W_A'(j\omega)\ S(j\omega)| \geq W_A'(n_i) \qquad (4.7)$$

gilt, wenn $G_{SM}(s)$ an der Stelle n_i in der rechten s-Halbebene verschwindet. In den Arbeiten von Zames und B. *Francis* [ZF, FZ] wurde dann u. a. die zusätzliche Restriktion, die bei Vorhandensein von instabilen Polen von $G_{SM}(s)$ auftritt, behandelt. Die explizite Anwendung der Überlegungen von Zames und Francis auf das allgemeinere Problem der Einhaltbarkeit von

$$|S(j\omega)| \overset{!}{\leq} A(\omega) \quad \forall\omega \qquad (4.8)$$

wurde von *Boyd* und *Desoer* in [BD] sowie von *Freudenberg* und *Looze* [FL] angegeben.

Wir geben hier eine im Hinblick auf später behandelte Fälle etwas allgemeiner gültige Ableitung der "Ungleichung von Zames und Francis", bei der nicht wie z. B. in [BD]

$$\inf_\omega \ A(\omega) > 0$$

gefordert wird.

Die in Satz 2.7 zusammengefaßten Bedingungen für die vollständige Stabilität des geschlossenen Regelkreises schreiben insbesondere vor, daß S(s) eine $\mathbb{H}_H^\infty$-Funktion ist (d. h. analytisch und beschränkt in der rechten s-Halbebene), und für jede Nullstelle n_i von $G_{SM}(s)$ mit nicht-negativem Realteil

$$S(n_i) = 1$$

erfüllt. Wir können deshalb ohne Beschränkung der Allgemeinheit annehmen, daß $A(\omega)$ überall endlich ist. Gemäß Abschnitt 2.2 gilt für $n_i = \eta_i + j\gamma_i$ mit $\eta_i > 0$ (Poissonsche Integralformel (2.19)):

$$|S(n_i)| \leq \exp\{\frac{1}{\pi} \int_{-\infty}^{\infty} \ln[|S(j\omega)|] \frac{\eta_i}{\eta_i^2 + (\omega-\gamma_i)^2} d\omega\}. \quad (4.9)$$

Da der zweite Faktor im Integral positiv ist und die Logarithmusfunktion streng monoton ansteigt, folgt aus (4.8)

$$1 = |S(n_i)| \leq \exp\{\frac{1}{\pi} \int_{-\infty}^{\infty} \ln[A(\omega)] \frac{\eta_i}{\eta_i^2 + (\omega-\gamma_i)^2} d\omega\}. \quad (4.10)$$

Wird diese Bedingung nicht eingehalten, so existiert keine Funktion S(s), welche die Stabilitätsbedingungen und (4.8) erfüllt.

Aus Lemma 2.3' ergibt sich außerdem, daß <u>stets</u>

$$\int_0^\infty \frac{|\ln A(\omega)|}{1 + \omega^2} d\omega < \infty \quad (4.11)$$

gelten muß. Denn anderenfalls gibt es keine $\mathbb{H}^\infty$-Funktion S(s), die den Betrag $A(\omega)$ besitzt, um so weniger eine solche Funktion, die einen überall kleineren Betrag hat, da die Divergenz des Integrals (4.11) nur durch kleine Werte von $A(\omega)$ verursacht werden kann, sofern $A(\omega)$ endlich ist.

Wenn $A(\omega)$ in einem Intervall endlicher Länge verschwindet, so divergiert das Integral in (4.11) mit Sicherheit. Man kann deshalb nur in isolierten Punkten den Wert Null für $|S(j\omega)|$ vorschreiben.

Liegt eine Nullstelle n_i auf der $j\omega$-Achse und ist $|S(j\omega)|$ in $\omega=\gamma_i$ stetig, so muß (4.10) für den Grenzwert $\eta_i \rightarrow 0$ erfüllt sein. Praktisch kann man immer annehmen, daß der Störfrequenzgang stetig ist.

Die Bedingung (4.10) läßt sich noch verschärfen, wenn die Übertragungsfunktion $G_{SM}(s)$ auch Polstellen mit positivem Realteil besitzt. In diesem Fall muß nach Satz 2.7 $S(s)$ an diesen Punkten Nullstellen mindestens derselben Ordnung besitzen. Anders ausgedrückt muß auch

$$S'(s) = [U_{SM}^{P}(s)]^{-1} \cdot S(s)$$

eine $\mathbb{H}^{\infty}$-Funktion sein. $U_{SM}^{P}(s)$ ist die nach (4.3) gebildete rationale Allpaßfunktion, welche die Polstellen von $G_{SM}(s)$ mit positivem Realteil als Nullstellen enthält.

Da der Allpaßfaktor auf der $j\omega$-Achse den Betrag 1 hat, gilt

$$|S'(n_i)| \le \exp\left\{\frac{1}{\pi}\int_{-\infty}^{\infty} \ln[|S(j\omega)|]\frac{\eta_i}{\eta_i^2 + (\omega-\gamma_i)^2}\, d\omega\right\}$$

und wegen der Forderung $S(n_i) = 1$

$$|S'(n_i)| = |U_{SM}^{P}(n_i)|^{-1} = \prod_{k=1}^{N_{SM}^{P}} \left|\frac{n_i + \bar{p}_k}{n_i - p_k}\right|^{\pi_k} \ge 1. \qquad (4.12)$$

Damit erhält man das wesentliche Ergebnis dieses Abschnitts:

<u>Satz 4.1 (Ungleichung von Zames und Francis)</u>

Übertragungsfunktionen $G_K(s)$ und $G_F(s)$, die den geschlossenen Regelkreis stabilisieren und

$$|S(j\omega)| \le A(\omega)$$

erreichen, existieren <u>nur dann</u>, wenn $A(\omega)$ (4.11) erfüllt, und für alle Nullstellen $n_i = \eta_i + j\gamma_i$ von $G_{SM}(s)$ mit $\eta_i > 0$

$$\exp\left\{\frac{1}{\pi}\int_{-\infty}^{\infty} \ln[A(\omega)]\, \frac{\eta_i}{\eta_i^2 + (\omega-\gamma_i)^2}\, d\omega\right\} \geq \prod_{k=1}^{N_{SM}^P} \left|\frac{n_i + \bar{p}_k}{n_i - p_k}\right|^{\pi_k} \geq 1 \qquad (4.13)$$

gilt. Hierbei sind p_k die N_{SM}^P Pole von $G_{SM}(s)$ in $Re[s] > 0$ mit Ordnungen π_k. Ist $n_i = j\gamma_i$, so muß (4.13) für den Grenzwert $\eta_i \to 0$ gelten. □

Wenn Nullstellen in der rechten s-Halbebene auftreten, verhindert die Ungleichung (4.13), daß $A(\omega)$ überall kleiner als Eins sein kann. Ist $A(\omega)$ in einem gewissen Frequenzbereich kleiner als Eins, so muß auch ein Frequenzbereich existieren, in dem $A(\omega)$ größer ist als Eins, d. h. in dem eine Verstärkung von am Ausgang angreifenden Störungen auftritt. Da der zweite Faktor im Integral mit wachsendem ω gegen Null geht, genügt es nicht, einen infinitesimal oberhalb von Eins liegenden Verlauf von $A(\omega)$ für große Frequenzen vorzugeben.

Diese Beschränkung wird noch fühlbarer, wenn eng bei den Nullstellen liegende Pole in der rechten s-Halbebene auftreten, da dann die rechte Seite in (4.13) groß wird. In diesem Fall muß $|S(j\omega)|$ in einem gewissen Frequenzbereich relativ große Werte annehmen:

Folgerung 4.1.1

Es ist stets

$$\sup_{\omega} |S(j\omega)| \geq |U_{SM}^P(n_i)|^{-1} \geq 1, \qquad (4.14)$$

wenn $G_{SM}(s)$ Nullstellen mit positivem Realteil besitzt.

Beweis:

$$\int_{-\infty}^{\infty} \frac{\eta_i}{\eta_i^2 + (\omega-\gamma_i)^2}\, d\omega = \pi \qquad \text{für } \eta_i > 0.$$ □

4.4 Quantitative Auswertung der Ungleichung von Zames und Francis

Wir wollen die Beziehung (4.13) für einen einfachen und anschaulichen Fall genauer auswerten. Dazu wählen wir

$$A(\omega) = \begin{cases} \varepsilon_S & |\omega| \leq \omega_b \\ S_{max} & |\omega| > \omega_b \end{cases} \quad . \tag{4.15}$$

Diese Spezifikation bedeutet, daß bis zur Frequenz ω_b am Ausgang angreifende Störungen auf das ε_S-fache abgeschwächt werden, während außerhalb dieses Bereichs lediglich ein zu großes Anwachsen von $|S(j\omega)|$ ausgeschlossen wird, z. B. um unter Benutzung der Abschätzung

$$|T(j\omega)| \leq 1 + S_{max}$$

eine gewisse Robustheit gegen Modellierungsfehler sicherzustellen. Aus (4.13) ergibt sich zunächst mit der Bezeichnung $W_A(s)$ für die in $Re[s] > 0$ durch das Poisson-Integral von $[A(\omega)]^{-1}$ bestimmte Funktion

$$\ln|W_A(\eta_i)| = -\frac{1}{\pi}\int_{-\infty}^{\infty} \ln[A(\omega)] \frac{\eta_i}{\eta_i^2 + (\omega-\gamma_i)^2} d\omega \overset{!}{\leq} \ln|U_{SM}^P(\eta_i)| \ .$$

Für die weitere Diskussion benutzen wir eine anschauliche geometrische Darstellung des Poisson-Integrals für stückweise konstante Funktionen [GA]. Es ist offensichtlich, daß eine stückweise konstante Funktion $A(\omega)$, z. B. die durch (4.15) gegebene Funktion, als Produkt von Funktionen, die überall den Wert 1 annehmen mit Ausnahme jeweils eines Intervalls, darstellbar sind. Beispielsweise gilt für $A(\omega)$ nach (4.15)

$$A(\omega) = A_1(\omega)A_2(\omega)A_3(\omega) \ ,$$

wobei $A_1(\omega)$ für $\omega\in[-\omega_b,\omega_b]$ den Wert ε_S besitzt, und $A_2(\omega)$ für $\omega>\omega_b$ sowie $A_3(\omega)$ für $\omega < -\omega_b$ den Wert S_{max} haben. Daraus folgt

$$\int_{-\infty}^{\infty} \ln\,[A(\omega)]\, \frac{\eta_i}{\eta_i^2 + (\omega-\gamma_i)^2}\, d\omega = \tag{4.16}$$

$$= \sum_{k=1}^{M} a_k \int_{\alpha_k}^{\beta_k} \frac{\eta_i}{\eta_i^2 + (\omega-\gamma_i)^2}\, d\omega$$

mit

$$a_k = \ln A(\omega) \qquad \text{für } \omega \in (\alpha_k,\ \beta_k)\,. \tag{4.17}$$

Die in (4.16) auftretenden Integrale sind geschlossen lösbar:

$$\int_{\alpha_k}^{\beta_k} \frac{\eta_i}{\eta_i^2 + (\omega-\gamma_i)^2}\, d\omega = \arctan \frac{\beta_k - \gamma_i}{\eta_i} - \arctan \frac{\alpha_k - \gamma_i}{\eta_i}\,.$$

Mit der Schreibweise

$$\arg\,[z] = \arctan \frac{\mathrm{Im}\,[z]}{\mathrm{Re}\,[z]}$$

für die Phase (in rad) einer komplexen Zahl z kann man auch schreiben

$$\int_{\alpha_k}^{\beta_k} \frac{\eta_i}{\eta_i^2 + (\omega-\gamma_i)^2}\, d\omega = \arg\left[\frac{\eta_i + j(\beta_k-\gamma_i)}{\eta_i + j(\alpha_k-\gamma_i)}\right] = \varphi_k(n_i)\,. \tag{4.18}$$

Der Winkel $\varphi_k(n_i)$ ist gerade der Winkel zwischen den n_i mit den Punkten $j\beta_k$ und $j\alpha_k$ auf der $j\omega$-Achse verbindenden Geraden (s. Bild 4.1).

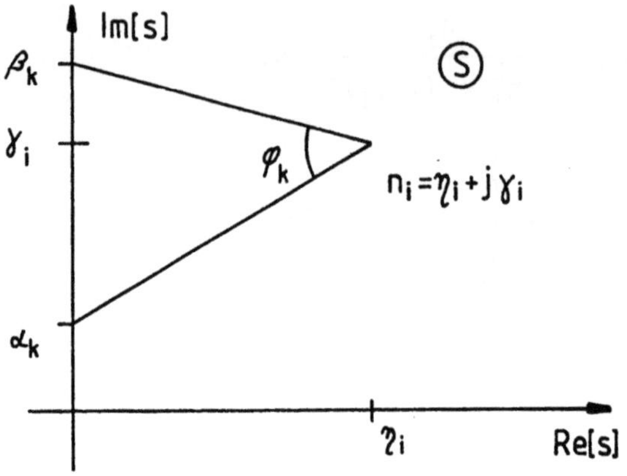

Bild 4.1: Anschauliche Darstellung des Poisson-Integrals für nur in einem Intervall von Eins verschiedene Funktionen

Im Falle der Funktion $A(\omega)$ nach (4.15) treten drei Intervalle auf, es gilt deshalb (s. Bild 4.2) mit den Bezeichnungen

$$a_b = -\ 20\ \lg\ \varepsilon_S \tag{4.19a}$$

$$a_{max} = 20\ \lg\ S_{max} \tag{4.19b}$$

$$20\ \lg|W_A(n_i)| = \frac{1}{\pi}[a_b\cdot(\varphi_1+\varphi_2) - a_{max}\cdot(\pi-\varphi_1-\varphi_2)]. \tag{4.19c}$$

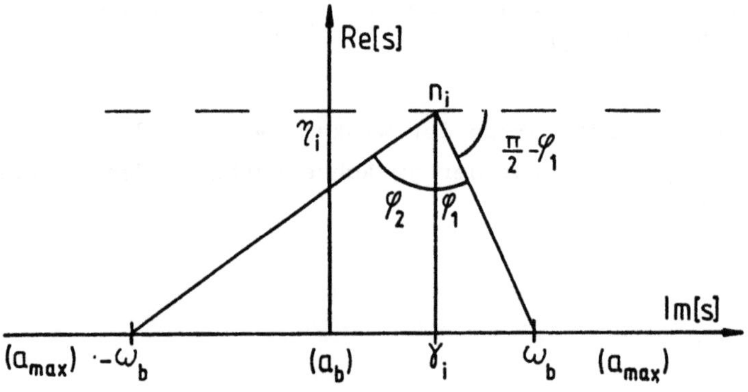

Bild 4.2: Zur anschaulichen Darstellung des Poisson-Integrals für $A(\omega)$ nach (4.15)

Die Winkel φ_1 und φ_2 errechnet man als

$$\varphi_1 = \arctan \frac{\omega_b - \gamma_i}{\eta_i}$$

$$\varphi_2 = \arctan \frac{\omega_b + \gamma_i}{\eta_i} ,$$

und für $|\gamma_i| \leq \omega_b$ und $\omega_b \leq |n_i|$ gilt

$$\varphi_1 + \varphi_2 = \varphi_b(n_i) = \arctan \frac{2\omega_b\eta_i}{|n_i|^2 - \omega_b^2} .$$

Für $\omega_b > |n_i|$ ist π zu diesem Wert zu addieren.

Da (4.13) einen maximal zulässigen Wert von $\ln |W_A(n_i)|$ definiert, und kleine Werte von ε_S die rechte Seite von (4.19c) vergrößern, große Werte von S_{max} sie dagegen verkleinern, muß der Winkel $\varphi_b(n_i)$ um so kleiner sein, je kleiner ε_S und je kleiner S_{max} sind. $\varphi_b(n_i)$ gibt das relative "Gewicht" des Sperrbereichs bezüglich der Nullstelle bei n_i an. Für festen Betrag von n_i wird φ_b um so größer, je kleiner γ_i ist. Für $|n_i| = \omega_b$ nimmt φ_b den <u>festen</u> Wert $\frac{\pi}{2}$ an, unabhängig von $\arg(n_i)$. In diesem Fall gilt die notwendige Bedingung

$$a_b - a_{max} \overset{!}{\leq} 40 \lg |U_{SM}^P(n_i)| \leq 0.$$

Für $\omega_b = |n_i|$ muß also a_{max}, der Maximalwert von $|S(j\omega)|$ in dB, mindestens so groß sein wie die Störunterdrückung im Sperrbereich in dB. So große Werte von S_{max} sind jedoch meist wegen der unerwünschten Verstärkung von Störungen in diesem Bereich und der resultierenden geringen Robustheit unzulässig.

Besitzt $G_{SM}(s)$ nur eine einfache endliche Nullstelle mit positivem Realteil bei n_1, so erhält man

$$\frac{1}{\pi}[a_b\varphi_b - a_{max}\cdot(\pi - \varphi_b)] \overset{!}{\leq} 20 \lg |U_{SM}^P(n_1)| \qquad (4.20)$$

mit

$$\varphi_b = 2 \arctan \frac{\omega_b}{n_1} \quad .$$

Hieraus kann der minimale Wert von a_{max} für vorgegebene Werte von a_b in Abhängigkeit von ω_b/n_1 bestimmt werden. Die Ergebnisse sind in Bild 4.3 für a_b = 20, 30, 40 dB und stabile Strecke graphisch dargestellt. Zum Vergleich ist dazu auch der Verlauf, der sich bei Vorhandensein eines reellen Pols bei $n_1/4$ ergibt, gezeigt. Man findet insbesondere, daß für a_b = 20 dB die Bandbreite der Störunterdrückung auf $0{,}38 \cdot n_1$ beschränkt ist, für a_b = 40 dB auf $0{,}21 \cdot n_1$, wenn der realistische Wert $S_{max} = 2$ zugrundegelegt wird. Grob gesagt gilt die folgende

Faustregel:

> Besitzt der offene Regelkreis eine einfache positive reelle Nullstelle n_1, so können kleine Werte des Amplitudengangs der Störübertragungsfunktion nur höchstens bis zur Frequenz $n_1/2$ vorgeschrieben werden. □

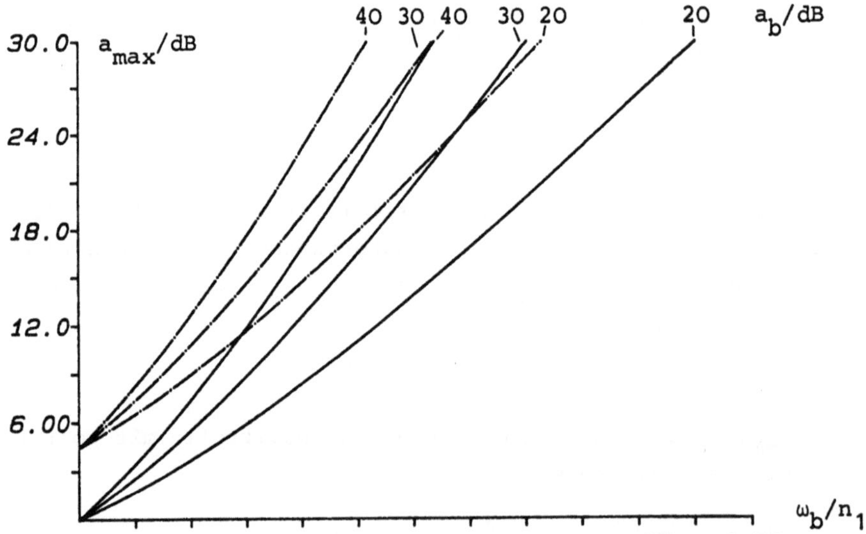

Bild 4.3: Minimale Werte von a_{max} in Abhängigkeit von ω_b/n_1 für reelle Nullstelle bzw. reelle Nullstelle und reellen instabilen Pol bei $n_1/4$ (strichpunktiert)

Ist ω_b klein im Verhältnis zu n_1, so ist der Gewichtungsfaktor im Intervall $(-\omega_b, \omega_b)$ praktisch konstant, es muß daher näherungsweise

$$\int_{-\omega_b}^{\omega_b} \ln [A(\omega)]\, d\omega \geq c_b$$

gelten, wobei c_b eine durch S_{max}, ω_b und $U_{SM}^P(n_1)$ bestimmte Konstante ist. Die Ergebnisse für $A(\omega)$ nach (4.15) gelten deshalb für kleines Verhältnis $\omega_b/|n_1|$ in guter Näherung auch für andere Verläufe von $A(\omega)$ im Sperrbereich, wenn a_b durch den Mittelwert der Störunterdrückung in dB im Sperrbereich ersetzt wird.

Ist der Imaginärteil der Nullstelle nicht klein im Verhältnis zum Realteil, so ergibt sich bei gleichem Betrag der Nullstelle ein kleinerer Winkel φ_b. Dadurch läßt sich (4.20) für kleinere Werte von a_{max} bzw. größere Werte von ω_b erfüllen, dies ist jedoch insofern mit Vorsicht zu betrachten, als (4.20) nur eine für jede Nullstelle einzeln zu erfüllende notwendige Bedingung ist. Auf die Behandlung des Einflusses mehrerer Nullstellen mit positivem Realteil wird im Kapitel 6 eingegangen. Auf jeden Fall kann ω_b praktisch nicht größer gemacht werden als der kleinste Wert des Betrags einer Nullstelle des offenen Regelkreises in der rechten Halbebene.

Die Spezifikation nach (4.15) ist insofern etwas unrealistisch, als aufgrund der bei hohen Frequenzen anwachsenden Modellunsicherheit und der begrenzten Kreisverstärkung bei hohen Frequenzen $|S(j\omega)|$ von einer gewissen Frequenz ω_z an stets nahe bei 1 liegen muß. Ergänzt man (4.15) um

$$|S(j\omega)| \leq 1 + \varepsilon_T \quad \text{für } |\omega| \geq \omega_z \,, \tag{4.21}$$

so gilt anstelle von (4.20) bei reeller Nullstelle n_1

$$\frac{2}{\pi}[a_b \cdot \varphi_b' - a_{max} \cdot \varphi_m' - a_\infty \cdot (\frac{\pi}{2} - \varphi_b' - \varphi_m')] \overset{!}{\leq} 20 \lg |U_{SM}^P(n_1)| \tag{4.22}$$

mit

$$a_\infty = 20\ \lg(1 + \varepsilon_T)$$

(vgl. Bild 4.4).

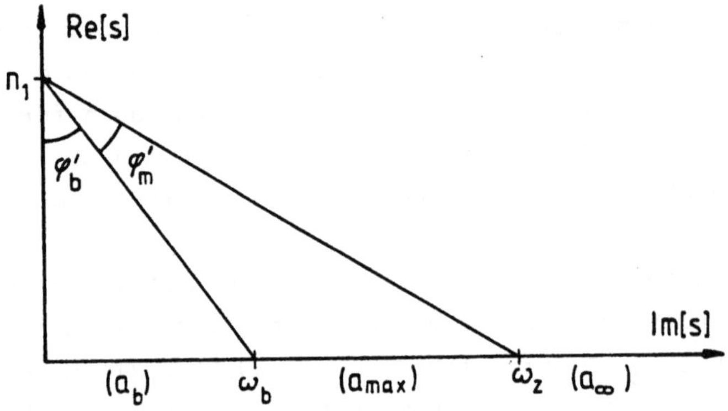

Bild 4.4: Zur Erklärung der Winkel φ_b', φ_m' in (4.22)

Für große Werte von ω_z/n_1 ändern sich die zulässigen Werte von ω_b/n_1 für feste Werte von a_{max} und ε_S praktisch kaum. Ist ω_z dagegen kleiner als $5n_1$, so führt die zusätzliche Beschränkung (4.21) zu einer merklichen Erhöhung des minimalen Betrags von $S(j\omega)$ im Intervall $\omega_b < |\omega| < \omega_z$. Ist ε_T klein gegen Eins, so gilt näherungsweise

$$\frac{a_{max}}{a_{max,\infty}} = \frac{\varphi_m'}{\frac{\pi}{2} - \varphi_b'} ,$$

worin $a_{max,\infty}$ den Maximalwert des Betrags von $S(j\omega)$ in dB ohne die Forderung (4.21) bedeutet. Einige gerade noch zulässige Verläufe von $A(\omega)$ bei stabiler Strecke sind in Bild 4.5 dargestellt.

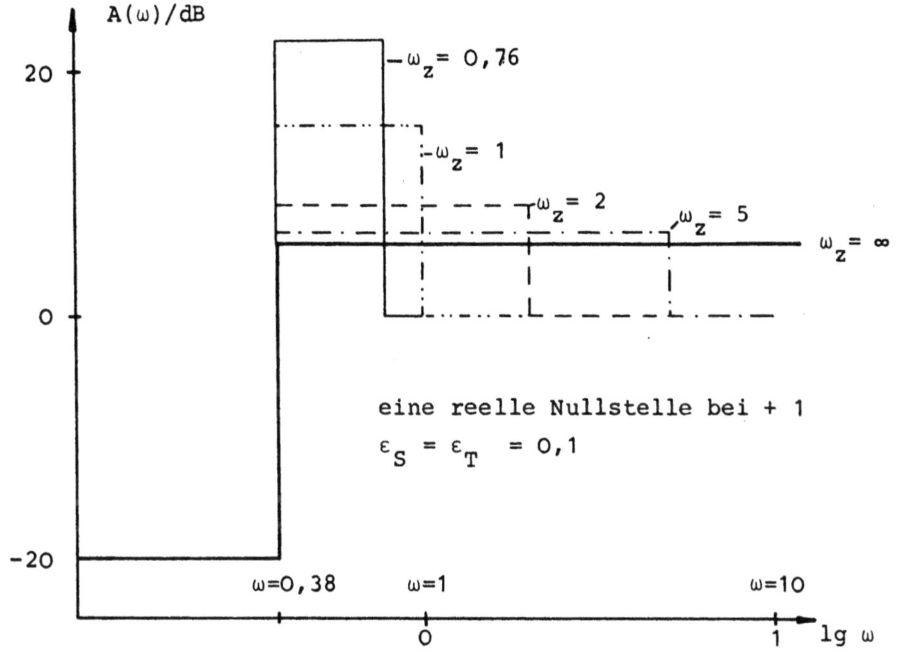

Bild 4.5: Nach Satz 4.1 gerade noch zulässige Verläufe von A(ω) bei Bandbreitenbegrenzung (4.21)
$\varepsilon_T = 0,1$; $\varepsilon_S = 0,1$; $n_1 = 1$

Bild 4.6 zeigt zum Vergleich mit Bild 4.3 a_{max} als Funktion von ω_b/n_1 bei einfacher reeller Nullstelle für verschiedene Werte von ω_z ($\varepsilon_T = 0,25$; $\varepsilon_S = 0,1$ bzw. 0,01).

Besitzt $G_{SM}(s)$ eine einzige Nullstelle mit positivem Realteil oder eine betragsmäßig wesentlich gegenüber den übrigen kleinere solche Nullstelle und keine instabilen Pole, so gibt Bild 4.6 einen guten Überblick über die maximal erreichbare Regelgüte für eine realistische grobe Spezifikation des Regelkreisverhaltens.

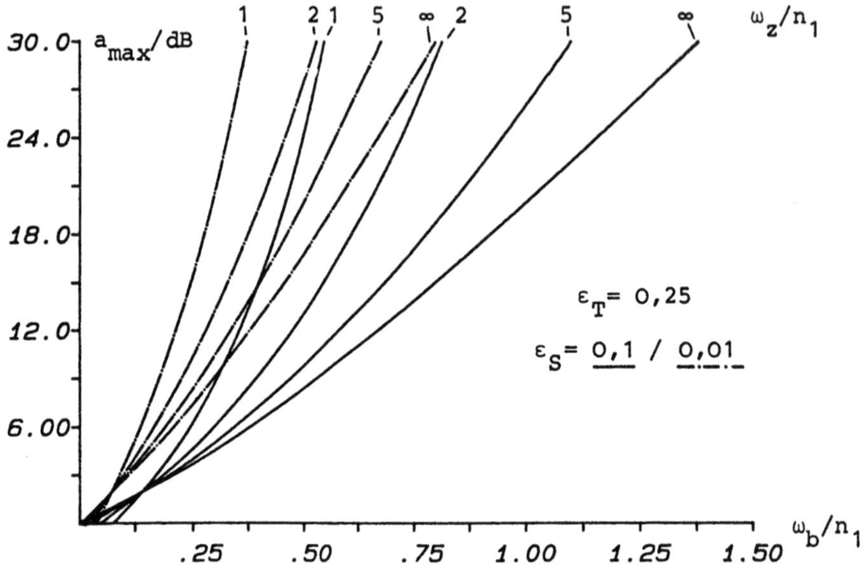

Bild 4.6: Auswirkung der Bandbreitenbegrenzung auf a_{max} für einfache reelle Nullstelle, ε_S= 0,1 (durchgezogen) bzw. ε_S = 0,01 (strichpunktiert), ε_T= 0,25

4.5 Zum $\mathbb{H}^\infty$-Optimierungsproblem für S (s)

Ein Spezialfall des Problems der Einhaltbarkeit von (4.8) ist das von Zames [ZA3,ZF] vorgeschlagene Optimierungsproblem (vgl. Abschnitt 3.3):

$\mathbb{H}^\infty$-Optimierungsproblem für S(s)

Es sei $W_A'(s)$ als in Re[s] > 0 analytische und von Nullstellen in Re[s] ≥ 0 freie Funktion gegeben. Bestimme S(s) derart, daß der geschlossene Regelkreis vollständig stabil ist, und μ_A,

$$\mu_A = \sup_\omega \ |S(j\omega)W_A'(j\omega)| = \|S(s)W_A'(s)\|_\infty , \qquad (4.23)$$

minimal ist. □

Aus Satz 4.1 ergibt sich

Folgerung 4.1.2

Es sei n_i eine Nullstelle von $G_{SM}(s)$ mit positivem Realteil. Dann gilt

$$\mu_A \geq |W_A'(n_i)| \cdot |U_{SM}^P(n_i)|^{-1} . \tag{4.24}$$

Beweis:

Setze

$$A(\omega) = \mu_A \, |W_A'(j\omega)|^{-1} .$$

Dann ist $W_A'(s)$ das Poisson-Integral von $\mu_A/A(\omega)$, und (4.24) folgt aus (4.13). □

(4.24) ergibt sich auch direkt aus der Anwendung des Maximum-Prinzips auf $S(s)W_A'(s)$, falls $W_A'(s)$ stabil ist.

Ist nur eine Nullstelle 1. Ordnung mit positivem Realteil bei n_1 vorhanden, so kann μ_A exakt erreicht werden [ZA3] . Man erkennt leicht, daß

$$S_{opt}(s) = \mu_A \cdot [W_A'(s)]^{-1} U_{SM}^P(s)$$

eine Lösung des Optimierungsproblems ist. Dies setzt aber voraus, daß $G_{SM}(s)$ keine Nullstelle im Unendlichen besitzt, da anderenfalls unerlaubte Pol-/Nullstellenkürzungen im Unendlichen auftreten (s. die Anmerkungen zu Folgerung 2.6.2).

Beispiel 4.1

Es sei $W_A'(s)$ gegeben als

$$W_A'(s) = \left(\frac{s + \omega_z}{s + \omega_b}\right)^m , \qquad \omega_b < \omega_z, \quad m \geq 1,$$

d. h. für $\omega < \omega_b$ wird eine Abschwächung der Störungen am Ausgang um das $(\omega_z/\omega_b)^m$-fache gegenüber der Übertragung bei hohen Frequenzen gefordert. Aus (4.24) folgt für stabile Funktion $G_{SM}(s)$

$$\mu_A = \left(\frac{n_i + \omega_z}{n_i + \omega_b} \right)^m$$

und μ_A gibt gleichzeitig die obere Grenze für $|S(j\omega)|$ an. Man erkennt, daß $\omega_b \ll n_i$ sein und ω_z in derselben Größenordnung wie n_i liegen muß, wenn bis zur Frequenz ω_b gute Störunterdrückung ohne allzugroßen Maximalwert von $|S(j\omega)|$ erreicht werden soll. Ist n_1 die einzige Nullstelle, so folgt

$$S_{opt}(s) = \left[\frac{(s + \omega_b)(n_1 + \omega_z)}{(n_1 + \omega_b)(s + \omega_z)} \right]^m .$$

Für $|\omega| \ll \omega_b$ gilt

$$|S_{opt}(j\omega)| \approx \left(\frac{\omega_b}{n_1 + \omega_b} \right)^m \cdot \left(\frac{n_1 + \omega_z}{\omega_z} \right)^m .$$

Ist $m = 2$, $n_1 = 1$, so wird für $\omega_z = 1{,}5$, $\omega_b = 0{,}25$ eine Störunterdrückung um 19 dB bei niedrigen Frequenzen und ein Maximalwert von $S_{max} = 4$ erreicht. Betrachtet man nur S_{max} und die Störunterdrükkung unterhalb von ω_b als Kennwerte des Regelverhaltens, so ist das erreichte Verhalten deutlich schlechter als das für stückweise konstanten Verlauf von $A(\omega)$ gemäß (4.15) mögliche. Hierdurch wird letztlich die einfache Form von $S_{opt}(s)$ und damit auch von $G_{KF}(s)$ erkauft.

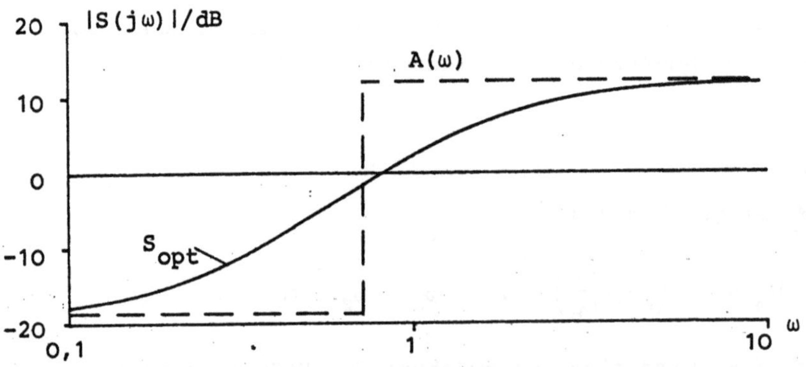

Bild 4.7: Amplitudengang von $S_{opt}(s)$ im Vergleich zum erlaubten $A(\omega)$ bei gleicher maximaler Störunterdrückung

4.6 Berücksichtigung von Nullstellen im Unendlichen

Bei der Ableitung von Satz 4.1 wurden die durch Satz 2.7 gegebenen Beschränkungen für S(s) nur bezüglich der endlichen Nullstellen mit positivem Realteil ausgewertet. Tatsächlich dürfen aber auch keine Pol-/Nullstellenkürzungen im Unendlichen auftreten, d. h. $G_K(s)$ und $G_F(s)$ müssen für $|s|\to\infty$ in einer rechten Halbebene beschränkt sein. Diese zusätzliche Forderung soll jetzt berücksichtigt werden. Die grundlegenden Überlegungen hierzu stammen von Zames [ZA3], wir geben jedoch hier eine etwas andere Formulierung und Ableitung der Ergebnisse.

Ist nur eine einfache (reelle) endliche Nullstelle von $G_{SM}(s)$ in der rechten s-Halbebene vorhanden, und liegen keine Pole auf der $j\omega$-Achse, so liefert der folgende Ansatz eine (im allgemeinen wegen der Nullstellen im Unendlichen <u>nicht</u> zulässige) Funktion $S^n(s)$, die die Spezifikation (4.8) erfüllt und den Stabilitätsbedingungen für die <u>endlichen</u> Pole und Nullstellen von $G_{SM}(s)$ genügt:

$$S^n(s) = \frac{U_{SM}^P(s)\ W_A(n_1)}{U_{SM}^P(n_1)\ W_A(s)} \tag{4.25}$$

Hierin ist $W_A(s)$ durch die Poissonsche Integralformel in der Form

$$W_A(s) = \exp\left\{-\frac{1}{\pi}\int_{-\infty}^{\infty}\frac{\ln A(\omega)}{s-j\omega}\,d\omega\right\} \tag{4.26}$$

bestimmt (vgl. Abschnitt 2.2).

Denn, da $U_{SM}^P(s)$ eine Allpaßfunktion ist, gilt

$$|S^n(j\omega)| = \left|\frac{W_A(n_1)}{U_{SM}^P(n_1)}\right| \cdot |W_A(j\omega)|^{-1}$$

$$\le |W_A(j\omega)|^{-1} = A(\omega)$$

mit Gleichheit, wenn in (4.13) das Gleichheitszeichen steht. Weiter ist

$$S^n(n_1) = 1 ,$$

und $S^n(s)$ besitzt bei den instabilen Polen p_k Nullstellen der Ordnung π_k, weil $W_A(s)$ in $Re[s] > 0$ frei von Nullstellen ist.

Wenn $G_{SM}(s)$ gemäß (4.6) darstellbar ist, so folgt aus dem Ansatz (4.25)

$$[G_K(s)G_F(s)]^n = G^n_{KF}(s) = [G_{SM}(s)]^{-1} \cdot \{[S^n(s)]^{-1} - 1\} =$$

$$= (\frac{s+a}{a})^k \; [G^a_{SM}(s)]^{-1} \cdot \frac{s+n_1}{s-n_1} \cdot \frac{U^P_{SM}(n_1)W_A(s) - U^P_{SM}(s)W_A(n_1)}{W_A(n_1)} . \tag{4.27}$$

Da sich der Pol bei n_1 gegen die Zählernullstelle des letzten Faktors kürzt, und alle anderen auftretenden Funktionen in der (offenen) rechten s-Halbebene $Re[s] > 0$ analytisch sind, ist auch $G^n_{KF}(s)$ dort analytisch. Schließlich wurde vorausgesetzt, daß $[G^a_{SM}(s)]^{-1}$ in jeder Halbebene $Re[s] \geq \sigma > 0$ beschränkt ist. Damit wächst dort $G^n_{KF}(s)$ nicht stärker an als $|s|^k |W_A(s)|$. Ist $W_A(s)$ für $|s| \to \infty$ beschränkt, so ist $G^n_{KF}(s)$ nach Lemma A2.1 Laplace-Transformierte einer kausalen Gewichtsfunktion, die Distributionen der maximalen Ordnung k+1 enthält.

Es liegt nun nahe, $G^n_{KF}(s)$ durch Multiplikation mit einem geeigneten Faktor so zu verändern, daß sich eine für $|s| \to \infty$ beschränkte Übertragungsfunktion ergibt, z. B.

$$G_{KF}(s) = (\frac{a}{a+s})^k \cdot G^n_{KF}(s)$$

als Kompensationsglied zu verwenden. Dieser Gedankengang wird im folgenden Satz benutzt, um ein allgemeines Ergebnis über die Auswirkung der Nullstelle von $G_{SM}(s)$ im Unendlichen abzuleiten.

Satz 4.2

Es sei $G_{SM}(s)$ in der Form (4.6) darstellbar (näherungsweise invertierbar) und es gelte

$$\lim_{\omega \to \infty} A(\omega) = 1 . \tag{4.28}$$

Wenn dann eine im Unendlichen nicht beschränkte Übertragungsfunktion $G^n_{KF}(s)$ existiert, so daß

$$|S^n(j\omega)| = |1 + G_{SM}(j\omega)G^n_{KF}(j\omega)|^{-1} = A(\omega) \tag{4.29}$$

erreicht wird, und die Bedingungen für vollständige Stabilität nach Satz 2.7 abgesehen von der Pol-/Nullstellenkürzung im Unendlichen eingehalten werden, so existiert für jedes $\delta > 0$ eine (im Unendlichen beschränkte) Übertragungsfunktion $G_{KF}(s)$, die den geschlossenen Regelkreis vollständig stabilisiert und

$$|S(j\omega)| = |1 + G_{SM}(j\omega)G_{KF}(j\omega)|^{-1} \leq (1+\delta)A(\omega) \tag{4.30}$$

erreicht.

Beweis:

Wir machen den Ansatz

$$G_{KF}(s) = \left(\frac{a}{a+s}\right)^{k-1} G^n_{KF}(s), \tag{4.31}$$

wobei k durch die Faktorisierung (4.6) von $G_{SM}(s)$ bestimmt ist. Wegen (4.28) und (4.29) ist $G_{KF}(s)$ für $|s| \to \infty$ beschränkt. Es geht nun einfach darum, zu zeigen, daß für hinreichend große Werte von a einerseits die Stabilität des Regelkreises gesichert ist, und zum anderen (4.30) eingehalten wird. Im Anhang A3 wird nachgewiesen, daß hierfür hinreichend ist, daß für $|\omega| < \omega_1$

$$\left|1 - \left(\frac{a}{a+j\omega}\right)^{k-1}\right| < \frac{1}{1+M_S} \cdot \frac{\delta}{1+\delta} \tag{4.32a}$$

erfüllt ist, worin M_S den Maximalwert von $|S^n(j\omega)|$ bedeutet, und

ω_1 aus der Bedingung

$$|1 - S^n(j\omega)| < \frac{1}{2} \cdot \frac{\delta}{1+\delta} \qquad \forall\omega \quad \text{mit } |\omega| > \omega_1 \qquad (4.32b)$$

folgt. □

Die Überlegungen im Beweis von Satz 4.2 lassen sich auch geometrisch anhand der Ortskurve von

$$L(j\omega) = G_{SM}(j\omega)G_{KF}(j\omega)$$

diskutieren. Bekanntlich ist $|S(j\omega_i)|$ gleich dem reziproken Abstand des Ortskurvenpunkts $L(j\omega_i)$ vom Punkt -1 (vgl. Bild 4.8).

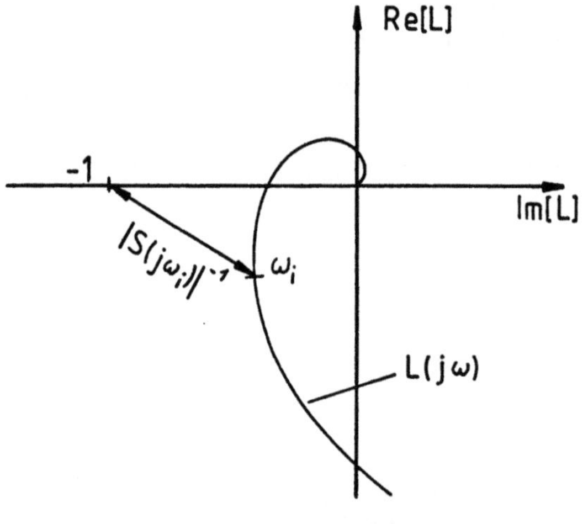

Bild 4.8: Zur geometrischen Interpretation von Satz 4.2

Durch die Modifikation von $G_{KF}(s)$ nach (4.31), die die Beschränktheit im Unendlichen sicherstellt, wird ungefähr von der Frequenz $\omega = a$ an der Betrag von $L(j\omega)$ reduziert. Gleichzeitig wird aber die Phase auch in dem Bereich, in dem der Betrag unverändert bleibt, deutlich verringert, was zu einer stärkeren Annäherung an den Punkt -1 und damit größeren Werten von $|S(j\omega)|$ führen kann. Wird a nun sehr groß gewählt, so tritt dieser Effekt erst auf, wenn die Ortskurve von $L(j\omega)$ innerhalb eines sehr kleinen Kreises um den Ursprung verläuft. Außerhalb dieses Bereichs ist die zusätzliche

Phasendrehung sehr klein, so daß insgesamt $|S(j\omega)|$ für alle ω-Werte nur um beliebig wenig erhöht wird.

Satz 4.2 besagt kurzgefaßt, daß für näherungsweise invertierbare Funktionen $G_{SM}(s)$ die Beschränktheit von $G_{KF}(s)$ für $|s| \to \infty$ die erreichbare Regelgüte nicht wesentlich beeinflußt.

Mit Hilfe dieses Ergebnisses kann nun die sicher erreichbare Regelgüte für den Fall nur einer "kritischen" Nullstelle in der rechten s-Halbebene bestimmt werden.

Folgerung 4.2.1

Es sei $G_{SM}(s)$ näherungsweise invertierbar und besitze genau eine endliche Nullstelle mit nicht-negativem Realteil und keine Pole auf der $j\omega$-Achse. Es sei $A(\omega)$ eine vorgegebene Schranke für $|S(j\omega)|$, die (4.28) sowie die Bedingungen von Satz 4.1 mit Gleichheit in (4.13) erfüllt. Dann existiert für jedes $\delta > 0$ eine Funktion $G_{KF}(s)$ als Transformierte der Gewichtsfunktion eines kausalen Systems, so daß der geschlossene Regelkreis vollständig stabil ist, und (4.30) eingehalten wird.

Beweis:

Wähle $G_{KF}(s)$ nach (4.31) mit $G^n_{KF}(s)$ nach (4.27) für genügend großes a. Nach Lemma A2.1 ist $G_{KF}(s)$ Transformierte einer für $t < 0$ verschwindenden Funktion und nach Satz 4.2 erfüllt $G_{KF}(s)$ (4.30) sowie die Stabilitätsbedingungen. □

Die Voraussetzung, daß auf der $j\omega$-Achse keine instabilen Pole liegen, kann noch abgeschwächt werden:

Folgerung 4.2.2

Die Aussage von Folgerung 4.1.2 gilt auch dann, wenn $G_{SM}(s)$ endlich viele Pole auf der $j\omega$-Achse besitzt.

Beweis:

Es seien δ_1 und δ_2 so gewählt, daß

$$1+\delta > (1+\delta_1)(1+\delta_2)$$

gilt. Wir müssen dann zeigen, daß eine Funktion $S_1^n(s)$ existiert, die auch den Stabilitätsbedingungen auf der $j\omega$-Achse genügt und

$$|S_1^n(j\omega)| \leq (1+\delta_2)A(\omega)$$

für beliebiges δ_2 erfüllt. Anwendung von Satz 4.2 für δ_1 anstelle von δ liefert dann das Behauptete.

Für $S_1^n(s)$ machen wir den Ansatz

$$S_1^n(s) = \alpha \cdot \prod_{k=1}^{\tilde{N}_{SM}^P} \left(\frac{s-j\omega_k}{s+\delta_3-j\omega_k} \right)^{\pi_k} S^n(s), \quad \delta_3 > 0,$$

mit $S^n(s)$ nach (4.25), wobei $\{j\omega_k\}$ die $\tilde{N}_{SM}^P$ Pole der Ordnung π_k auf der $j\omega$-Achse sind. δ_3 ist zunächst beliebig. Wegen

$$S_1^n(n_1) \overset{!}{=} 1$$

muß

$$\alpha = \prod_{k=1}^{\tilde{N}_{SM}^P} \left(1 + \frac{\delta_3}{n_1-j\omega_k} \right)^{\pi_k}$$

gelten. Offensichtlich ist

$$|S_1^n(j\omega)| \leq |\alpha| \cdot A(\omega).$$

Der Betrag von α kann durch Wahl von δ_3 stets kleiner als $1+\delta_2$ gemacht werden, wenn die Zahl der Polstellen endlich ist. Damit ist die Behauptung bewiesen. □

Für diejenigen Übertragungsfunktionen, die eine Darstellung (4.6) besitzen, beeinflußt die Berücksichtigung der Nullstelle im

Unendlichen also die erreichbare Regelgüte nur infinitesimal, und die Kausalität der benötigten Kompensationsglieder ist gesichert, wenn $A(\omega)$ für $|\omega| \to \infty$ gegen Eins geht. Diese letzte Bedingung kann noch gelockert werden:

Satz 4.3

Es sei $A(\omega)$ eine nach Satz 4.1 gerade noch zulässige Schranke mit

$$\liminf_{\omega \to \infty} A(\omega) \geq 1 \tag{4.33a}$$

und

$$\limsup_{\omega \to \infty} A(\omega) < \infty \quad . \tag{4.33b}$$

$G_{SM}(s)$ besitze nur eine einfache reelle Nullstelle in der abgeschlossenen rechten s-Halbebene und sei näherungsweise invertierbar. Dann ist (4.30) für beliebiges δ bei vollständiger Stabilität des Regelkreises einhaltbar. Ist (4.33a) verletzt, und geht $|G_{SM}(j\omega)|$ für $\omega \to \infty$ gegen Null, so kann (4.30) sicher nicht für beliebiges δ erfüllt werden.

Beweis:

Man erhält aus der Abschätzung der Teilintegrale in (4.13), daß für alle $\delta_4 > 0$ und $\omega_4 > 0$ eine Funktion $\tilde{A}(\omega)$ existiert, für die

$$\tilde{A}(\omega) = (1+\delta_4)A(\omega) \qquad \text{für } |\omega| \leq \omega_4$$

$$\tilde{A}(\omega) \leq A(\omega) \qquad \text{für } |\omega| > \omega_4$$

und

$$\lim_{\omega \to \infty} \tilde{A}(\omega) = 1$$

gelten, die ebenfalls der Bedingung (4.13) genügt. Kombiniert man dies mit Satz 4.2, so folgt das Behauptete. Umgekehrt gilt bei vollständiger Stabilität und $k > 0$ stets

$$\lim_{\omega \to \infty} |S(j\omega)| = 1 ,$$

und damit schließt die Verletzung von (4.33a) die Einhaltung von (4.8) aus. □

Dieselben Überlegungen lassen sich auch auf das $\mathbb{H}^\infty$-Optimierungsproblem anwenden:

<u>Folgerung 4.3.1</u>

$G_{SM}(s)$ besitze nur eine einzige Nullstelle 1. Ordnung in der rechten s-Halbebene und sei näherungsweise invertierbar. Es sei μ_A^n der minimale nach (4.24) mögliche Wert von μ_A. Gilt dann:

$$\lim_{\omega \to \infty} |W_A'(j\omega)| \leq \mu_A^n ,$$

so kann mit kausalem, für $|s| \to \infty$ beschränktem $G_{KS}(s)$ für jedes $\delta > 0$

$$\sup_{\omega} |W_A'(j\omega) S(j\omega)| = \mu_A^n + \delta \qquad (4.34)$$

erreicht werden.

<u>Beweis:</u>

Dies folgt direkt aus Satz 4.3 für

$$A(\omega) = \mu_A^n \cdot |W_A'(j\omega)|^{-1}$$ □

Schließlich soll noch untersucht werden, welche Schranken für $|S(j\omega)|$ vorgegeben werden können, wenn $G_{SM}(s)$ <u>keine</u> endlichen Nullstellen in der rechten s-Halbebene besitzt.

<u>Folgerung 4.3.2</u>

Es sei $G_{SM}(s)$ frei von endlichen Nullstellen in $Re[s] \geq 0$ und faktorisierbar nach (4.6), d. h. es gilt

$$\inf_{Re[s] \geq 0} \left| \left(\frac{s+a}{a}\right)^k G_{SM}(s) \right| > 0 \,. \tag{4.35}$$

Dann kann bei vollständiger Stabilität des Regelkreises durch kausale Kompensationsglieder für alle $\varepsilon_S > 0$, $\delta_S > 0$ und alle ω_b

$$|S(j\omega)| \leq \varepsilon_S \qquad \text{für} \quad |\omega| < \omega_b \tag{4.36a}$$

und

$$|S(j\omega)| \leq 1+\delta_S \qquad \text{für} \quad |\omega| \geq \omega_b \tag{4.36b}$$

erreicht werden.

<u>Beweis (konstruktiv):</u>

Wir wählen

$$S^n(s) = \frac{s^2}{(s+b)^2} \, U_{SM}^P(s)$$

mit

$$b > \left(\frac{1+\delta_S}{\varepsilon_S}\right)^{1/2} \cdot \omega_b \,,$$

sowie

$$G_{KF}(s) = \left(\frac{a}{s+a}\right)^{k-1} [G_{SM}(s)]^{-1} \{[S^n(s)]^{-1} - 1\}$$

$$= [G_{SM}^a(s)]^{-1} \frac{s+a}{a} \left[\frac{(s+b)^2}{s^2} - U_{SM}^P(s)\right] .$$

Da der letzte Faktor für $|s| \to \infty$ verschwindet, ist $G_{KF}(s)$ für $|s| \to \infty$ beschränkt. $S^n(s)$ erfüllt die Stabilitätsbedingungen, und es gilt

$$|S^n(j\omega)| < \begin{cases} \dfrac{\varepsilon_S}{1+\delta_S} & |\omega| \leq \omega_b \\ 1 & |\omega| > \omega_b \end{cases} .$$

Wendet man hierauf Satz 4.2 an und setzt $\delta = \delta_S$, so folgt für die durch (4.32a, b) bestimmten Werte von a das Gewünschte. □

Natürlich stehen praktisch einer Vorgabe von beliebig kleinen Werten von ε_S und beliebig großen Werten von ω_b andere Gesichtspunkte wie die benötigte Signalverstärkung bei hohen Frequenzen, das Auftreten von Meßstörungen und die stets vorhandene Modellierungsungenauigkeit entgegen. Die Folgerung 4.3.2 drückt nur aus, daß vom Gesichtspunkt der vollständigen Stabilität des Regelkreises und der Kausalität der benötigten Kompensationsglieder beliebig gute Störungsunterdrückung bei gleichzeitig beliebig nahe bei Eins liegendem Maximalwert von $|S(j\omega)|$ erreichbar ist.

Wir können insgesamt festhalten, daß für näherungsweise invertierbare Funktionen $G_{SM}(s)$ die erreichbare Regelgüte durch das Verhalten von $G_{SM}(s)$ im Unendlichen nur beliebig wenig beeinflußt wird. Ist strikte Ungleichheit in (4.13) gegeben, und liegt $A(\omega)$ für große ω-Werte nicht unterhalb von Eins, so kann (4.8) bei Vorhandensein nur einer endlichen Nullstelle 1. Ordnung mit nicht-negativem Realteil stets eingehalten werden. Der gewünschte Verlauf von $S(j\omega)$ ist mit kausalen Kompensationsgliedern erreichbar.

Für den Fall höchstens einer endlichen Nullstelle in der rechten s-Halbebene gibt der Satz 4.1 für näherungsweise invertierbare Modelle von Strecke und Meßglied die mit kausalen Kompensationsgliedern erreichbare Regelgüte also genau an.

Allerdings sind die benötigten Übertragungsfunktionen der Kompensationsglieder nur dann rationale Funktionen und damit auch sicher realisierbar, wenn $W_A(s)$ und $G_{SM}(s)$ rational sind. Auch im rationalen Fall kann die benötigte Ordnung der Kompensationsglieder unrealistisch hoch sein. Die Schranke (4.13) ermöglicht dann jedoch einen exakten Vergleich der realisierten Lösung mit der maximal möglichen Regelgüte.

Praktisch lassen sich die benötigten Kompensationsglieder in jedem Fall nur mit einer gewissen Genauigkeit realisieren. Die Diskussion der Robustheit bezüglich der Modellierungsungenauigkeit von G_{SM} läßt sich aber in genau derselben Weise für den offenen Regelkreis G_{KF} G_{SM} führen. Kleine Abweichungen bei der Realisierung von $G_{KF}(s)$ führen nur zu einer leicht erhöhten Gesamtungenauigkeit. Ist also gewährleistet, daß

$$|T(j\omega)| \ll [l_{SM}(\omega)]^{-1}$$

gilt (d. h. der Robustheitsspielraum wird durch die Modellierungsfehler nicht ausgeschöpft), so beeinflussen die Realisierungsungenauigkeiten die Stabilität nicht und den Verlauf von $|S(j\omega)|$ nur geringfügig (s. Satz 3.3 bzw. Gl. (3.27)).

4.7 Allgemeine Form des Theorems von Bode

Die bisher diskutierten Beschränkungen der erreichbaren Regelgüte, insbesondere der grundlegende Satz 4.1, ergaben sich aus dem Auftreten endlicher Nullstellen von $G_{SM}(s)$ in der rechten Halbebene. Es soll hier nun genauer untersucht werden, welche Beschränkungen auftreten, wenn keine solchen Nullstellen vorhanden sind, aber $|G_{SM}(s)|$ für $|s| \to \infty$ in der rechten Halbebene gegen Null geht.

Historisch wurde diese Frage im Prinzip bereits sehr früh beantwortet, nämlich in *H.W. Bode*'s grundlegender Arbeit "Network Analysis and Feedback Amplifier Design" aus dem Jahre 1945 [BO, Kap. 13]. Dort wird bereits festgestellt, daß unter bestimmten Voraussetzungen

$$\int_0^\infty \ln |S(j\omega)| \, d\omega = 0 \tag{4.37}$$

ganz allgemein für alle realisierbaren Regler $G_{KF}(s)$ gilt. Dieses Resultat gehört sicher zu den am häufigsten "wiederentdeckten" Aussagen der Regelungstheorie ([WE], [JA], [KR], [EN1a,b]). Im Prinzip handelt es sich um nichts anderes als einen Spezialfall von Jensens Formel aus der Funktionentheorie [HO]. Wir wollen hier eine Verallgemeinerung von (4.37) zeigen. Die Ableitung folgt im wesentlichen der in [FL] angegebenen.

Als Startpunkt nehmen wir die Poissonsche Integralformel (s. Kap. 2.2) für die rechte s-Halbebene. Unter der Voraussetzung, daß F(s) in $\mathbb{H}_H^\infty$ ist und <u>keine Nullstellen in der rechten s-Halbebene</u> Re[s] > 0 besitzt, gilt nach Abschnitt 2.2, Gl. (2.17a):

$$\ln\,[F(x+jy)] = \frac{1}{\pi}\int_{-\infty}^{\infty} \ln\,[F(j\omega)]\,\frac{x}{x^2+(y-\omega)^2}\,d\omega$$

für $x > 0$. Insbesondere erhält man daraus

$$\ln\,|F(x+jy)| = \frac{2}{\pi}\int_{0}^{\infty} \ln\,|F(j\omega)|\cdot\frac{x}{x^2+(y-\omega)^2}\,d\omega. \qquad (4.38)$$

(4.38) soll auf S(s) angewendet werden. Aufgrund der Voraussetzungen für die Gültigkeit dieser Beziehung ist das aber im allgemeinen <u>nicht</u> möglich, da S(s) an den Polstellen des offenen Kreises in der rechten Halbebene verschwindet. Es darf jedoch in (4.38) die modifizierte, von Nullstellen in Re [s] > 0 freie Funktion

$$S'(s) = \prod_{k=1}^{N_L^P}\left(\frac{s+\bar{p}_k}{s-p_k}\right)^{\pi_k} S(s) = [U_L^P(s)]^{-1} S(s)$$

eingesetzt werden. Der Allpaßfaktor umfaßt dabei alle instabilen Pole des offenen Regelkreises, also auch die von $G_{KF}(s)$. Da der Allpaßfaktor auf der $j\omega$-Achse den Betrag 1 besitzt, folgt für y=0

$$x\cdot\ln\left|\prod_{k=1}^{N_L^P}\left(\frac{x+\bar{p}_k}{x-p_k}\right)^{\pi_k} S(x)\right| = \frac{2}{\pi}\int_{0}^{\infty} \ln|\,S(j\omega)\,|\cdot\frac{x^2}{x^2+\omega^2}\,d\omega\,.$$

In diesem Ausdruck lassen wir nun x gegen Unendlich gehen. Ist $\ln\,|S(j\omega)|$ in $[0,\infty]$ integrierbar, so folgt, da der Gewichtungsfaktor auf der rechten Seite in jedem endlichen Intervall gleichmäßig gegen 1 konvergiert,

$$\lim_{x\to\infty}\,\{x\cdot\ln|S(x)| + x\sum_{k=1}^{N_L^P}\pi_k\cdot\ln\left|\frac{x+\bar{p}_k}{x-p_k}\right|\} = \frac{2}{\pi}\int_{0}^{\infty}\ln|S(j\omega)|\,d\omega$$

Wenn nun auch

$$\lim_{x\to\infty} x \ln |S(x)| = 0$$

gilt, so ergibt sich schließlich

$$0 \leq \sum_{k=1}^{N_L^P} \pi_k \cdot \mathrm{Re}[p_k] = \frac{1}{\pi} \int_0^\infty \ln |S(j\omega)| \, d\omega \,. \tag{4.39}$$

Wir definieren ν_{SM}^∞ als die größte Zahl, für die

$$\limsup_{\omega\to\infty} \omega^{\nu_{SM}^\infty} \cdot |G_{SM}(j\omega)| < \infty$$

ist. Für realisierbare Kompensationsglieder gilt dann stets

$$\limsup_{\omega\to\infty} |\omega^{\nu_{SM}} \cdot \ln| 1 + G_{KF}(j\omega) G_{SM}(j\omega)|| < \infty \,,$$

also auch

$$\limsup_{\omega\to\infty} |\omega^{\nu_{SM}^\infty} \cdot \ln| S(j\omega)|| < \infty \,.$$

Damit können wir schließlich folgenden Satz formulieren:

Satz 4.4 (Theorem von Bode)

Es sei entweder $\nu_{SM}^\infty > 1$, oder $\nu_{SM}^\infty > 1/2$ und $G_{SM}(s)$ von der Form

$$G_{SM}(s) = G'_{SM}(s) \, e^{-sT_t}$$

mit für $|s| \to \infty$ beschränktem $G'_{SM}(s)$ und $T_t > 0$. Dann gilt (4.39) für alle realisierbaren Kompensationsglieder $G_{KF}(s)$.

Beweis:

Bei Einhaltung einer der Bedingungen sind die Voraussetzungen für die Gültigkeit von (4.39) erfüllt. Dies ist im Falle $\nu_{SM}^\infty > 1$ offensichtlich. Im zweiten Fall ist nur die Konvergenz des Integrals auf der rechten Seite in (4.39) kritisch, diese wird in [EN1b] gezeigt.

□

Wenn also $G_{SM}(j\omega)$ für $\omega \to \infty$ schneller als proportional zu ω^{-1} gegen Null geht oder der offene Kreis eine Totzeit besitzt und $|G_{SM}(j\omega)|$ wenigstens proportional zu ω^{-1} abfällt, so gilt das "verallgemeinerte Gleichgewichtstheorem" (4.39).

Dies steht nicht im Widerspruch zu Folgerung 4.3.2, da (4.39) bereits für einen beliebig wenig oberhalb von Eins liegenden Verlauf von $|S(j\omega)|$ erfüllt werden kann, wenn dieser über ein genügend großes Intervall auftritt. Zusätzliche Beschränkungen ergeben sich allerdings, wenn ein bestimmter Abfall von $|T(j\omega)|$ für hohe Frequenzen gefordert wird.

Fordert man zusätzlich zu (4.15) noch

$$|1-S(j\omega)| \overset{!}{\leq} \frac{M_\infty}{|\omega|^k} \qquad \text{für } |\omega| \geq \omega_z \tag{4.40}$$

mit $k \geq 2$, so folgt der minimale Wert von S_{max} aus der Bedingung

$$\pi \cdot \sum_{i=1}^{N_L^P} \pi_i \cdot \mathrm{Re}[p_i] \leq \omega_b \cdot \ln[\varepsilon_S] + (\omega_z - \omega_b)\ln[S_{max}] + \frac{M_\infty}{k-1} \cdot \omega_z^{(1-k)}$$

Für stabilen offenen Kreis ergibt sich daraus mit der Abkürzung

$$\varepsilon_T = \max|T(j\omega_z)| = \frac{M_\infty}{\omega_z^{\,k}}$$

$$S_{max} \geq \left[\varepsilon_S \cdot \exp\left(\varepsilon_T \cdot \frac{\omega_z}{\omega_b}\right)\right]^{\frac{-\omega_b}{\omega_z - \omega_b}} \tag{4.41}$$

Sind S_{max}, ε_S und ε_T vorgegeben, so bestimmt (4.41) das maximale zulässige Verhältnis ω_z / ω_b und damit die minimale Breite des Übergangsbereichs $B_ü$.

In Bild 4.9 sind gerade noch zulässige Verläufe von $|S(j\omega)|$ für den Fall $\varepsilon_S = \varepsilon_T = 0{,}1$ und stabilen offenen Kreis dargestellt. Es ist deutlich zu erkennen, daß der Maximalwert von $|S(j\omega)|$ stark ansteigt, wenn der Bereich, in dem die Betragskennlinie deutlich oberhalb von OdB liegt, schmal ist. Bei instabilem offenen Kreis liegen die erlaubten Verläufe oberhalb der angegebenen.

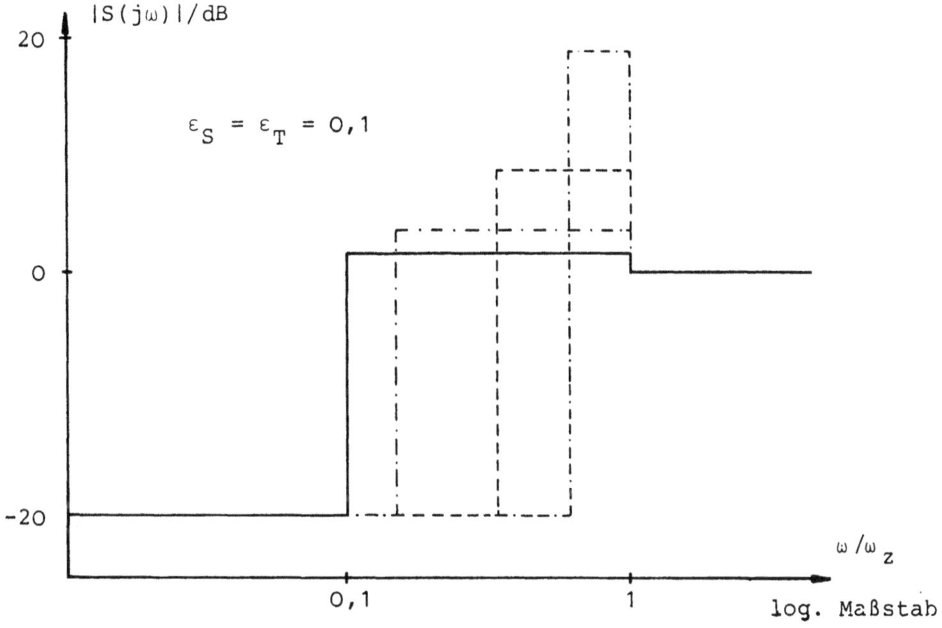

Bild 4.9: Aufgrund von (4.39) gerade noch zulässige Verläufe von $|S(j\omega)|$; stabiler offener Kreis, $\varepsilon_S = \varepsilon_T = 0,1$

In der Praxis sind M und k durch die Forderung nach robuster Stabilität und die begrenzte Reglerverstärkung bei hohen Frequenzen weitgehend fest vorgegebene Parameter. Dadurch ergibt sich eine Abhängigkeit zwischen dem Ausmaß der Störunterdrückung (Parameter ω_b, ε_S) und der Überhöhung von $|S(j\omega)|$. Man kann nicht gute Störunterdrückung bis annähernd zur Frequenz ω_z vorschreiben, ohne hohe Werte von S_{max} zu erlauben. Für $\varepsilon_S = \varepsilon_T = 0,1$ kann ω_b praktisch höchstens ein Drittel von ω_z betragen, für $\varepsilon_S = 0,1$ und $\varepsilon_T = 0,25$ erhöht sich dieser Wert nur unwesentlich auf ca. 40 %.

Da man an kleinen Werten von $|S(j\omega)|$ interessiert ist, besteht bei Strecken ohne endliche Nullstellen mit positivem Realteil kein Grund, Regler mit instabilen Polen mit positivem Realteil zu verwenden, denn hierdurch wird die Schranke (4.39) negativ beinflußt.

4.8 Zusammenfassung

Die wesentlichen Ergebnisse dieses Kapitels sind:

1. Besitzt die Regelstrecke (oder das Meßglied) endliche Nullstellen mit positivem Realteil, so wird die Bandbreite, innerhalb derer eine gute Unterdrückung von am Ausgang angreifenden Störungen möglich ist, durch die am dichtesten am Ursprung liegende derartige Nullstelle bestimmt. Praktisch kann nur ein Bruchteil des Betrags der Nullstelle als Bandbreite erreicht werden (vgl. Bild 4.3).

2. Treten zusätzlich instabile Pole auf, so verschlechtert sich die erreichbare Regelgüte. Dieser Effekt ist besonders ausgeprägt, wenn die Pole und Nullstellen dicht zusammenliegen. Dann tritt zwangsläufig eine ausgeprägte Überhöhung von $|(S(j\omega)|$ auf (vgl. (4.14)).

3. Ist $G_{SM}(s)$ näherungsweise invertierbar (s. Abschnitt 4.2), so spielen die Nullstellen im Unendlichen für die erreichbare Regelgüte praktisch keine Rolle.

4. Sind keine Nullstellen mit nicht-negativem Realteil vorhanden, so ist die erreichbare Regelgüte (im Hinblick auf den Verlauf von $|S(j\omega)|$) nur durch das Theorem von Bode (Satz 4.4) beschränkt. Daraus ergeben sich dann fühlbare Beschränkungen, wenn der Abfall von $|T(j\omega)|$ für $\omega \to \infty$ vorgeschrieben ist, z. B. wegen der endlichen Signalverstärkung der Kompensationsglieder bei hohen Frequenzen oder aus Robustheitsgründen.

5. Ist $G_{SM}(s)$ näherungsweise invertierbar, so kann prinzipiell die aufgrund der Stabilitätsbedingungen für die endlichen Pole und Nullstellen erreichbare Regelgüte mit kausalen Kompensationsgliedern mit beliebiger Genauigkeit näherungsweise erreicht werden. Ist nur eine Nullstelle in der rechten Halbebene vorhanden, so gibt Satz 4.1 die mit kausalen Kompensationsgliedern erreichbare Störunterdrückung exakt an.

Der Betrag des Frequenzgangs der Störübertragungsfunktion des nominalen Regelkreises darf aufgrund der Forderung nach robuster Stabilität natürlich nur dort klein sein, wo die Genauigkeit der Modellierung relativ gut, d. h. der relative Modellierungsfehler $l_{SM}(\omega)$ kleiner als Eins ist. Der Verlust der Information über die Phase der Regelstrecke macht auch eine gute Störunterdrückung unmöglich.

Es würde deshalb keine höhere erreichbare Regelgüte resultieren, wenn z. B. die Nullstellen in der rechten s-Halbebene bei der Modellierung einfach weggelassen würden. Praktisch kann man über die Minimalphasigkeit der realen Übertragungsfunktion $G^{r}_{SM}(s)$ stets nur in einem gewissen Frequenzbereich Aussagen machen, nämlich solange z. B. Laufzeiten nicht ins Gewicht fallen. Beschränkungen ergeben sich immer dann, wenn innerhalb der Bandbreite der Zuverlässigkeit der Modellierung Nullstellen mit nicht-negativem Realteil berücksichtigt werden müssen.

Beispiele für Regelstrecken, bei denen dieser Fall typischerweise eintritt, sind u. a.:

- Wasserturbinen [HOP]
- Schiffe [GG]
- Dampfkessel [SL].

In allen drei Fällen ist die physikalische Ursache des Auftretens von Nullstellen mit positivem Realteil die Überlagerung gegenläufiger physikalischer Effekte. So reagiert z. B. ein Schiff auf Ruderausschläge mit einer Drehung in die gewünschte Richtung und einer gleichzeitigen Lateralbewegung entgegen der beabsichtigten Kursänderung, so daß anfänglich ein Kursfehler entgegengesetzt zum Ruderausschlag entsteht. Regelstrecken mit einer Nullstelle in der rechten s-Halbebene zeigen ein deutliches Unterschwingen der Sprungantwort. Ein Verfahren zur Schätzung des Werts der Nullstelle aus der Sprungantwort gibt Streijc in [ST] an.

Störende Nullstellen in der rechten s-Halbebene treten auch häufig auf, wenn Mehrgrößensysteme näherungsweise auf Diagonalform gebracht werden, um dann auf die Diagonalelemente Entwurfsverfahren für Eingrößenregelkreise anwenden zu können (s. [RO2, UE, TO]).

In diesem Zusammenhang beschäftigte sich der Autor vor einigen Jahren gemeinsam mit *G. Nöth* und *J. Pangalos* mit dem Problem des Reglerentwurfs für Strecken mit einer Nullstelle in der rechten s-Halbebene. Das damals entwickelte und in [ENP] dargestellte Entwurfsverfahren stellt eine Modifikation des klassischen Frequenzkennlinienverfahrens (s. z. B. [UN1, LS]) dar, d. h. es beruht auf einer Approximation des geschlossenen Regelkreises durch eine Übertragungsfunktion 2. Ordnung. Hierbei ergeben sich ganz bestimmte Grenzen des erreichbaren Regelkreisverhaltens, schon allein aus der geringen Zahl der Freiheitsgrade. Bei diesem Vorgehen bleibt aber unklar, ob sich für ein komplizierteres Modell des resultierenden Regelkreises Verbesserungen der erreichbaren Regelgüte ergeben würden.

Dieses Problem wird nun durch die hier dargestellte Theorie vollständig und exakt gelöst. Der Satz 4.1 charakterisiert genau die Gesamtheit der erreichbaren Frequenzgänge $S(j\omega)$ des geschlossenen Regelkreises, die sich bei Vorhandensein einer endlichen Nullstelle in der rechten s-Halbebene erreichen lassen. Dies stellt eine wesentliche Erweiterung der theoretischen Grundlagen des Reglerentwurfs im Frequenzbereich dar.

5 Weitere grundlegende Beschränkungen der erreichbaren Regelgüte

Wir werden in diesem Kapitel die im Kapitel 4 abgeleiteten Ergebnisse auf die Spezifikationen (4.1b) und (4.1c) für $|T(j\omega)|$ bzw. $|R(j\omega)|$ übertragen sowie mit einfachen Mitteln die simultane Einhaltbarkeit von (4.1a) und (4.1b), d. h. von Beschränkungen für $|S(j\omega)|$ und $|T(j\omega)|$, in komplementären Frequenzbereichen behandeln. Außerdem werden einige Aussagen für Systeme mit Totzeiten gemacht. Es werden im wesentlichen dieselben Hilfsmittel wie im vorigen Kapitel benutzt, dazu die aus der Poissonschen Integralformel ableitbaren Zusammenhänge zwischen der Amplitude und der Phase der Frequenzgänge stabiler Übertragungsfunktionen.

5.1 Beschränkungen für $|T(j\omega)|$

Analog zum Vorgehen in Kapitel 4 soll untersucht werden, wann bei vollständiger Stabilität des Regelkreises

$$|T(j\omega)| \leq B(\omega) \tag{5.1}$$

erreicht werden kann. Wegen

$$T(s) = 1 - S(s)$$

sind die Überlegungen fast dieselben, nur die Rollen von instabilen Polen und Nullstellen sind vertauscht.

Nach Satz 2.7 muß $T(s)$ eine $\mathbb{H}_H^\infty$-Funktion sein, die an den <u>Polstellen</u> p_i von $G_{SM}(s)$ in der rechten s-Halbebene die Bedingung

$$T(p_i) = 1$$

erfüllt. Zusätzlich muß auch $[U_{SM}^N(s)]^{-1} \cdot T(s)$ in $\mathbb{H}_H^\infty$ sein, d. h. $T(s)$ muß an den <u>Nullstellen</u> von $G_{SM}(s)$ Nullstellen mindestens derselben Ordnung besitzen ($U_{SM}^N(s)$ ist die aus den endlichen Nullstellen mit positivem Realteil von $G_{SM}(s)$ gebildete rationale Allpaßfunktion).

Dieselbe Argumentation wie in Abschnitt 4.3 liefert folgendes Ergebnis:

Satz 5.1

Eine Reglerübertragungsfunktion $G_{KF}(s)$, die den geschlossenen Regelkreis vollständig stabilisiert und (5.1) erfüllt, existiert nur dann, wenn

$$\int_0^\infty \frac{|\ln B(\omega)|}{1+\omega^2}\, d\omega < \infty \tag{5.2}$$

gilt, und für alle Polstellen $p_i = \rho_i + j\kappa_i$ mit $\rho_i > 0$ von $G_{SM}(s)$

$$\exp\left\{ \frac{2}{\pi} \int_0^\infty \ln[B(\omega)] \frac{\rho_i}{\rho_i^2 + (\omega-\kappa_i)^2}\, d\omega\right\} \geq \prod_{k=1}^{N_{SM}^N} \left| \frac{p_i + \bar{n}_k}{p_i - \bar{n}_k} \right|^{\nu_k} \tag{5.3}$$

erfüllt ist. Hierin sind $\{n_k\}$ die N_{SM}^N Nullstellen der Ordnung ν_k mit positivem Realteil von $G_{SM}(s)$. Liegen Pole auf der $j\omega$-Achse, so muß dort (5.3) als Grenzwert für $\rho_i \to 0$ gelten. □

Ebenso wie im Falle der Ungleichung (4.13) für $A(\omega)$ begrenzt auch (5.3) $B(\omega)$ nach unten, d. h. es können nicht beliebig kleine Werte von $|T(j\omega)|$ vorgeschrieben werden. Ist $B(\omega)$ eine Schranke, für die (5.3) verletzt ist, so kann $|T(j\omega)|$ nicht überall unterhalb $B(\omega)$ liegen. Alle möglichen Verläufe von $|T(j\omega)|$ erfüllen die Ungleichung (5.3). Nun ist der Maximalwert von $|T(j\omega)|$ im allgemeinen vor allem bei hohen Frequenzen auf kleine Werte beschränkt aufgrund der geforderten Robustheit und von Bandbreitenbegrenzungen. Im Bereich B_r, in dem $|S(j\omega)|$ klein ist, liegt $|T(j\omega)|$ nahe bei Eins, dieser Frequenzbereich trägt daher zum Integral in (5.3) kaum bei. Daraus folgt, daß große Werte von $|T(j\omega)|$ im Übergangsbereich nur vermieden werden können, wenn die Bandbreite des Regelkreises erheblich größer ist als der Betrag des am weitesten vom Ursprung entfernten instabilen Pols.

Zur Illustration der Auswirkungen der Beschränkung (5.3) für $B(\omega)$ wählen wir wieder einen stückweise konstanten Verlauf

$$B(\omega) = \begin{cases} 1 + \varepsilon_S & \text{für } |\omega| \leq \omega_b \\ T_{max} & \text{für } \omega_b < |\omega| < \omega_z \\ \varepsilon_T & \text{für } |\omega| \geq \omega_z \end{cases} \tag{5.4}$$

Für kleine Werte von ε_S ergibt sich daraus die Bedingung

$$\varphi_m \cdot \ln(T_{max}) \geq \varphi_z \cdot \ln(\varepsilon_T^{-1}) \quad , \tag{5.5}$$

worin φ_m und φ_z die in Bild 5.1 dargestellten Winkel sind, wenn $G_{SM}(s)$ eine reelle Polstelle bei p_1 besitzt.

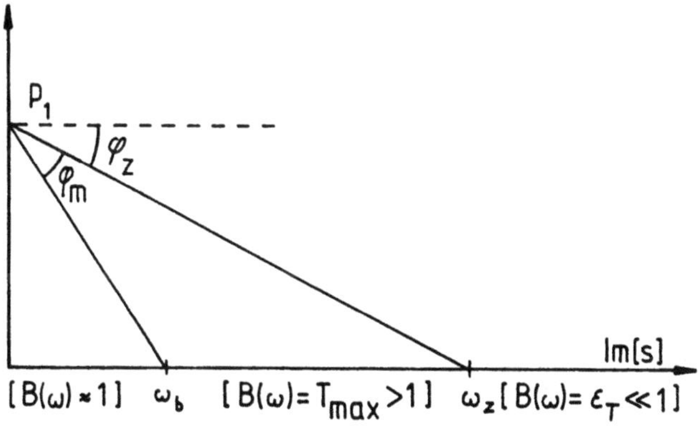

Bild 5.1: Zur graphischen Auswertung von (5.3)

Fordert man z. B. $|T(j\omega)| \leq 2$, so muß ω_z mindestens den Wert $2{,}63 \cdot p_1$ besitzen. Mit wachsendem ω_b steigt dieser Wert noch erheblich an. Dies zeigt auch, daß bei instabiler Strecke das Modell der Strecke und des Meßglieds bis zu Frequenzen oberhalb des größten Betrags eines instabilen Pols einigermaßen verläßlich sein muß ($l_{SM}(\omega) < 1$), da andernfalls eine robuste Stabilisierung ausgeschlossen ist (vgl. Abschnitt 3.4).

Die Ähnlichkeit der Restriktionen für $|S(j\omega)|$ und $|T(j\omega)|$ wird besonders deutlich, wenn man einen reziproken Frequenzmaßstab benutzt, d. h. in (5.3)

$$\omega = u^{-1} \tag{5.6}$$

substituiert. Man erhält dann mit

$$\hat{\rho}_i + j\hat{\kappa}_i = (\bar{p}_i)^{-1} \tag{5.7}$$

die Bedingung

$$\exp\left\{ \frac{1}{\pi} \int_{-\infty}^{\infty} \ln\,[B(u^{-1})]\, \frac{\hat{\rho}_i}{\hat{\rho}_i^2 + (u-\hat{\kappa}_i)^2}\, du \right\} \geq \prod_{k=1}^{N_{SM}^N} \left| \frac{p_i + \bar{n}_k}{p_i - n_k} \right| . \tag{5.8}$$

Die quantitative Diskussion von (4.13) für stückweise konstante Funktion $A(\omega)$ läßt sich deshalb vollständig auf $B(\omega)$ übertragen, indem man zu reziproken Frequenzwerten übergeht und anstelle der Nullstellen die Kehrwerte der Polstellen einsetzt. Insbesondere liefert für $B(\omega)$ nach (5.4) und reellen Pol das Diagramm in Bild 4.6 den Minimalwert von T_{max} in Abhängigkeit von $(p_1/\omega_z)^{-1}$, wenn man ε_S und ε_T vertauscht und ω_z durch ω_b^{-1} ersetzt.

Für die vollständige Stabilität des Regelkreises ist (unter der Voraussetzung, daß $G_S(s)$ und $G_M(s)$ bzw. $G_K(s)$ und $G_F(s)$ keine zusammenfallenden Pole und Nullstellen in der rechten Halbebene besitzen) notwendig und hinreichend, daß neben $[U_{SM}^N(s)]^{-1} \cdot T(s)$ auch

$$[G_{SM}(s)]^{-1}\, T(s) = \frac{G_{KF}(s)}{1 + G_{SM}(s)\,G_{KF}(s)} \tag{5.9}$$

in $\mathbb{H}_H^\infty$ ist. Dies erfordert insbesondere, daß

$$\sup_\omega\; |T(j\omega)| \cdot |G_{SM}(j\omega)|^{-1} < \infty \tag{5.10}$$

gilt, schreibt also ein bestimmtes Verhalten von $|T(j\omega)|$ für $\omega \to \infty$ vor. Dies ist bei der Vorgabe von $B(\omega)$ zu beachten.

Da aber der zweite Faktor im Integral in (5.3) für $\omega \to \infty$ wie ω^{-2} abfällt und (5.10) nur das Verhalten für $\omega \to \infty$ vorschreibt, ändert sich hierdurch der Wert der linken Seite in (5.3) nur infinitesimal. Wenn eine Schranke $B(\omega)$ ohne Berücksichtigung der Nullstelle im Unendlichen einhaltbar ist, und $G_{SM}(s)$ näherungsweise invertierbar ist, so ist jede überall größere Schranke bei vollständiger Stabilität des Regelkreises einhaltbar.

Analog zu Satz 4.3 gilt:

Satz 5.2

Es sei $G_{SM}(s)$ näherungsweise invertierbar und besitze nur einen Pol 1. Ordnung mit nichtnegativem Realteil sowie nur endlich viele Nullstellen auf der $j\omega$-Achse. Es sei $B(\omega)$ eine Funktion, die die Bedingungen von Satz 5.1 erfüllt, wobei in (5.3) Gleichheit beider Seiten vorliegt.

Dann existiert für jedes $\delta > 0$ ein kausales Kompensationsglied G_{KF} der Form (2.2), so daß der geschlossene Regelkreis vollständig stabil ist und

$$|T(j\omega)| \leq (1+\delta)B(\omega) \qquad \forall\omega \tag{5.11}$$

gilt.

Beweis:

Wir können uns auf den Fall ohne Nullstellen auf der $j\omega$-Achse beschränken, anderenfalls sind, analog zur Argumentation in Kapitel 4, Modifikationen mit infinitesimaler Auswirkung auf die erreichbare Regelgüte vorzunehmen.

Wie bei der Behandlung der Schranken für $|S(j\omega)|$ machen wir den Ansatz

$$T^n(s) = \frac{U_{SM}^N(s)}{W_B(s)} \cdot \frac{W_B(p_i)}{U_{SM}^N(p_i)} \quad . \tag{5.12}$$

$W_B(s)$ bedeutet die durch das Poisson-Integral von $[B(\omega)]^{-1}$ analog zu (4.26) definierte Funktion. Man überzeugt sich leicht davon, daß diese Funktion alle Stabilitätsbedingungen bis auf das Kürzungsverbot im Unendlichen erfüllt und

$$|T^n(j\omega)| = B(\omega)$$

gilt. Um das erforderliche Verhalten im Unendlichen sicherzustellen, wird $T^n(s)$ wie folgt modifiziert:

$$T(s) = (1+\delta)\left(\frac{a}{s+a}\right)^{k'} T^n(s)\ . \tag{5.13}$$

k' sei so gewählt, daß $T(s)$ für $|s|\to\infty$ gegen Null geht und (5.10) erfüllt ist. Man kann nachrechnen, daß für jedes $\delta > 0$ ein a existiert, so daß $|T(j\omega)|$ (5.3) erfüllt. Löst man nun

$$T(s) = \frac{G_{KF}(s)G_{SM}(s)}{1 + G_{KF}(s)G_{SM}(s)}$$

nach $G_{KF}(s)$ auf, so ist die resultierende Funktion in einer Halbebene $\mathrm{Re}[s] \geq \sigma_T$ analytisch und beschränkt und damit Übertragungsfunktion eines kausalen Systems der Form (2.2). □

Die Lösung des $\mathbb{H}^\infty$-Optimierungsproblem sowie den erreichbaren Minimalwert erhält man ganz analog zum Vorgehen in Kapitel 4. Es gilt für alle Pole p_i von $G_{SM}(s)$ in der rechten s-Halbebene

$$\mu_B = \inf_{G_{KF}(s)} \sup_{\omega} |W_B'(j\omega)T(j\omega)| \geq |W_B'(p_i)|\cdot|U_{SM}^N(p_i)|^{-1}\ . \tag{5.14}$$

Schließlich lassen sich auch die Überlegungen in Abschnitt 4.7 auf T(s) übertragen. Eine zum Theorem von Bode analoge Beschränkung tritt jedoch <u>nur</u> dann auf, wenn

$$\int_0^\infty |\ln|T(ju^{-1})||\,du < \infty \tag{5.15}$$

gilt, d. h. $\ln|T(j\omega)|$ auf einer reziproken Frequenzskala .

integrierbar ist. Hierfür muß $|S(j\omega)|$ für $\omega \to 0$ stärker als ω^{-1} abfallen, was praktisch bedeutet, daß der offene Kreis einen doppelten Pol im Ursprung besitzt. In diesem Falle ergibt sich

$$\sum_{k=1}^{N_L^N} \nu_k \cdot \mathrm{Re}[n_k^{-1}] = \frac{1}{\pi} \int_0^{\infty} \ln|T(ju^{-1})|du \qquad (5.16a)$$

oder nach Rücksubstitution

$$0 \leq \sum_{k=1}^{N_L^N} \nu_k \cdot \mathrm{Re}[n_k^{-1}] = \frac{1}{\pi} \int_0^{\infty} \frac{\ln T(j\omega)}{\omega^2} d\omega. \qquad (5.16b)$$

Die Summation hat dabei über alle N_L^N Nullstellen mit positivem Realteil des offenen Kreises zu erfolgen.

(5.16a) zeigt noch einmal die Dualität der Schranken für $|S(j\omega)|$ und $|T(j\omega)|$. Ist der Abfall von $|T(j\omega)|$ für hohe Frequenzen ($\omega \geq \omega_z$) vorgegeben, so muß das Integral von $\ln|T(ju^{-1})|$ (also auf einer inversen Frequenzskala) für $u > \omega_z^{-1}$ gleich einer positiven Konstanten sein. Insbesondere ist für einen Pol mindestens 2. Ordnung im Ursprung kein "überschwingfreier" Verlauf von $|T(j\omega)|$, d. h. $|T(j\omega)| \leq 1$ für alle ω-Werte, möglich. Die Zusammenhänge zwischen der Güte des Folgeverhaltens für $|\omega| \leq \omega_b$ und dem Maximalwert im Übergangsbereich sind ansonsten genau wie im vorigen Abschnitt diskutiert, lediglich die Inversion des Frequenzbereichs bzw. Gewichtung mit ω^{-2} ist zu beachten. Dies alles gilt aber nur für den Fall, daß der Betrag des Frequenzgangs des offenen Regelkreises für $\omega \to 0$ stärker als ω^{-1} ansteigt, anderenfalls tritt für $|T(j\omega)|$ keine dem Theorem von Bode entsprechende Beschränkung auf.

Wesentliches Ergebnis dieses Abschnitts ist, daß Grenzen der Verkleinerung von $|T(j\omega)|$ nur dann auftreten, wenn der offene Kreis entweder Pole in der offenen rechten s-Halbebene oder mindestens einen doppelten Pol im Ursprung besitzt. Treten Pole mit positivem Realteil auf, so wird dadurch eine Mindestbandbreite des Regelkreises erzwungen, die praktisch ein Vielfaches des Betrags jedes instabilen Pols betragen muß. Die Klasse der linearen dynamischen

Systeme endlicher Ordnung (d. h. mit rationalen Übertragungsfunktionen), für die $|T(j\omega)|$ Beschränkungen unterliegt, ist interessanterweise genau identisch mit der Systemklasse, deren Minimalrealisierung [SW1] instabil im Sinne von Ljapunov ist [UN2] (d. h. für bestimmte Anfangswerte der Differentialgleichung treten unbeschränkt anwachsende Lösungen auf).

5.2 Erste Überlegungen zur Spezifikation von $|S(j\omega)|$ und $|T(j\omega)|$ in komplementären Frequenzbereichen

Die bisher dargestellten Untersuchungen befaßten sich mit den Grenzen der Spezifikation von $|S(j\omega)|$ nach (4.1a) oder von $|T(j\omega)|$ nach (4.1b) auf der gesamten ω-Achse. Wie in Kapitel 3 diskutiert wurde, sind tatsächlich jedoch Anforderungen sowohl an $|S(j\omega)|$ als auch an $|T(j\omega)|$ vorhanden, die zumindest in komplementären (d. h. nicht überlappenden, aber alle ω-Werte erfassenden) Intervallen erfüllt werden müssen. Die bisher abgeleiteten Beschränkungen stellen dabei notwendige, keineswegs aber hinreichende Bedingungen für die Einhaltbarkeit der Gesamtspezifikation dar, wenn jeweils unter Benutzung der Dreiecksungleichung Schranken für die komplementäre Funktion berücksichtigt werden. Die exakte Behandlung komplementärer Spezifikationen erfordert weitergehende mathematische Hilfsmittel als die in diesem Kapitel benutzten (s. Kapitel 6 und 8). Wir wollen jedoch eine spezielle Fragestellung hier mit einfachen Mitteln untersuchen, um einen ersten Eindruck von den Problemen bei Vorgabe von $|S(j\omega)|$ und $|T(j\omega)|$ in komplementären Intervallen zu bekommen.

Als gewünschte Spezifikation von $|S(j\omega)|$ und $|T(j\omega)|$ nehmen wir die stückweise konstanten Schranken

$$|S(j\omega)| \le \begin{cases} \varepsilon_S & \text{für } |\omega| \le \omega_b \\ S_{max} & \text{für } \omega_b < |\omega| < \omega_z \end{cases} \tag{5.17a}$$

und

$$|T(j\omega)| \le \varepsilon_T \quad \text{für } |\omega| \ge \omega_z \tag{5.17b}$$

an.

Die Anforderung für $|S(j\omega)|$ repräsentiert das gewünschte Folgeverhalten für kleine Frequenzen und die nicht zu große Überhöhung von $|S(j\omega)|$ im Übergangsbereich, während die Beschränkung für $|T(j\omega)|$ die Robustheitsanforderung oder eine Bandbreitenbegrenzung für den Regler berücksichtigt. Aus den bisher abgeleiteten Beziehungen folgen für von Null verschiedenes ε_T keinerlei Einschränkungen für die Vorgabe der anderen Parameter (ε_S, S_{max}, ω_b, ω_z), wenn $G_{SM}(s)$ stabil und minimalphasig ist, d. h. eine Darstellung (4.6) besitzt und frei ist von endlichen Polen und Nullstellen in der abgeschlossenen rechten s-Halbebene $Re[s] \geq 0$.

Wir werden im folgenden zeigen, daß im Gegensatz dazu <u>nicht</u> für jede Kombination von S_{max}, ε_S und ε_T das Verhältnis ω_z/ω_b beliebig klein gemacht werden kann. Weiter werden wir eine <u>hinreichende</u> Bedingung für das Verhältnis ω_z/ω_b ableiten, die sicherstellt, daß die Spezifikation (5.17a, b) eingehalten werden kann.

Ist G(s) eine stabile minimalphasige Übertragungsfunktion, so ist auch ln G(s) in der rechten s-Halbebene analytisch (bei geeigneter Definition der Phase) und es gilt die Beziehung

$$G(s) = \exp\left\{ \frac{1}{\pi} \int_{-\infty}^{\infty} \frac{\ln G(j\omega)}{s-j\omega}\, d\omega \right\}$$

für $Re[s] > 0$ sowie der daraus abgeleitete Zusammenhang (2.20) zwischen Amplitude und Phase von $G(j\omega)$.

Für die Darstellung hier ist die folgende Form von (2.20) nützlich:

<u>Lemma 5.1 [BO]</u>

Es sei G(s) eine $\mathbb{H}_H^{\infty}$-Funktion, die keine endlichen Nullstellen mit nicht-negativem Realteil besitzt und im Unendlichen analytisch ist.

Mit den Bezeichnungen

$$b_G(\omega) = \ln|G(j\omega)| \tag{5.18a}$$

und

$$\varphi_G(\omega) = \arg[G(j\omega)] = \operatorname{Im}[\ln G(j\omega)] \tag{5.18b}$$

gilt an allen Punkten, an denen $b_G(\omega)$ stetig ist:

$$\varphi_G(\omega) = \frac{2\omega}{\pi} \int_0^{\infty} \frac{b_G(y) - b_G(\omega)}{y^2 - \omega^2} \, dy \, . \tag{5.19}$$

Dies folgt direkt aus (2.20) wenn $\varphi_G(0) = 0$ vereinbart wird. □

Um zu erkennen, warum diese Beziehung für das Problem der Einhaltbarkeit von (5.17a, b) von Bedeutung ist, fassen wir diese Spezifikation als Bedingung für $S(j\omega)$ auf. Dann liefert (5.17a) eine Beschränkung des Betrags von $S(j\omega)$ für $|\omega| < \omega_z$, und (5.17b) schreibt sowohl den Betrag von $S(j\omega)$ (zwischen $1-\varepsilon_T$ und $1+\varepsilon_T$) als auch die Phase (genau genommen abhängig vom Wert des Betrags) für $|\omega| \geq \omega_z$ vor. Die Phase muß in diesem Bereich auf jeden Fall im Intervall $[-\arcsin \varepsilon_T, \arcsin \varepsilon_T]$ liegen.

Ist der offene Kreis stabil, so erfüllt $S(s)$ die Voraussetzungen von Lemma 5.1, die Phase ist also eindeutig durch den Betrag bestimmt. Im Intervall $[\omega_b, \omega_z]$ muß $|S(j\omega)|$ von ε_S mindestens auf den Wert $1 - \varepsilon_T$ ansteigen. Dies bewirkt eine positive Phasendrehung im Bereich $\omega > \omega_z$. Je steiler der Anstieg ist, d. h. je kleiner das Verhältnis ω_z/ω_b, desto größer ist die bei ω_z bewirkte positive Phasendrehung, die aber den Wert $\arcsin \varepsilon_T$ nicht überschreiten darf. Folglich kann ω_z/ω_b nicht beliebig klein sein.

Dies illustriert die Wahl $S_{max} = 1 - \varepsilon_T \geq \varepsilon_S$.
Für diesen Fall gilt

$$b_S(y) - b_S(\omega_z) \begin{cases} \leq \ln \dfrac{\varepsilon_S}{1-\varepsilon_T} & \text{für } y \leq \omega_b \\ \leq 0 & \text{für } \omega_b < y < \omega_z \\ \geq 0 & \text{für } y \geq \omega_z \end{cases} .$$

Deshalb ist die Phasendrehung bei ω_z stets positiv und ergibt sich zu

$$\varphi_S(\omega_z) \geq \frac{1}{\pi} \ln \left(\frac{1-\varepsilon_T}{\varepsilon_S}\right) \cdot \ln \left(\frac{\omega_z+\omega_b}{\omega_z-\omega_b}\right)$$

Daraus erhält man den Minimalwert von ω_z/ω_b für vorgegebene Werte von ε_T und ε_S bei dieser speziellen Wahl von S_{max}. ω_z/ω_b ist also nach unten beschränkt.

Natürlich liegt S_{max} gewöhnlich oberhalb von 1. In diesem Fall erfolgt erst ein Anstieg und dann ein Abfall der Betragskennlinie. Anhand der in [BO] angegebenen Diagramme erkennt man, daß die Phasenschwankung für $\omega > \omega_z$ minimiert wird, wenn $|S(j\omega)|$ bei ω_b sprunghaft von ε_S auf $1 - \varepsilon_T$ ansteigt. Eine Ermittlung des günstigst möglichen weiteren Verlaufs im Intervall $\omega_b < \omega < \omega_z$ ist sehr kompliziert. Wir machen daher nur einen plausiblen Ansatz, der eine hinreichende Bedingung für die Einhaltbarkeit von (5.17a,b) liefert und relativ einfach auswertbar ist. Wir wählen dazu

$$|S(j\omega)| = \begin{cases} \varepsilon_S & |\omega| \leq \omega_b \\ S_{max} & \omega_b < |\omega| \leq \omega_1 < \omega_z \\ 1 & |\omega| \geq \omega_1 \end{cases} \qquad (5.20)$$

Dieser Amplitudenverlauf ist zusammen mit dem durch (5.19) bestimmten Phasenverlauf in Bild 5.2 skizziert.

Die Spezifikation (5.17b) ist dann sicher erfüllt, wenn

$$\varphi_S(\omega_z) \geq -\arcsin \varepsilon_T$$

und

$$\max_{\omega>\omega_z} \varphi_S(\omega) = \varphi(\omega_m) \leq \arcsin \varepsilon_T$$

gilt.

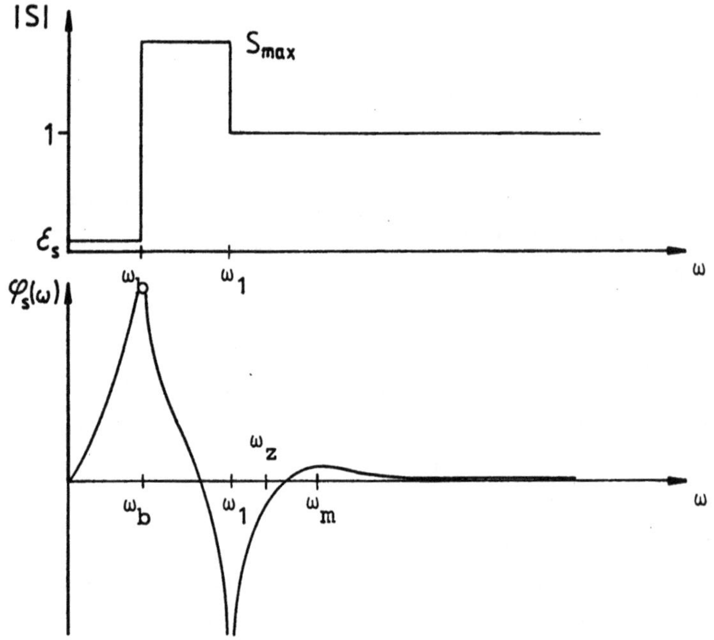

Bild 5.2: Amplituden- und Phasenverlauf für den Ansatz (5.20)

Aus (5.19) folgt für $\omega > \omega_1$

$$\varphi_S(\omega) = \frac{1}{\pi} \{ b^+ \ln \left(\frac{\omega+\omega_b}{\omega-\omega_b}\right) - b^- \ln \left(\frac{\omega+\omega_1}{\omega-\omega_1}\right) \}$$

mit

$$b^+ = \ln (S_{max}/\varepsilon_S)$$

$$b^- = \ln S_{max}.$$

Soll ω_z/ω_b minimiert werden, so muß ω_1/ω_b möglichst klein sein. Man findet, daß ein positiver Maximalwert im Bereich $\omega > \omega_z$ nur auftritt, wenn

$$\omega_1/\omega_b < b^+/b^-$$

ist, und zwar bei

$$\omega_m = [\omega_1 \omega_b \cdot \frac{b^+ \omega_1 - b^- \omega_b}{b^+ \omega_b - b^- \omega_1}]^{1/2}$$

Aus diesen Beziehungen läßt sich für vorgegebene Werte von ε_S, ε_T und S_{max} der Minimalwert von ω_z/ω_b numerisch ermitteln, für den die Spezifikation (5.17a,b) mit dem Ansatz (5.20) einhaltbar ist. Das Ergebnis ist in Bild 5.3 graphisch dargestellt.

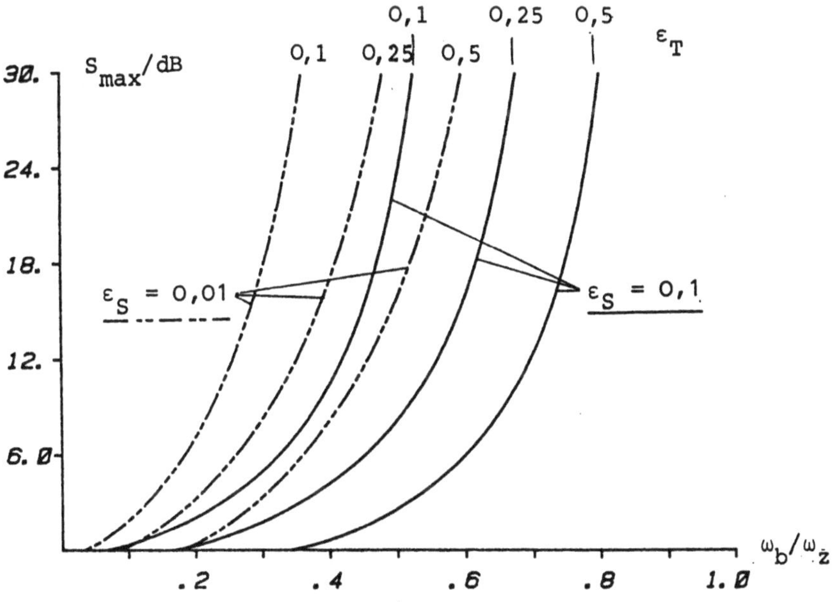

Bild 5.3: Sicher zulässige Werte von S_{max} in Abhängigkeit von ω_b/ω_z, ε_S und ε_T

Die Bedeutung dieser Überlegungen liegt darin, daß sie einen weiteren Schritt zur Erfassung der Auswirkungen der Modellierungsungenauigkeit auf die Regelgüte darstellen. In Kapitel 3.4 wurde ausgeführt, daß gute Störungsausregelung erreichbar ist, solange $l_{SM}(\omega) < 1$ gilt. Für $l_{SM}(\omega) > 1$ muß $|T(j\omega)|$ Beschränkungen erfüllen, um robuste Stabilität sicherzustellen. Die obigen Aussagen zeigen nun, daß große Werte von $l_{SM}(\omega)$ (also kleine Werte von ε_T in (5.17b)) gleichzeitig eine wesentliche Restriktion von ω_b bewirken, da für den benötigten Abfall des Frequenzgangs des offenen Kreises ein gewisser Frequenzbereich erforderlich ist.

Die Ausführungen in diesem Abschnitt erhellen auch, warum die Untersuchung komplementärer Spezifikationen von S(s) und T(s) prinzipiell wesentlich komplizierter ist als von isolierten Spezifikationen: hier muß nicht nur der Amplitudengang einer freien Funktion Beschränkungen erfüllen, d. h. die Frequenzgangwerte müssen in einem Kreis um den Ursprung liegen, sondern Amplitude und Phase müssen für gewisse Frequenzen Restriktionen einhalten, da das zulässige Kreisgebiet ein Kreis um den Punkt (1, j0) ist.

Wir werden auf das Problem der komplementären Spezifikation im Kapitel 6 noch ausführlich zurückkommen, nachdem dort weitergehende mathematische Hilfsmittel bereitgestellt wurden.

5.3 Beschränkungen für |R(jω)|

In diesem Abschnitt gehen wir auf die letzte der Entwurfsspezifikationen ein, nämlich die Bedingung (4.1c) in der Form

$$|R(j\omega)| \leq A_R(\omega) \qquad \forall\omega \quad , \tag{5.21}$$

die ein bestimmtes Führungsverhalten vorschreibt. R(s) ist durch Gl. (3.9) gegeben (vgl. Bild 3.1 und 3.2):

$$R(s) = 1 - G_V(s)S(s) = 1 - G_K(s)G_S(s)S(s) =$$

$$= 1 - \frac{G_K(s)G_S(s)}{1 + G_K(s)G_F(s)G_S(s)G_M(s)} \quad . \tag{5.22}$$

Im Gegensatz zur Situation im vorigen Kapitel und in den ersten Abschnitten dieses Kapitels wird R(s) nicht nur von den zusammengefaßten Übertragungsfunktionen $G_{KF}(s)$ und $G_{SM}(s)$, sondern auch von $G_K(s)$ und $G_S(s)$ unabhängig von diesen Funktionen beeinflußt. Man kann zuerst einmal sofort folgendes erkennen:

Ist

$$G_F(s)G_M(s) = 1 \tag{5.23}$$

(Einheitsrückführung), so muß $A_R(\omega)$ den Bedingungen in Satz 4.1, insbesondere der Ungleichung (4.13) genügen. Denn in diesem Fall gilt

$$R(s) = S(s).$$

Ebenso sind natürlich in diesem Fall auch alle anderen Ergebnisse für $A(\omega)$ gültig, insbesondere die Aussage, daß für stabile minimalphasige Strecke in einem beliebig großen (jedoch endlichen) Frequenzbereich beliebig kleine (positive) Werte von $A_R(\omega)$ vorgeschrieben werden können.

Darüber hinaus kann jedoch im Prinzip $R(j\omega)$ auch dann beliebig klein gemacht werden, wenn $|T(j\omega)|$ ebenfalls klein ist, also $S(j\omega)$ nahe bei Eins liegt, indem

$$G_K(s)G_S(s) \approx 1$$

und

$$|G_F(s)G_M(s)| << 1$$

gewählt wird.

Der nächste Satz gibt die spezifischen Beschränkungen für $A_R(\omega)$ an, die auftreten, wenn $G_S(s)$ nichtminimalphasig oder $G_M(s)$ instabil ist.

<u>Satz 5.3</u>

Es sei $\{v_i = \xi_i + j\lambda_i,\ \xi_i \geq 0\}$ die Menge der endlichen <u>Nullstellen</u> von $G_S(s)$ sowie der <u>Polstellen</u> von $G_M(s)$ in der rechten s-Halbebene. Dann ist <u>notwendig</u> für die Existenz von Übertragungsfunktionen $G_K(s)$ und $G_F(s)$, die den geschlossenen Regelkreis vollständig stabilisieren und die Einhaltung von (5.21) erreichen, daß für alle v_i mit positivem Realteil

$$\int_0^\infty \ln[A_R(\omega)]\, \frac{\xi_i}{\xi_i^2 + (\omega-\lambda_i)^2}\, d\omega \geq 0 \qquad (5.24)$$

gilt. Liegen Punkte v_i auf der $j\omega$-Achse, so muß (5.24) für den Grenzwert $\xi_i \to 0$ erfüllt sein.

Beweis:

Der Beweis ist völlig analog zum Beweis von Satz 4.1, wobei die Tatsache benutzt wird, daß

$$R(v_i) = 1 \qquad \forall i$$

aufgrund der vollständigen Stabilität erfüllt sein muß. □

Im Unterschied zu den Grenzen der Minimierung von $|S(j\omega)|$ gehen hier nur die Nullstellen der im Vorwärtszweig liegenden Übertragungsfunktion $G_S(s)$ ein, dazu jedoch die instabilen Pole des Meßglieds. Die zusätzliche Verschärfung bei Vorhandensein instabiler Streckenpole tritt hier nicht auf. Für eine solche Polstelle p_i muß zwar

$$R(p_i) = 1 - [G_F(p_i)G_M(p_i)]^{-1}$$

erfüllt sein, in diese Bedingung geht aber mit $G_F(p_i)$ ein vorgebbarer Parameter ein.

Ist nur eine Nullstelle 1. Ordnung von $G_S(s)$ oder eine Polstelle 1. Ordnung von $G_M(s)$ in der rechten s-Halbebene $Re[s] \geq 0$ vorhanden, so kann die Schranke (5.23) durch

$$G_K^n(s) = [G_S(s)S(s)]^{-1} \frac{W_R(s) - W_R(v_1)}{W_R(s)} \tag{5.25}$$

genau erreicht werden, wobei $W_R(s)$ wiederum die aus $[A_R(\omega)]^{-1}$ mittels der Poissonschen Integralformel gewonnene in der rechten Halbebene analytische und nicht verschwindende Funktion ist.

Diese Wahl von $G_K^n(s)$ erfüllt alle Bedingungen für die vollständige Stabilität des Regelkreises abgesehen vom Verhalten im Unendlichen, wenn $S(s)$ die Stabilitätsbedingungen aus Satz 2.7 erfüllt und zusätzlich an den Nullstellen von $W_R(s)-W_R(v_1)$ in der rechten s-Halbebene abgesehen von v_1 entweder den Wert Null oder den Wert 1 besitzt.

Durch S(s) ist $G_{KF}(s)$ eindeutig bestimmt, und S(s) verschwindet in der rechten s-Halbebene genau an den Polstellen von G_S, G_M und G_{KF}. Da der Zähler in (5.25) für $s=v_1$ verschwindet, sind die Nullstellen von $G_K^n(s)$ in $Re[s] \geq 0$ diejenigen Nullstellen des Zählers, an denen S(s) nicht verschwindet, und die Pole diejenigen Pole von $G_{KF}(s)$, an denen der Zähler nicht verschwindet. Dies sichert aber die vollständige Stabilität des Regelkreises aufgrund der Voraussetzungen über S(s). Diese Voraussetzungen sind stets erfüllbar.

Bemerkenswert ist, daß zumindest für diesen einfachen Ansatz die Vorgabe von R(s) zusätzliche Restriktionen für S(s) bewirkt, wenn $W_R(s) - W_R(v_1)$ neben v_1 noch weitere Nullstellen in der rechten s-Halbebene besitzt, was durchaus möglich ist.

Wie bei der Beschränkung von $|S(j\omega)|$, kann auch hier die vollständige Stabilität bei infinitesimaler Verschlechterung des Regelverhaltens gewährleistet werden.

<u>Satz 5.4</u>

Es sei nur eine einfache endliche Nullstelle von $G_S(s)$ oder eine einfache Polstelle von $G_M(s)$ in der rechten s-Halbebene vorhanden. $G_S(s)$ und $G_{SM}(s)$ seien näherungsweise invertierbar. Ferner gelte

$$\liminf_{\omega \to \infty} A_R(\omega) \geq 1 \qquad (5.26a)$$

$$\limsup_{\omega \to \infty} A_R(\omega) < \infty . \qquad (5.26b)$$

Wenn $A_R(\omega)$ dann (5.23) erfüllt, so existieren für jedes $\delta > 0$ kausale Kompensationsglieder, die den geschlossenen Regelkreis vollständig stabilisieren und

$$|R(j\omega)| \leq (1+\delta) \cdot A_R(\omega) \qquad (5.27)$$

erreichen. Geht $|G_S(j\omega)|$ für $\omega \to \infty$ gegen Null und ist (5.26a) nicht erfüllt, so kann (5.21) nicht eingehalten werden.

Beweis:

Es sei $G_{KF}(s)$ eine beliebige stabilisierende kausale Übertragungsfunktion. Aus Satz 4.3 folgt insbesondere, daß eine solche Funktion stets existiert. Wir setzen

$$G_K(s) = \left(\frac{a}{s+a}\right)^{k_s} G_K^n(s)$$

mit $G_K^n(s)$ aus (5.25), wobei k_s so bestimmt ist, daß $G_K(s)$ für $|s|\to\infty$ in einer geeigneten Halbebene $Re[s] \geq \sigma_K$ einen endlichem Grenzwert besitzt. Damit sind $G_K(s)$ und $G_F(s)$ Übertragungsfunktionen kausaler System, und alle Bedingungen für vollständige Stabilität sind erfüllt.

Man rechnet leicht aus, daß dann

$$R(s) = 1 - \left(\frac{a}{s+a}\right)^{k_s} + \left(\frac{a}{s+a}\right)^{k_s} \cdot \frac{W_R(v_1)}{W_R(s)}$$

gilt. Hierauf lassen sich dieselben Überlegungen wie beim Beweis von Satz 4.3 anwenden, d. h. $A_R(\omega)$ wird so modifiziert, daß der Grenzwert für $\omega\to\infty$ Eins ist, und a wird dann so groß gemacht, daß (5.27) eingehalten wird.
Der letzte Teil ergibt sich direkt daraus, daß unter der angegebenen Voraussetzung $R(j\omega)$ für $\omega\to\infty$ gegen Eins geht. □

Es gilt insbesondere auch hier die der Folgerung 4.3.2 entsprechende Feststellung, daß für minimalphasige und stabile Funktion $G_{SM}(s)$ nur (5.26a) als Beschränkung auftritt. Ebenso ist das Theorem von Bode in der Form

$$\int_0^\infty \ln|R(j\omega)| = 0 \qquad (5.28)$$

gültig, wenn $G_S(s)$ die Bedingungen von Satz 4.4 erfüllt.

Insgesamt sind die Bedingungen für $R(j\omega)$ denen für $S(j\omega)$ sehr ähnlich, was die Auswirkungen endlicher und unendlicher Nullstellen von $G_S(s)$ angeht. Dagegen verursachen die Pole von $G_S(s)$ und die Nullstellen von $G_M(s)$ in der rechten Halbebene hier keine Beschränkungen, während die Pole $G_M(s)$ genauso eingehen wie die Nullstellen von $G_S(s)$.

5.4 Auswirkungen einer Totzeit auf die erreichbare Regelgüte

Bei der bisherigen Diskussion der Grenzen der Regelgüte ergaben sich die Beschränkungen stets aus den endlichen und unendlichen Nullstellen sowie den Polen von $G_{SM}(s)$ in der rechten s-Halbebene. Solche Pole und Nullstellen machen eine exakte oder näherungsweise Kompensation von $G_{SM}(s)$ durch die inverse Übertragungsfunktion und damit ein beliebig vorgebbares Verhalten des Regelkreises unmöglich. Dies ist die Grundursache aller aufgeführten Beschränkungen. Wie im Abschnitt 4.1 bereits angesprochen wurde, können auch Laufzeiten nicht durch kausale Systeme kompensiert werden, und für Totzeitsysteme müssen daher ähnliche Beschränkungen auftreten.

Wir wollen in diesem Abschnitt einen ersten Anlauf zur Behandlung der Grenzen der Regelgüte bei Auftreten von Totzeiten im offenen Kreis unternehmen. Prinzipiell ist die Behandlung von Systemen mit Totzeit wesentlich komplizierter als von Systemen mit Übertragungsfunktionen mit Nullstellen endlicher Ordnung im Unendlichen (vgl. [FTZ]). Wir gehen in diesem Abschnitt davon aus, daß $G_{SM}(s)$ in der Form

$$G_{SM}(s) = G_{SM}^m(s) \cdot e^{-sT_t} \quad , \quad T_t \geq 0 \quad , \tag{5.29}$$

gegeben ist, wobei $G_{SM}^m(s)$ in der abgeschlossenen rechten s-Halbebene meromorph einschließlich des Punkts ∞ ist, folglich in der Form (4.6) darstellbar.

Damit ergeben sich S(s) und T(s) zu

$$S(s) = [1 + G_{KF}(s) G_{SM}^m(s) e^{-sT_t}]^{-1} \tag{5.30a}$$

$$T(s) = G_{KF}(s) G_{SM}^m(s) S(s) e^{-sT_t} \quad . \tag{5.30b}$$

Für die Restriktionen bei der Vorgabe von $|T(j\omega)|$ ist der folgende Satz wichtig:

Satz 5.5

Es sei $T_M^m(s)$ eine stabile, im Unendlichen analytische und von endlichen Nullstellen in $Re[s] \geq 0$ freie Übertragungsfunktion, die für $|s| \to \infty$ proportional zu s^{-l}, $l \geq 1$, abfällt. Es sei $G_{SM}(s)$ durch (5.29) gegeben.

Ist dann $T_M(s)$ eine Übertragungsfunktion der Form

$$T_M(s) = T_M^m(s) U_{SM}^N(s) \cdot e^{-sT_t} , \tag{5.31}$$

die die Stabilitätsbedingungen für die Nullstellen von $G_{SM}(s)$ erfüllt (insbesondere muß hierfür $l \geq k$ sein), so existiert stets eine Übertragungsfunktion $G_{KF}(s)$ als Transformierte der Gewichtsfunktion eines kausalen Systems der Form (2.2), die $T_M(s)$ als komplementäre Störübertragungsfunktion des geschlossenen Regelkreises erzeugt und den Regelkreis vollständig stabilisiert.

Beweis:

Auflösen von (5.30a, b) nach $G_{KF}(s)$ ergibt

$$G_{KF}(s) = [G_{SM}(s)]^{-1} \frac{T_M(s)}{1 - T_M(s)}$$

Da $T_M(s)$ stabil ist, außerhalb eines genügend großen Halbkreises in der rechten s-Halbebene gegen Null geht und die Nullstellen von $G_{SM}(s)$ als Nullstellen mindestens derselben Ordnung enthält, ist $G_{KF}(s)$ in einer Halbebene $Re[s] > \sigma_T$ analytisch und beschränkt (vgl. Lemma A2.1). □

Sind $G_{SM}^m(s)$ und $T_M^m(s)$ rational, so kann $G_{KF}(s)$ stets durch eine Struktur mit Rückführung realisiert werden (s. Bild 5.4).

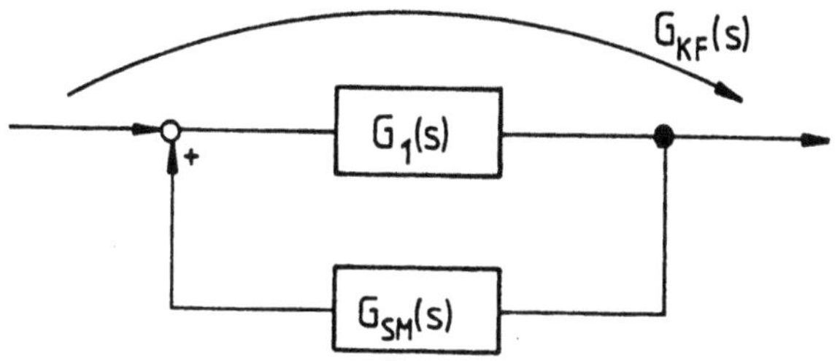

Bild 5.4: Realisierung von $G_{KF}(s)$

Es gilt

$$G_1(s) = [G^m_{SM}(s)]^{-1} \cdot T^m_M(s) U^N_{SM}(s).$$

Aus Satz 5.5 erhält man:

Folgerung 5.5.1

Ist $G_{SM}(s)$ von der Form (5.29) und frei von endlichen Nullstellen und Polen in Re[s] ≥ 0, so kann jede Beschränkung $B(\omega)$, die der Paley-Wiener-Bedingung (5.2) genügt, mit beliebig guter Genauigkeit eingehalten werden. □

In Bezug auf die Vorgabe der komplementären Störübertragungsfunktion bewirkt eine reine Totzeit also ebensowenig eine Einschränkung wie endliche Nullstellen in der rechten s-Halbebene. Auch für instabile Strecken sind die Auswirkungen von endlichen Nullstellen und einer Totzeit sehr ähnlich:

Satz 5.6

Es habe $G_{SM}(s)$ die Form (5.29), und $U^N_{SM}(s)$ sei der aus den endlichen Nullstellen mit positivem Realteil gebildete Allpaßfaktor.

Dann ist eine notwendige Voraussetzung für die Existenz eines stabilisierenden kausalen Kompensationsgliedes, das die Einhaltung von (5.1) bewirkt, daß $B(\omega)$ der Bedingung (5.2) genügt und für alle Polstellen $p_i = \rho_i + j\kappa_i$ von $G_{SM}(s)$ mit $\rho_i > 0$ die Ungleichung

$$\exp\left\{ \frac{1}{\pi} \int_{-\infty}^{\infty} \ln[B(\omega)] \frac{\rho_i}{\rho_i^2 + (\omega-\kappa_i)^2} d\omega \right\} \geq |U_{SM}^N(p_i)|^{-1} e^{\rho_i T_t} \tag{5.32}$$

erfüllt. Hat $G_{SM}(s)$ nur einen instabilen Pol, so ist strikte Ungleichheit in (5.32) hinreichend für die Einhaltbarkeit von (5.1).

Beweis:

Es muß

$$e^{sT_t}[U_{SM}^N(s)]^{-1} T(s) \in \mathbb{H}_H^\infty$$

sowie

$$T(p_i) = 1$$

gelten. Dann erhält man (5.32) auf demselben Weg wie (4.13). Der Rest folgt aus Satz 5.2 und Satz 5.5. □

Die Allpaßfaktoren $U_{SM}^N(s)$ und e^{-sT_t} gehen in die Schranken für die Vorgabe von $B(\omega)$ in genau gleicher Weise ein. Bezüglich der Untersuchung der komplementären Störübertragungsfunktion macht die Totzeit keine besonderen Probleme.

Dies ist leider bei den Grenzen der Verringerung von $|S(j\omega)|$ nicht der Fall. Der Grund hierfür liegt darin, daß die Kausalität von $G_{KF}(s)$ hier nicht durch eine einfache Faktorisierung sichergestellt werden kann. Die exakte Behandlung dieses Problems erfordert selbst für ganz einfache Funktionen $A(\omega)$ einen extrem hohen mathematischen Aufwand [FTZ] . Wir begnügen uns deshalb mit einer Diskussion einfacher Näherungen.

Eine erste Abschätzung ergibt sich, indem das Totzeitglied durch die Padé-Approximation 1. Ordnung

$$e^{-sT_t} \approx \frac{2 - sT_t}{2 + sT_t} \qquad (5.33)$$

ersetzt wird. Auf die resultierende Übertragungsfunktion kann dann Satz 4.1 angewendet werden. Daraus ergibt sich, daß sich als Bandbreite guter Störunterdrückung etwa $1/T_t$ erreichen läßt. Da die Approximation (5.33) bis zur Frequenz $\omega = 2/T_t$ einen unterhalb von 0,43 liegenden relativen Approximationsfehler besitzt, kann unterhalb von $1/T_t$ tatsächlich im Prinzip einer kleiner Wert von $|S(j\omega)|$ garantiert werden.

Allerdings ist zu beachten, daß aufgrund des zusätzlichen Approximationsfehlers $|T(j\omega)|$ erheblichen Beschränkungen unterliegt. Auf jeden Fall kann das erreichbare Regelverhalten bei dieser Approximation nicht besser sein als bei einer Strecke mit einer reellen Nullstelle bei $2/T_t$.

Intuitiv möchte man die aus (5.33) resultierende Bedingung als notwendig ansehen, da die Phasendrehung des Totzeitglieds nirgendwo kleiner ist als die der Allpaßapproximation. Eine mathematisch haltbare Beweisführung hierfür fehlt aber.

Ist $G_{SM}(s)$ stabil und abgesehen vom Totzeitanteil minimalphasig, so lassen sich einfach <u>hinreichende</u> Bedingungen für die Einhaltbarkeit von (4.8) ableiten, wenn eine Spezifikation

$$|S(j\omega)| \leq \varepsilon_S \quad \text{für } |\omega| \leq \omega_b \qquad (5.34a)$$

und

$$|T(j\omega)| \leq T_{max} \quad \text{für } |\omega| > \omega_b \qquad (5.34b)$$

zugrundegelegt wird.

Dazu machen wir für T(s) den Ansatz (5.31), der die Kausalität von $G_{KF}(s)$ sicherstellt, und erhalten

$$|S(j\omega)|^2 = |1-T(j\omega)|^2 = |1-T_M^m(j\omega)e^{-j\omega T_t}|^2 =$$

$$= 1+|T_M^m(j\omega)|^2 - 2|T_M^m(j\omega)|\cos[\varphi_m(\omega)-\omega T_t]$$

worin $\varphi_m(\omega)$ die Phase von $T_M^m(s)$ ist. Wir wissen nun, daß abgesehen vom für die erreichbare Regelgüte nicht wesentlichen Abfall für $|\omega| \to \infty$ $|T_M^m(j\omega)|$ beliebig vorgegeben werden kann. Für $\varphi_m(\omega)$ gilt dann aber

$$\varphi_m(\omega) \leq \varphi_{m_o}(\omega)$$

wobei $\varphi_{m_o}(\omega)$ die durch $|T_M^m(j\omega)|$ gemäß (5.19) bestimmte Phase ist.

Da $|T_M^m(j\omega)|$ nicht negativ sein kann, gilt für positive Werte des Kosinus

$$|S(j\omega)| \geq \{1-\cos^2[\varphi_m(\omega)-\omega T_t]\}^{1/2}$$

und für negative Werte

$$|S(j\omega)| \geq 1 .$$

Für $\omega \leq \omega_b$ muß deshalb für kleine Werte von ε_S in guter Näherung

$$|\varphi_m(\omega) - \omega T_t| \leq \varepsilon_S \qquad (5.35a)$$

sowie

$$1 - \varepsilon_S \leq |T_M^m(j\omega)| \leq 1 + \varepsilon_S \qquad (5.35b)$$

gelten. Innerhalb der Beschränkungen (5.34b), (5.35b) kann der Betragsverlauf von $T_M^m(j\omega)$ so gewählt werden, daß die Einhaltung von (5.34a) für möglichst großes ω_b oder möglichst kleines ε_S erreicht wird. Wir machen den einfachen Ansatz

$$T_M^m(j\omega) = \begin{cases} 1 & |\omega| < \omega_1 \\ T_{max} & |\omega| \geq \omega_1 > \omega_b \end{cases}, \qquad (5.36)$$

der bei Erfüllung von (5.35a) in guter Genauigkeit die Einhaltung von (5.34a, b) sicherstellt. Aus

$$\varphi_m(\omega) = \frac{\ln T_{max}}{\pi} \cdot \ln \frac{\omega_1 + \omega}{\omega_1 - \omega} \quad \text{für } 0 \leq \omega < \omega_1$$

ergibt sich dann schließlich der maximal mögliche Wert von ω_b. Das Ergebnis dieser Überlegungen ist in Bild 5.5 graphisch dargestellt.

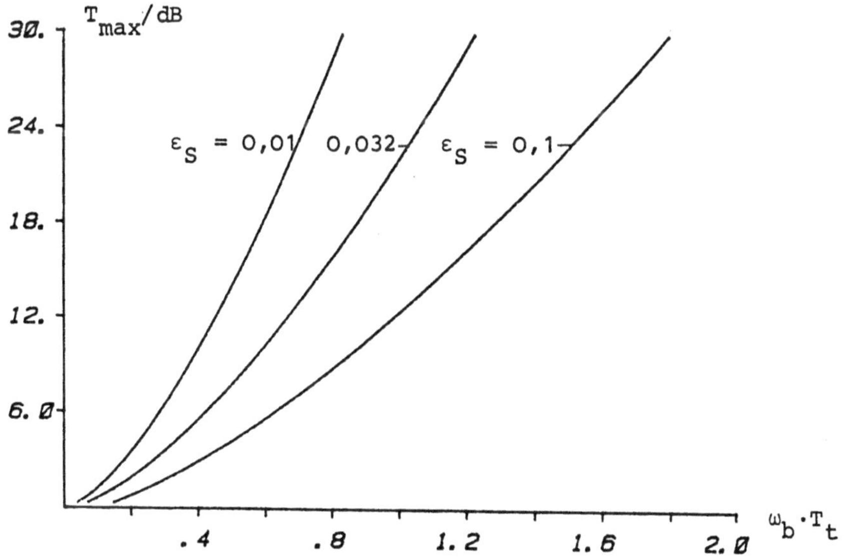

Bild 5.5: T_{max} in Abhängigkeit von $\omega_b \cdot T_t$, Ansatz (5.36)

Die Auswertung von (5.35a) in Bild 5.5 gibt an, welche Bandbreite ω_b aufgrund der Totzeit als einzigem nicht-minimalphasigem Anteil in $G_{SM}(s)$ sicher erreicht werden kann. Hieraus läßt sich folgern, daß eine Totzeit sich in diesem Fall nicht stärker auswirkt als eine reelle Nullstelle bei $1{,}4 \cdot 1/T_t$.

Tritt im Vorwärtszweig eine Totzeit auf, so ist die Forderung

$$|R(j\omega)| \overset{!}{\approx} 0$$

offensichtlich nicht sinnvoll. Das optimale Führungsverhalten ist durch

$$\tilde{R}(j\omega) = e^{-j\omega T_t} - G_V(s)S(s) \overset{!}{\approx} 0 \qquad (5.37)$$

gekennzeichnet [FR1], d. h. Führungssignale werden mit der Verzögerung T_t ideal übertragen. Macht man diesen Ansatz, so beeinflußt die Totzeit die Schranken für die Vorgabe des Führungsverhaltens nicht, da der Faktor $\exp(-j\omega T_t)$ in $|\tilde{R}(j\omega)|$ nicht eingeht. $|\tilde{R}(j\omega)|$ unterliegt dann den im Abschnitt 5.3 diskutierten Beschränkungen.

Enthält der Rückwärtszweig eine Totzeit, so ist dies ohne Einfluß auf die Schranken für die erreichbaren Verläufe von $|R(j\omega)|$

5.5 Zusammenfassung

In diesem Kapitel wurde zum einen die in Kapitel 4 entwickelte Methodik auf die Spezifikationen von $|T(j\omega)|$ und $|R(j\omega)|$ angewendet. Dabei ergab sich insbesondere:

1. Besitzt die Regelstrecke bzw. das Meßglied instabile Polstellen, so resultiert eine Mindestbandbreite ω_z für $T(j\omega)$. Praktisch kann $|T(j\omega)|$ erst für Frequenzen deutlich oberhalb des größten Betrags eines instabilen Pols kleiner als Eins sein. Deshalb ist auch in diesem Frequenzbereich eine relativ hohe Modellierungsgenauigkeit für robuste Stabilität erforderlich.

2. Treten zusätzlich Nullstellen des offenen Regelkreises in der rechten s-Halbebene auf, so erhöht sich die erforderliche Bandbreite oder der auftretende Maximalwert von $|T(j\omega)|$ umso mehr, je dichter Pole und Nullstellen zusammenliegen.

3. Eine dem Theorem von Bode analoge Restriktion von $|T(j\omega)|$ tritt nur auf, wenn mindestens ein doppelter Pol im Ursprung liegt.

4. Beschränkungen des erreichbaren Verlaufs von $|R(j\omega)|$ treten nur aufgrund von Nullstellen der Regelstrecke und von Polen des Meßglieds in der rechten s-Halbebene auf. Die Beschränkungen sind weitgehend analog zu denen für $|S(j\omega)|$.

5. Ist $G_{SM}(s)$ näherungsweise invertierbar, so beeinflussen die Nullstellen im Unendlichen die Schranken für $|T(j\omega)|$ und $|R(j\omega)|$ nur infinitesimal. Die benötigten Kompensationsglieder sind stets kausal.

Zusätzlich wurde in diesem Kapitel die Bodesche Beziehung zwischen Amplitude und Phase stabiler minimalphasiger Systeme für eine erste Analyse komplementärer Spezifikationen von $|S(j\omega)|$ und $|T(j\omega)|$ herangezogen. Daraus konnte für stabile minimalphasige Strecken eine hinreichende Bedingung für das Verhältnis von ω_b (Bandbreite guter Störunterdrückung) zu ω_z (Bandbreite von $T(j\omega)$) abgeleitet werden. Es wurde auch gezeigt, daß dieses Verhältnis nicht beliebig nahe bei Eins liegen kann.

Schließlich wurden Strecken mit Laufzeiten untersucht. Es ergab sich zum einen eine ganz analoge Auswirkung der Totzeit auf $|T(j\omega)|$ wie bei der Berücksichtigung endlicher Nullstellen in der rechten Halbebene. Für die Beschränkungen von $|S(j\omega)|$ konnte abgeschätzt werden, daß sich die Totzeit wie eine reelle Nullstelle zwischen $1{,}4/T_t$ und $2/T_t$ auswirkt.

Mit diesen Ergebnissen ist die Ableitung grundlegender Beschränkungen der erreichbaren Regelgüte abgeschlossen. Diese Beschränkungen haben alle gemeinsam, daß sie unmittelbare Konsequenzen aus der Poissonschen Integralformel für die rechte s-Halbebene und den Bedingungen für die vollständige Stabilität des Regelkreises sind. Im nächsten Kapitel werden diese Aussagen mit Hilfe der Interpolationstheorie noch wesentlich ausgebaut und verfeinert.

6 Genauere Bestimmung der erreichbaren Regelgüte für zeitkontinuierliche Eingrößensysteme mit Hilfe der Interpolationstheorie

6.1 Motivation

Die in den Kapiteln 4 und 5 abgeleiteten Schranken für die erreichbare Regelgüte in linearen zeitkontinuierlichen Eingrößenregelkreisen sind relativ einfach auszuwerten und geben für viele Fälle einen guten Anhaltspunkt für die aufgrund der Dynamik von Strecke und Meßglied auftretenden Beschränkungen für $|R(j\omega)|$ und $|S(j\omega)|$ oder $|T(j\omega)|$.

Ist nur eine endliche Nullstelle bzw. im Falle der Schranken für $|T(j\omega)|$ nur eine Polstelle in der rechten s-Halbebene vorhanden, so sind die durch (4.13) bzw. (5.3) bestimmten gerade noch zulässigen Schranken $A(\omega)$ bzw. $B(\omega)$ mit beliebiger Genauigkeit einhaltbar. Für näherungsweise invertierbare Strecke mit Meßglied wurden explizit Synthesegleichungen für die Kompensationsglieder angegeben, diese sind dann kausale Systeme der Form (2.2).

In diesem Kapitel sollen einerseits entsprechende beliebig genau erreichbare Schranken für den allgemeinen Fall beliebig vieler endlicher Nullstellen in der rechten s-Halbebene und beliebig vieler instabiler Pole ermittelt werden. Zum anderen bietet die dazu verwendete Theorie auch die Möglichkeit, Beschränkungen von $|S(j\omega)|$ <u>und</u> $|T(j\omega)|$ in komplementären Frequenzbereichen mit beliebig guter Genauigkeit exakt zu behandeln. Damit wird es möglich, die Grenzen der Einhaltbarkeit der in Kapitel 3 diskutierten Spezifikationen für robustes Folgeverhalten einschließlich robuster Stabilität weitgehend zu ermitteln.

Wie vorher wird sich auch hier herausstellen, daß die ermittelten Schranken mit beliebiger Genauigkeit durch kausale Kompensationsglieder erreichbar sind, wenn $G_{SM}(s)$ näherungsweise invertierbar ist. Ist diese Voraussetzung nicht erfüllt, z. B. weil die Regelstrecke eine Totzeit enthält, so trifft dies nicht zu. Die Behandlung solcher Systeme erfordert andere mathematische Hilfsmittel, ansatzweise wird hierauf in Kap. 8 eingegangen.

Warum spielt nun die Interpolationstheorie für den Entwurf von Regelkreisen eine Rolle? Zur Beantwortung dieser Frage sei noch einmal das in Kapitel 4 ausführlich diskutierte Problem der Einhaltbarkeit von

$$|S(j\omega)| \overset{!}{\leq} A(\omega) \tag{6.1}$$

betrachtet. Wir gehen davon aus, daß wir eine von Nullstellen mit nicht-negativem Realteil und im Unendlichen freie und in $Re[s] > 0$ analytische Funktion $W_A(s)$ kennen, die

$$|W_A(j\omega)| = [A(\omega)]^{-1} \tag{6.2}$$

erfüllt. Ist zusätzlich $W_A(s)$ für $|s| \to \infty$ in der rechten Halbebene beschränkt, so gilt für stabile Funktion $S(s)$ nach dem Maximum-Prinzip (Lemma 2.1')

$$\sup_{\omega} |S(j\omega)W_A(j\omega)| = \sup_{Re[s] > 0} |S(s)W_A(s)| \quad . \tag{6.3}$$

Wegen (6.2) ist (6.1) folglich genau dann erfüllt, wenn

$$\sup_{Re[s] \geq 0} |S(s)W_A(s)| \leq 1 \tag{6.4}$$

gilt. Nach Satz 2.7 muß $S(s)$ für vollständige Stabilität des Regelkreises die Bedingungen

$$S(n_i) = 1 \qquad \text{falls } G_{SM}(n_i) = 0 \tag{6.5a}$$

und

$$S(p_i) = 0 \qquad \text{falls } |G_{SM}(p_i)| = \infty \tag{6.5b}$$

für alle Pole p_i bzw. Nullstellen n_i von $G_{SM}(s)$ in der rechten abgeschlossenen s-Halbebene $Re\,[s] \geq 0$ erfüllen. Man erhält deshalb das folgende

Interpolationsproblem für S(s)

Finde (falls möglich) eine $\mathbb{H}_H^\infty$ - Funktion Q(s), für die folgendes gilt:

1. $$\sup_{Re[s] \geq 0} |Q(s)| \leq 1 \qquad (6.6a)$$

2. $$Q(p_i) = 0 \qquad (6.6b)$$

für alle Polstellen von $G_{SM}(s)$ in der abgeschlossenen rechten s-Halbebene

3. $$Q(n_i) = W_A(n_i) \qquad (6.6c)$$

für alle Nullstellen von $G_{SM}(s)$ in der abgeschlossenen rechten s-Halbebene. □

Sind die Pole und Nullstellen in der rechten Halbebene alle einfach, so ist

$$S(s) = Q(s) [W_A(s)]^{-1} \qquad (6.7)$$

die gesuchte Funktion, die (6.1) sowie den Bedingungen für vollständige Stabilität genügt. Dies gilt aber nur unter der Voraussetzung, daß $W_A(s)$ keine Nullstellen in $Re[s] \geq 0$ enthält, die wir eingangs getroffen haben.

Die Umformulierung in ein Interpolationsproblem hat den wesentlichen Vorteil, auf ein schon vor langer Zeit gelöstes mathematisches Problem zu führen. Die Aufgabe, eine analytische Funktion zu finden, die (6.6a) - (6.6c) für endliche viele n_i und p_i in der offenen rechten s-Halbebene erfüllt, wurde von *G. Pick* nämlich im Jahre 1915 gelöst [PIC]. In der Nachrichtentechnik wird das Resultat von Pick schon lange bei Problemen der Synthese von Wechselstromschaltungen herangezogen (siehe z. B. das Lehrbuch von *W. Cauer* [CA2] oder [YS]). In der regelungstechnischen Literatur hat erstmals *A. Tannenbaum* [TA] die Methode von Pick und verwandte Ergebnisse benutzt.

6.2 Das Picksche Interpolationsproblem und seine Lösung

In der Arbeit von Pick [PIC] wird folgendes Problem behandelt:

> Finde (falls vorhanden) eine in einer Kreisscheibe K_1 analytische Funktion F(s), die diese Kreisscheibe auf ein Gebiet in einer zweiten Kreisscheibe abbildet, wobei an vorgegebenen Stellen s_i in K_1 bestimmte Funktionswerte f_i angenommen werden. □

In unserem Fall ist die erste Kreisscheibe die rechte s-Halbebene, also ein entarteter Kreis, und K_2 das Innere des Einheitskreises einschließlich des Rands. Ganz offensichtlich müssen natürlich die zu interpolierenden Werte in K_2 liegen, d. h. im oben betrachteten Fall des Interpolationsproblems für S(s) muß die Bedingung

$$|W_A(n_i)| \leq 1 \qquad \forall n_i$$

erfüllt sein. Dies ist genau das Resultat von Satz 4.1 für stabile Funktion $G_{SM}(s)$.

Pick zeigte nun:

<u>Lemma 6.1 [PIC]</u>

> Eine in der rechten s-Halbebene analytische und diese auf ein innerhalb der Einheitskreisscheibe
>
> $$|F| \leq 1$$
>
> liegendes Gebiet abbildende Funktion F(s), die den endlich vielen Interpolationsbedingungen
>
> $$F(s_i) = f_i, \quad i = 1 \ldots K,$$
>
> in der offenen rechten s-Halbebene genügt, wobei die s_i alle

verschieden und symmetrisch zur reellen Achse sind, und

$$f_i = \bar{f}_j \qquad \text{falls } s_i = \bar{s}_j$$

gilt, existiert genau dann, wenn die Matrix

$$\underline{P}(s_1, f_1; .. s_K, f_K) = \begin{bmatrix} \frac{1 - |f_1|^2}{2\,\mathrm{Re}[s_1]} & \frac{1 - f_1\bar{f}_2}{s_1 + \bar{s}_2} & \cdots & \frac{1 - f_1\bar{f}_K}{s_1 + \bar{s}_K} \\ \frac{1 - f_2\bar{f}_1}{s_2 + \bar{s}_1} & \frac{1 - |f_2|^2}{2\,\mathrm{Re}[s_2]} & \cdots & \frac{1 - f_2\bar{f}_K}{s_2 + \bar{s}_K} \\ \vdots & \vdots & & \vdots \\ \frac{1 - f_K\bar{f}_1}{s_K + \bar{s}_1} & \frac{1 - f_K\bar{f}_2}{s_K + \bar{s}_2} & \cdots & \frac{1 - |f_K|^2}{2\,\mathrm{Re}[s_K]} \end{bmatrix} \tag{6.8}$$

positiv-semidefinit ist, d. h. ihr kleinster Eigenwert ist nicht-negativ. (Die Eigenwerte sind wegen des symmetrischen Aufbaus von $\underline{P}$ reell.) Ist der kleinste Eigenwert Null, so existiert genau eine Lösung. Ist $\underline{P}$ positiv definit, so existieren unendlich viele Lösungen. □

$\underline{P}$ ist genau dann positiv (semi-)definit, wenn die Hauptunterdeterminanten (die Determinanten der linken oberen Eckmatrizen) alle positiv (nicht-negativ) sind.

Dieses Ergebnis wurde von *R. Nevanlinna* [NEV] auf unendlich viele Interpolationspunkte erweitert. $\underline{P}(s_1, f_1; .. s_K, f_K)$ wird deshalb auch als Nevanlinna-Pick-Matrix für das Problem der Abbildung der rechten s-Halbebene auf den Einheitskreis bezeichnet [YS, TA] .

Die Gesamtheit der Lösungen des Interpolationsproblems erhält man, indem man als (K + 1)-ten Interpolationspunkt den unbestimmten Ausdruck F(s) an der Stelle s einsetzt und die resultierende Determinante zu Null setzt. Gibt es genau eine Lösung und besitzt $\underline{P}$ einen

<u>einfachen</u> Eigenwert bei Null, so verschwindet bei der Entwicklung der Determinante nach der letzten Zeile oder Spalte der Entwicklungskoeffizient zur rechten unteren Ecke und die Determinante zerfällt in das Produkt zweier konjugiert komplexer Faktoren,

$$\det[\underline{P}'] = \left| \alpha_1 \cdot \frac{1 - F(s)\bar{f}_1}{s + \bar{s}_1} + \alpha_2 \cdot \frac{1 + F(s)\bar{f}_2}{s + \bar{s}_2} + \ldots + \alpha_K \cdot \frac{1 - F(s)\bar{f}_K}{s + \bar{s}_K} \right|^2 ,$$

die dann zu Null zu setzen sind. Nach [PIC] erhält man die Koeffizienten $\alpha_1 .. \alpha_K$ einfacher als Entwicklungskoeffizienten bei Entwicklung von $\det[\underline{P}(s_1, f_1; \ldots s_K, f_K)]$ nach der letzten Zeile. Anders ausgedrückt läßt sich F(s) im Falle einer eindeutigen Lösung durch Einsetzen von

$$\left[\frac{1 - F(s)\bar{f}_1}{s + \bar{s}_1}, \ldots, \frac{1 - F(s)\bar{f}_K}{s + \bar{s}_K} \right]$$

anstelle der letzten Zeile von $\underline{P}(s_1, f_1 \ldots s_K, f_K)$ bestimmen. Dies zeigt, daß die eindeutig bestimmte Lösung im Falle $\det[\underline{P}] = 0$ eine <u>rationale Funktion</u> in s vom <u>Grade K-1</u> ist (bzw. durch Kürzen gemeinsamer Faktoren in Zähler und Nenner stets auf diesen Grad reduziert werden kann). Besitzt $\underline{P}$ einen mehrfachen Eigenwert bei Null, so genügt die Betrachtung einer reduzierten Matrix mit einfachem Eigenwert bei Null, diese weniger als K Interpolationsbedingungen bestimmen die Lösung bereits vollständig.

Der von Pick angegebene Lösungsweg für die Bestimmung von F(s) ist zwar formal einfach, jedoch nicht allzu praktisch. Günstiger ist es, das folgende Ergebnis aus [WA] zu benutzen:

<u>Lemma 6.2 [WA]</u>

Besitzt das Interpolationsproblem eine eindeutige Lösung, so ist diese eine reelle rationale Allpaßfunktion, d. h. von der Form

$$F(s) = \prod_{i=1}^{K_1} \frac{s - \bar{w}_i}{s + w_i}, \quad \mathrm{Re}\,[w_i] > 0, \tag{6.9}$$

mit $K_1 \leq K - 1$, wobei die w_i reell sind oder in konjugiert komplexen Paaren auftreten. □

Weiß man also aufgrund von Lemma 6.1, daß eine eindeutige Lösung existiert, so kann man unmittelbar den Ansatz (6.9) machen und das sich aus den Interpolationsbedingungen ergebende Gleichungssystem lösen. Hierbei schreibt man besser zunächst F(s) als Quotient zweier Polynome mit reellen Koeffizienten:

$$F(s) = \frac{s^{K-1} - a_1 s^{K-2} + \ldots + (-1)^{k-1} a_{K-1}}{s^{K-1} + a_1 s^{K-2} + \ldots + a_{K-1}} \tag{6.10}$$

und löst das resultierende <u>lineare</u> Gleichungssystem mit K-1 Unbekannten.

Ist die Lösung nicht eindeutig, so lassen sich alle möglichen Lösungen als rationale Funktion K-ten Grades angeben [PIC] . Interessanter für uns ist aber, in einem solchen Fall nach der eindeutig bestimmten Lösung, die den <u>kleinsten</u> Maximalwert des Betrags besitzt, zu fragen, d. h. eine Funktion F(s) zu suchen, die die rechte Halbebene auf eine Kreisscheibe mit minimalem Radius μ im Inneren des Einheitskreises abbildet und den Interpolationsbedingungen genügt.

Den Minimalwert von μ, μ_{min}, erhält man offensichtlich, indem man die Funktionswerte an den Interpolationsstellen sämtlich mit μ^{-1} multipliziert und dann μ solange verkleinert, bis die resultierende Matrix $\underline{P}$ einen Eigenwert bei Null besitzt. In [YS] wird gezeigt, daß μ_{min} direkt bestimmt werden kann. Denn für μ_{min} existiert ein Vektor $\underline{v}$, so daß

$$\underline{P} \cdot \underline{v} = (\underline{A} - \mu_{min}^{-2}\, \underline{B}) \cdot \underline{v} = 0$$

ist, mit

$$(\underline{A})_{i,j} = a_{ij} = \frac{1}{s_i + \bar{s}_j}$$

$$(\underline{B})_{i,j} = b_{ij} = \frac{f_i \bar{f}_j}{s_i + \bar{s}_j} \quad .$$

Die Bestimmung von μ_{min} ist daher möglich durch Berechnung des maximalen reellen Eigenwerts λ_{max} für das verallgemeinerte Eigenwertproblem

$$\det(\lambda \underline{A} - \underline{B}) = \underline{O} \; .$$

Für die Lösung dieses Problems gibt es leistungsfähige Algorithmen [EI] , so daß μ_{min} numerisch mit Hilfe eines Rechners leicht bestimmbar ist. Kennt man μ_{min}, läßt sich wie vorher die eindeutige Lösungsfunktion F(s) bestimmen, diese ist eine rationale Allpaßfunktion mit konstantem Betrag μ_{min}.

Es ist relativ einfach, das Pick sche Interpolationsproblem auf den Fall, daß einige der Stützstellen s_i auf der $j\omega$-Achse liegen, zu erweitern. Dazu betrachten wir das modifizierte Problem, die Halbebene $Re[s] > -\delta$ auf den Einheitskreis abzubilden unter Einhaltung der Interpolationsbedingungen. F(s) soll nun in $Re[s] > -\delta$ analytisch sein. Dieses Problem ist lösbar genau dann, wenn die aus den Elementen

$$\tilde{p}_{ij} = \frac{1 - f_i \bar{f}_j}{2\delta + s_i + \bar{s}_j} \tag{6.11}$$

aufgebaute Nevanlinna-Pick-Matrix $\underline{\tilde{P}}(s_1, f_1; \; \ldots \; s_K, f_K)$ positiv semidefinit ist. Numeriert man die s_i so, daß $s_1 \ldots s_L$ in der offenen rechten Halbebene liegen und $s_{L+1} \ldots s_K$ auf der $j\omega$-Achse, so läßt sich $\underline{\tilde{P}}$ schreiben als

$$\tilde{\underline{P}} = \begin{vmatrix} \tilde{\underline{P}}_1(s_1,f_1;\ldots s_L,f_L;\delta) & \tilde{\underline{P}}_{12} \\ (\tilde{\underline{\bar{P}}}_{12})^T & \tilde{\underline{P}}_2(s_{L+1},f_{L+1};\ldots s_K,f_K;\delta) \end{vmatrix}, \quad (6.12)$$

worin die Elemente der Untermatrizen durch (6.11) gegeben sind.

Lemma 6.3

> Das Interpolationsproblem mit K-L Interpolationsbedingungen $(s_{L+1},f_{L+1})\ldots(s_K,f_K)$ auf der $j\omega$-Achse ist sicher lösbar, wenn
>
> 1. $\tilde{\underline{P}}_1(s_1 f_1;\ldots s_L,f_L)$ positiv definit ist
>
> 2. die Werte $f_{L+1},\ldots f_K$ im Inneren des Einheitskreises liegen.

Beweis:

Für $\delta \to 0$ nehmen die Diagonalelemente von $\tilde{\underline{P}}_2$ aufgrund der zweiten Voraussetzung beliebig große positive reelle Werte an, während alle anderen Elemente für voneinander verschiedene s_i beschränkt bleiben. $\tilde{\underline{P}}$ ist deshalb blockweise diagonal dominant [LIM], wenn man $\tilde{\underline{P}}_1$ und die Diagonalelemente von $\tilde{\underline{P}}_2$ als Blöcke nimmt, und der kleinste Eigenwert liegt in einem Kreis um den kleinsten Eigenwert von $\tilde{\underline{P}}_1$, dessen Radius mit $\delta \to 0$ beliebig klein wird. Da nach Voraussetzung 1 dieser Eigenwert positiv ist, ist $\tilde{\underline{P}}$ insgesamt für genügend kleines δ positiv definit. □

Kurzgefaßt kann man feststellen, daß Interpolationsbedingungen auf der $j\omega$-Achse mit Werten im Inneren des Einheitskreises die Lösbarkeit nicht beeinträchtigen, solange die Lösung für die Interpolationsbedingungen im Einheitskreis nicht eindeutig bestimmt ist. Anderenfalls können keine unabhängigen Bedingungen auf der $j\omega$-Achse erfüllt werden, da die gesuchte Funktion bereits durch die ersten L Bedingungen eindeutig bestimmt ist.

6.3 Grenzen für $|S(j\omega)|$

Im ersten Abschnitt dieses Kapitels wurde bereits skizziert, welche Rolle die Interpolationstheorie für die Grenzen der Vorgabe von $A(\omega)$ in (6.1) spielt. Aus Lemma 6.1 und Lemma 6.3 ergibt sich:

Satz 6.1

Es sei $G_{SM}(s)$ bei $s = \infty$ analytisch und besitze N_{SM}^{P} Polstellen p_i mit positivem Realteil, $\tilde{N}_{SM}^{P}$ konjugiert komplexe Polstellen $j\kappa_i$ auf der $j\omega$-Achse sowie N_{SM}^{N} endliche Nullstellen n_i mit positivem Realteil und $\tilde{N}_{SM}^{N}$ Nullstellen $j\gamma_i$ auf der $j\omega$-Achse.

Es sei $A(\omega)$ eine der Paley-Wiener-Bedingung (4.11) genügende beschränkte Funktion, die für $\omega \to \infty$ oberhalb von Eins liegt, und $W_A(s)$ für $Re[s] > 0$ definiert durch

$$W_A(s) = \exp\{ -\frac{1}{\pi} \int_{-\infty}^{\infty} \frac{\ln[A(\omega)]}{s - j\omega} d\omega \} . \qquad (6.13)$$

Dann ist notwendig für die Existenz linearer kausaler Kompensationsglieder G_K und G_F, die den Regelkreis vollständig stabilisieren und die Erfüllung der Spezifikation (6.1) erreichen, daß

1. $$|W_A(n_i)| \leq 1 \quad , \qquad i = 1 \ldots N_{SM}^{N}, \qquad (6.14)$$

gilt, und

2. die Nevanlinna-Pick-Matrix $\underline{P}_s$ für die $N_{SM}^{P} + N_{SM}^{N}$ Interpolationsbedingungen

$$Q(p_i) = 0 \quad , \qquad i = 1 .. N_{SM}^{P}, \qquad (6.15a)$$

$$Q(n_i) = W_A(n_i), \qquad i = 1 .. N_{SM}^{N}, \qquad (6.15b)$$

positiv semidefinit ist.

Sind die Pole und Nullstellen sämtlich einfach (1. Ordnung)

und ist (6.14) erfüllt sowie

$$\lim_{\eta_i \to 0} |W_A(\eta_i + j\gamma_i)| < 1, \quad i = 1..\tilde{N}_{SM}^N, \tag{6.15c}$$

so ist

$$\lambda_{min}[\underline{P}_s] > 0 \tag{6.16}$$

hinreichend für die Existenz kausaler Kompensationsglieder, die den Regelkreis vollständig stabilisieren und

$$|S(j\omega)| \le (1+\delta)A(\omega) \tag{6.17}$$

für beliebiges $\delta > 0$ und alle ω-Werte, an denen $A(\omega)$ stetig ist, erreichen.

Beweis:

Wir beginnen mit dem Beweis, daß die angegebenen Bedingungen hinreichend sind: Lemma 6.3 sichert die Existenz einer $\mathbb{H}_H^\infty$-Funktion Q(s), die an den endlichen Polen und Nullstellen von $G_{SM}(s)$ die Bedingungen (6.6b) und (6.6c) erfüllt. Die gemäß (6.7) gebildete Funktion $S^n(s)$ erfüllt deshalb die Bedingungen für vollständige Stabilität abgesehen vom Verhalten im Unendlichen, weil $W_A(s)$ der Kehrwert einer $\mathbb{H}^\infty$-Funktion ist, sowie die Spezifikation (6.1).

Man kann nun wie in Kapitel 4 die resultierende Funktion $G_{KF}^n(s)$ so modifizieren, daß (6.17) gilt. Da $W_A(\eta_i)$ jeweils durch (6.13) gegeben ist, ändern sich die Interpolationsbedingungen nur beliebig wenig, wenn $A(\omega)$ durch eine für $\omega \to \infty$ gegen Eins gehende Funktion ersetzt wird, deshalb bleibt (6.16) gültig und Satz 4.2 ist anwendbar, womit die Einhaltbarkeit von (6.17) gesichert ist.

Es bleibt der erste Teil des Satzes (Notwendigkeit) zu zeigen. Es sei also S(s) eine Funktion, die den Stabilitätsbedingungen bezüglich der endlichen Pole und Nullstellen mit positivem Realteil genügt. Da $W_A(s)$ nach (6.13) analytisch und im Unendlichen beschränkt ist und $|W_A(s)|^{-1}$ für $Re[s] \to 0$ fast überall gegen $A(\omega)$ konvergiert, gilt

$$\sup_{\omega} \left|S(j\omega)[A(\omega)]^{-1}\right| = \sup_{Re[s] \geq 0} |S(s)W_A(s)| \leq 1.$$

$S(s)W_A(s)$ ist analytisch in der offenen rechten Halbebene, folglich gibt es eine analytische Funktion $Q(s)$, die die rechte Halbebene auf ein Gebiet im Einheitskreis abbildet und (6.15a,b) erfüllt. Deshalb muß nach Lemma 6.1 $\underline{P}_S$ positiv semidefinit sein und (6.14) gelten, wenn (6.1) bei vollständiger Stabilität erfüllt sein soll. □

Satz 6.1 enthält den Satz 4.3 natürlich als Spezialfall. Ist nur eine endliche Nullstelle vorhanden, so ist die gesuchte Funktion $Q(s)$ gegeben durch

$$Q(s) = \mu_A \cdot U_{SM}^P(s)$$

mit

$$\mu_A = W_A(n_i)[U_{SM}^P(n_i)]^{-1},$$

falls (4.13) gilt, also $\mu_A \leq 1$ ist. Wie behauptet, ist $Q(s)$ eine rationale Allpaßfunktion, deren Ordnung um Eins niedriger liegt als die Zahl der Interpolationsbedingungen, die hier $N_{SM}^P + 1$ beträgt. Ist nur eine endliche Nullstelle in der rechten Halbebene vorhanden und ist $G_{SM}(s)$ stabil, so ist $Q(s)$ eine Konstante, nämlich $W_A(n_1)$.

Als Schönheitsfehler erscheint in Satz 6.1 zunächst, daß nur einfache Pole und Nullstellen zugelassen werden. Tatsächlich ist dies aber im Inneren der rechten Halbebene bedeutungslos, da unter Inkaufnahme eines infinitesimalen zusätzlichen Modellierungsfehlers anstelle mehrfacher Polstellen dicht zusammenliegende einfache Polstellen angenommen werden können. Dasselbe gilt aber auch für mehrfache Pole oder Nullstellen auf der $j\omega$-Achse, wenn man so vorgeht wie in Lemma 6.3, d. h. das Stabilitätsgebiet ausdehnt.

Somit beschreibt Satz 6.1 die einhaltbaren Grenzen der Spezifikation von $|S(j\omega)|$ für näherungsweise invertierbare Systeme mit endlich vielen Polen und Nullstellen <u>vollständig!</u>

Wir wollen die Bedingung von Satz 6.1 für die Spezifikation

$$A(\omega) = \begin{cases} \varepsilon_S & |\omega| \leq \omega_b \\ S_{max} & \omega_b < |\omega| < \omega_z \\ 1 + \varepsilon_T & |\omega| \geq \omega_z \end{cases} \qquad (6.18)$$

im Einzelnen auswerten.

Als erstes betrachten wir den Fall zweier reeller Nullstellen und eines reellen Pols in der rechten s-Halbebene.

<u>Beispiel 6.1</u>

Es sei $G_{SM}(s)$ gegeben als

$$G_{SM}(s) = G'_{SM}(s) \cdot \frac{(s-1)(s-2)}{s(s-0,25)}$$

wobei $G'_{SM}(s)$ stabil und minimalphasig ist. $W_A(n_i)$ erhält man für reelles n_i und $A(\omega)$ nach (6.18) aus

$$-\frac{\pi}{2}\ln W_A(n_i) = \arctan\left(\frac{\omega_b}{n_i}\right)\cdot\ln(\varepsilon_S) + \left[\arctan\left(\frac{\omega_z}{n_i}\right) - \arctan\left(\frac{\omega_b}{n_i}\right)\right]\cdot\ln(S_{max}) +$$

$$+ \left[\frac{\pi}{2} - \arctan\left(\frac{\omega_z}{n_i}\right)\right]\cdot\ln(1+\varepsilon_T).$$

Nach Satz 4.1 ist <u>notwendig</u> für die Einhaltbarkeit von (6.1), daß

$$W_A(1) < \left|\frac{1-p_1}{1+p_1}\right| = 0,6$$

und

$$W_A(2) < \left|\frac{2-p_1}{2+p_1}\right| \approx 0,778$$

gilt. $\underline{P}_s$ ergibt sich als

$$\underline{P}_s = \begin{bmatrix} \frac{1}{2}(1-\alpha^2) & \frac{1}{3}(1-\alpha_1\alpha_2) & \frac{1}{1,25} \\ \frac{1}{3}(1-\alpha_1\alpha_2) & \frac{1}{4}(1-\alpha_2^2) & \frac{1}{2,25} \\ \frac{1}{1,25} & \frac{1}{2,25} & 2 \end{bmatrix}$$

mit $\alpha_1 = W_A(1)$, $\alpha_2 = W_A(2)$.

Bild 6.1 zeigt den Vergleich der minimalen Werte von S_{max}, die sich aus den notwendigen Bedingungen in Kapitel 4 und aus der Auswertung der Nevanlinna-Pick-Matrix ergeben für $\varepsilon_S = 0,1$, $\varepsilon_T = 0,25$, $\omega_z = 5$.

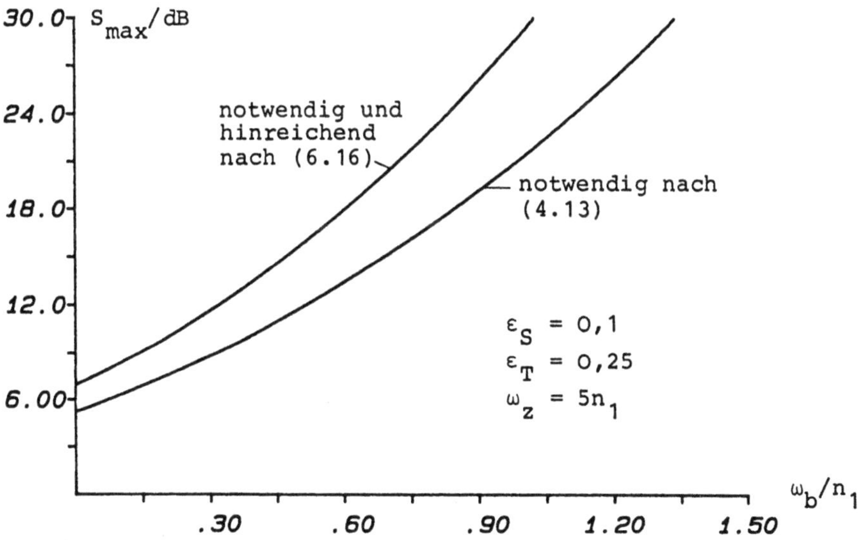

Bild 6.1: Vergleich der Schranken (4.13) und (6.16) für das Beispiel.

Man erhält z. B. für $\omega_b = 0,5$ aus Satz 4.1 die Schranke $S_{max} > 3,9$, während tatsächlich $S_{max} > 6,1$ erfüllt sein muß.

Bei der Auswertung der Bedingung (6.16) für dieses Beispiel und $A(\omega)$ nach (6.18) zeigte sich, daß für $\omega_z \geq 2$ und $\varepsilon_T \leq 0{,}5$ der genaue Wert von ε_T die erforderlichen Werte von S_{max} nur wenig und für $\omega_z \geq 5$ praktisch gar nicht beeinflußt. In Bild 6.2 ist S_{max} in dB in Abhängigkeit von ω_b/n_1 für verschiedene Werte von ε_S und $\omega_z = 2$ und $\omega_z = 5$ dargestellt. Diese Werte sind mit kausalen Kompensationsgliedern beliebig genau erreichbar. ε_T wurde stets gleich 0,25 gesetzt.

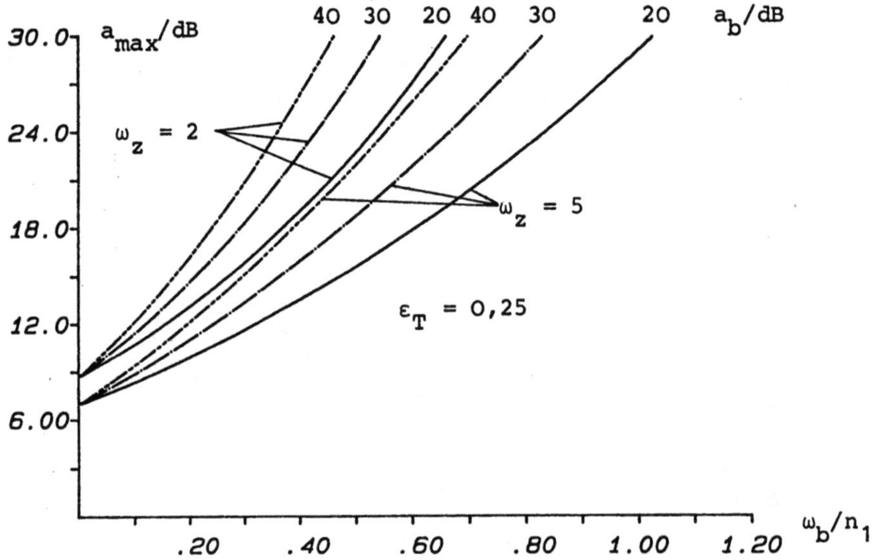

<u>Bild 6.2:</u> Auswertung von (6.16) für das Beispiel; minimale Werte von a_{max} über ω_b/n_1, $\varepsilon_T = 0{,}25$, $\omega_z = 2;5$, $\varepsilon_S = 0{,}01;$ $0{,}032;$ $0{,}1$ (≙ 40, 30, 20 dB Störunterdrückung)

Die Ergebnisse ändern sich nicht, wenn die Pole bzw. Nullstellen um einen festen Faktor verkleinert bzw. vergrößert werden. Es ist deutlich zu erkennen, daß die erreichbare Bandbreite für realistische Werte von S_{max} deutlich kleiner ist als $1/2n_1$, und daß stets eine erhebliche Überhöhung des Amplitudengangs auftritt. □

Als zweites Beispiel wollen wir den Fall zweier konjugiert komplexer Nullstellen betrachten, der in Kapitel 4 nur unvollständig diskutiert werden konnte.

Beispiel 6.2

Es sei $G_{SM}(s)$ stabil und besitze genau zwei konjugiert komplexe endliche Nullstellen in der rechten s-Halbebene bei $\eta_1 \pm j\gamma_1$.

Man benötigt in diesem Falle zur Auswertung von (6.16) nicht nur den Betrag, sondern auch die Phase von $W_A(n_i)$. Zur Berechnung der Phase für stückweise konstante Funktion $A(\omega)$ benutzt man zweckmäßigerweise die alternative Form von (6.13)

$$W_A(s) = \exp\{ - \frac{2}{\pi} \int_0^\infty \ln[A(\omega)] \frac{s}{s^2 + \omega^2} d\omega\}. \qquad (6.19)$$

Es gilt nämlich

$$\int \mathrm{Im}\, [\frac{\eta + j\gamma}{(\eta+j\gamma)^2+\omega^2}]\, d\omega = \frac{1}{4} \ln \frac{\eta^2+(\gamma-\omega)^2}{\eta^2+(\gamma+\omega)^2} , \qquad (6.20)$$

was man z. B. aus der formalen Anwendung der entsprechenden Beziehung für reelles s und Berechnung des Imaginärteils von arctan $(\frac{\omega}{s})$ [BS] erhält und leicht verifizieren kann.

Zum Vergleich mit Bild 4.3 wurde (6.16) für $\omega_z = \infty$, $\varepsilon_S = 0{,}1$ ausgewertet, wobei Phasenwinkel der Nullstellen von $\pm\, 10^\circ$, $\pm\, 45^\circ$ und $\pm\, 80^\circ$ betrachtet wurden. Bild 6.3 zeigt, daß mit wachsendem Imaginärteil bei festem Betrag die Bandbreite stark zunimmt bzw. a_{max} abnimmt. Liegt das Nullstellenpaar dicht an der $j\omega$-Achse, so kann nahezu eine Bandbreite von $1/|n_i|$ erreicht werden.

Zum Vergleich werde der entsprechende Verlauf von a_{max} für eine reelle Nullstelle bei $|n_i|/2$ eingetragen. Man sieht, daß die Wirkung zweier nahe der reellen Achse liegender Nullstellen mit gleichem Betrag fast genau dieselbe ist wie die einer reellen Nullstelle mit dem halben Betrag.

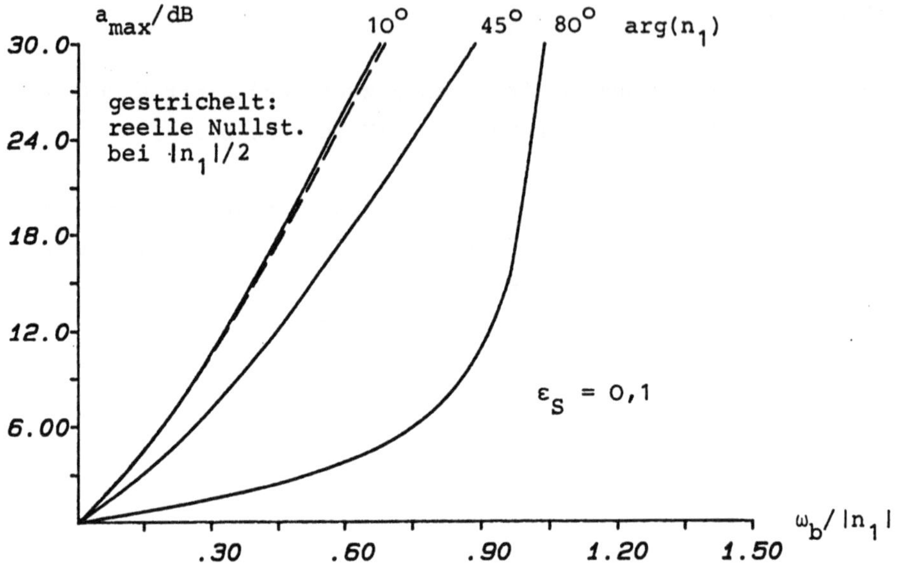

Bild 6.3: Auswertung von (6.16) für stabile Funktion $G_{SM}(s)$ mit zwei konjugiert komplexen Nullstellen, $A(\omega)$ nach (6.18) mit $\omega_z = \infty$, $\varepsilon_S = 0,1$ □

Ist $G_{SM}(s)$ näherungsweise invertierbar, so liefert (6.7) mit (6.13) eine wie in Kapitel 4 beschrieben auswertbare Synthesegleichung für $G_{KF}(s)$. Da $W_A(s)$ im allgemeinen keine rationale Funktion ist, ergibt sich auch keine rationale Funktion $G_{KF}(s)$, selbst wenn $G_{SM}(s)$ rational ist. Wählt man $A(\omega)$ von vornherein als Betrag einer rationalen Funktion, so muß (6.13) nicht ausgewertet werden, da die Werte $W_A(n_i)$ unmittelbar berechnet werden können. Man erhält dann, da $\dot{Q}(s)$ eine rationale Funktion ist, stets kausale realisierbare Kompensationsglieder, die (6.17) erfüllen.

6.4 Grenzen für $|T(j\omega)|$ und $|R(j\omega)|$

Die Übertragung der vorstehenden Ergebnisse auf die Spezifikation von $|T(j\omega)|$ ist offensichtlich, und es wird deshalb auf eine explizite Formulierung verzichtet. Es ist lediglich für die Interpolationsbedingungen anstelle von (6.15a, b)

$$Q(n_i) = 0 , \qquad i = 1..N_{SM}^{N} , \qquad (6.21a)$$

und

$$Q(p_i) = W_B(p_i), \qquad i = 1..N_{SM}^{P} , \qquad (6.21b)$$

einzusetzen, sowie die zu (6.15c) duale Bedingung für Pole auf der $j\omega$-Achse bei $\pm j\kappa_i$

$$\lim_{\rho_i \to 0} |W_B(\rho_i \pm j\kappa_i)| \leq 1, \qquad i = 1..\tilde{N}_{SM}^{P} , \qquad (6.21c)$$

zu berücksichtigen. $W_B(s)$ ist analog zu (6.13) durch $B(\omega)$ bestimmt, wobei $B(\omega)$ jedoch nicht für $\omega \to \infty$ oberhalb von Eins liegen muß.

Wir hatten schon gesehen, daß für die Schranken für $|R(j\omega)|$ nur die Nullstellen von $G_S(s)$ und die Polstellen von $G_M(s)$ in der rechten s-Halbebene zu berücksichtigen sind. Folglich erhält man als Interpolationsbedingungen auf jeden Fall

$$Q(v_i) = W_R(v_i), \qquad (6.22)$$

worin $\{v_i\}$ die Menge der endlichen Nullstellen von $G_S(s)$ sowie der Polstellen von $G_M(s)$ mit nicht-negativem Realteil ist. Die einzige offene Frage ist, ob auch in diesem Fall die Existenz einer $\mathbb{H}_H^{\infty}$-Funktion Q(s), die (6.22) erfüllt mit

$$W_R(s) = \exp\{ - \frac{1}{\pi} \int_{-\infty}^{\infty} \frac{\ln A_R(\omega)}{s - j\omega} d\omega\} \qquad (6.23)$$

und in der rechten Halbebene betragsmäßig auf Eins beschränkt ist, hinreichend ist für die Einhaltung von (5.21) bei vollständiger Stabilität.

Es sei also

$$R(s) = Q(s) \cdot [W_R(s)]^{-1} , \qquad (6.24)$$

wobei Q(s) (6.22) erfüllt. Wir wählen eine beliebige stabilisierende Funktion $G_{KF}(s)$, die an den Nullstellen von $W_R(s)-Q(s)$ in der rechten s-Halbebene, die nicht zu $\{v_i\}$ gehören, entweder einen Pol oder eine Nullstelle derselben Ordnung besitzt. Mit der damit festgelegten $\mathbb{H}^\infty$-Funktion S(s) ergibt sich

$$G_K^n(s) = [G_S(s)S(s)]^{-1}\{1 - Q(s)[W_R(s)]^{-1}\} = \\ = \frac{W_R(s) - Q(s)}{G_S(s)S(s)W_R(s)} . \tag{6.25}$$

Der Nenner in (6.25) verschwindet in der rechten Halbebene nur an den Stellen v_i und an den Polstellen von $G_{KF}(s)$. Sind die v_i alle einfache Pole bzw. Nullstellen, so kürzen sie sich gegen die Nullstellen des Zählers. Die Nullstellen von $G_K^n(s)$ sind diejenigen Nullstellen des Zählers, an denen $G_{KF}(s)$ keinen Pol besitzt, und die Polstellen sind diejenigen Pole von $G_{KF}(s)$, an denen der Zähler nicht verschwindet. Damit treten in $G_K^n(s)G_F(s)$ mit Sicherheit keine Pol-/Nullstellenkürzungen in der rechten s-Halbebene auf, und die vollständige Stabilität ist abgesehen vom Verhalten im Unendlichen gesichert.

Da $G_K^n(s)$ in der üblichen Weise mit beliebig kleinem Fehler modifiziert werden kann (vgl. Kapitel 5), ist die Lösung des Interpolationsproblems (6.22) tatsächlich hinreichend für beliebig genaue Erfüllbarkeit der Spezifikationen, wenn $G_{SM}(s)$ und $G_S(s)$ näherungsweise invertierbar sind. Satz 6.1 gilt ganz analog.

Im allgemeinen bewirkt der Ansatz (6.24) zusätzliche Restriktionen für S(s). Es ist ein ungelöstes Problem, ob sich dies durch geeignete Wahl von Q(s) in dem Fall, in dem das Interpolationsproblem keine eindeutige Lösung besitzt, vermeiden läßt.

Für isolierte Spezifikationen von $|S(j\omega)|$ oder $|T(j\omega)|$ oder $|R(j\omega)|$ ist damit die Ermittlung der Grenzen der Regelgüte bei näherungsweise invertierbarer Strecke mit Meßglied vollständig gelungen.

Im nächsten Abschnitt wollen wir uns wieder, diesmal mit besseren Hilfsmitteln ausgerüstet, dem Problem der Spezifikation von $|S(j\omega)|$ und $|T(j\omega)|$ in <u>komplementären</u> Frequenzbereichen zuwenden.

6.5 Grenzen für die Spezifikation von $|S(j\omega)|$ und $|T(j\omega)|$ in komplementären Frequenzbereichen - allgemeine Ergebnisse -

Mit Hilfe der Interpolationstheorie läßt sich auch der Fall von Beschränkungen von $|S(j\omega)|$ <u>und</u> $|T(j\omega)|$ in komplementären Frequenzbereichen behandeln. Bei der Diskussion der Anforderungen an zeitkontinuierliche Regelkreise hatten sich ja als Mindestanforderung solche komplementären Spezifikationen aus den Forderungen nach robustem Folgeverhalten und nach robuster Stabilität ergeben. Es sollen also, bei vollständiger Stabilität des Regelkreises, die Forderungen

$$|S(j\omega)| \leq A(\omega) \quad , \quad \omega \in \mathcal{B}_S \tag{6.26a}$$

$$|T(j\omega)| \leq B(\omega) \quad , \quad \omega \in \mathcal{B}_T \tag{6.26b}$$

erfüllt werden, wobei $\mathcal{B}_S$ und $\mathcal{B}_T$ disjunkte symmetrische Intervalle mit $\mathcal{B}_S \cup \mathcal{B}_T = \mathbb{R}$ sind. Wir wollen zuerst (6.26a,b) in <u>eine</u> Bedingung überführen. Dazu definieren wir

$$c(\omega) = \begin{cases} 0 & \omega \in \mathcal{B}_S \\ 1 & \omega \in \mathcal{B}_T \end{cases} \tag{6.27}$$

$$r(\omega) = \begin{cases} A(\omega) & \omega \in \mathcal{B}_S \\ B(\omega) & \omega \in \mathcal{B}_T \end{cases} \tag{6.28}$$

und erhalten so das <u>Entwurfsproblem für Spezifikationen in komplementären Frequenzbereichen:</u>

> Bestimme kausale Kompensationsglieder G_K und G_F, die den nominalen Regelkreis vollständig stabilisieren und
>
> $$|S(j\omega) - c(\omega)| \leq r(\omega) \quad \forall\omega \tag{6.29}$$
>
> für $c(\omega)$ nach (6.27) und $r(\omega)$ nach (6.28) erfüllen. □

Dies folgt natürlich aus dem Zusammenhang (3.10) zwischen S(s) und T(s).

Als erstes Teilproblem und notwendige Bedingung für die Lösbarkeit des Entwurfsproblems stellt sich wieder die Frage, ob eine $\mathbb{H}_H^\infty$--Funktion S(s) existiert, die den Stabilitätsbedingungen von Satz 2.7 genügt, also insbesondere den Bedingungen

$$S(p_i) = 0 \tag{6.30a}$$

und

$$S(n_i) = 1 \tag{6.30b}$$

für alle Pole und Nullstellen in der rechten s-Halbebene, und (6.29) erfüllt. Dies ist ein Approximations-Interpolationsproblem: die Funktion S(s) soll auf der jω-Achse die vorgegebene Funktion c(ω) mit der Genauigkeit r(ω) approximieren und zusätzlich die Interpolationsbedingungen (6.30a, b) befriedigen.

Das Approximationsproblem läßt sich graphisch so veranschaulichen, daß S(jω) für jeden ω-Wert ω_i innerhalb einer Kreisscheibe um $c(\omega_i)$ mit Radius $r(\omega_i)$ liegen muß (s. Bild 6.4).

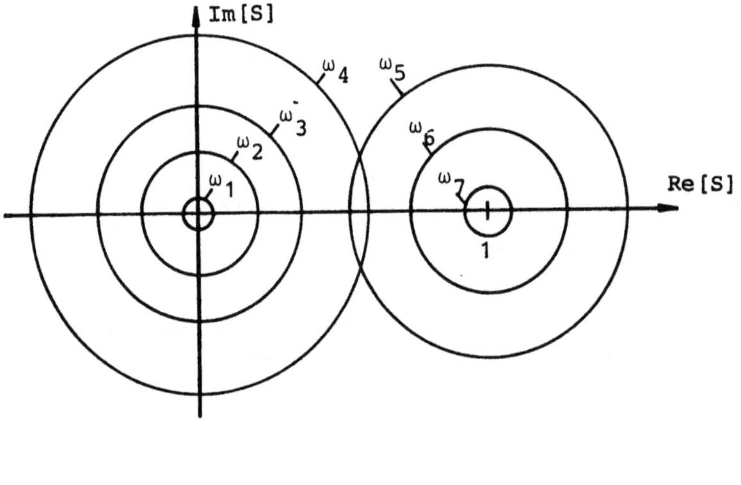

Bild 6.4: Veranschaulichung des Approximationsproblems (6.29)

Es liegt auf der Hand, daß die beiden Sätze von Kreisen um 0 bzw. 1 überlappen müssen, um eine Lösung zu ermöglichen. Wäre $c(\omega)$ stets Null oder Eins, d. h. läge nur eine Spezifikation von $|S(j\omega)|$ oder $|T(j\omega)|$ vor, so würde sich das Problem darauf reduzieren, eine betragsmäßig beschränkte Funktion, die die Interpolationsbedingungen erfüllt, zu finden. Das komplexere Problem (6.29) dagegen schreibt sowohl für den Betrag als auch für die Phase Schranken vor, dies genau macht die Schwierigkeit bei der Lösung im Vergleich zu den isolierten Spezifikationen aus (vgl. Abschnitt 5.2).

Das Approximations-Interpolationsproblem kann im Prinzip entweder in ein reines Approximationsproblem oder in ein reines Interpolationsproblem umgewandelt werden. Es stellt sich in beiden Fällen heraus, daß die Lösbarkeit wegen der Unstetigkeit von $c(\omega)$ nur mit einer gewissen Toleranz gesichert bzw. ausgeschlossen werden kann.

Wir werden in diesem Kapitel die Lösung als Interpolationsproblem behandeln. Die Behandlung als Approximationsproblem ist mathematisch erheblich aufwendiger, jedoch auch etwas allgemeiner. Die letztere Vorgehensweise liegt der bisher einzigen Arbeit zur Vorgabe komplementärer Spezifikationen von *O'Young* und *Francis* [OF] zugrunde. In Kapitel 8 wird die Behandlung mit Hilfe der Approximationstheorie kurz skizziert.

Als ersten Schritt modifizieren wir (6.29) wie üblich unter Verwendung der in der rechten Halbebene analytischen und von Nullstellen freien Funktion $V_r(s)$, die auf der $j\omega$-Achse den Betrag $r(\omega)$ besitzt, in die äquivalente Bedingung

$$|S(j\omega)V_r^{-1}(j\omega) - c(\omega)[V_r(j\omega)]^{-1}| \overset{!}{\leq} 1$$

oder

$$|Q(j\omega) - c(\omega)[V_r(j\omega)]^{-1}| \overset{!}{\leq} 1 . \qquad (6.31)$$

$V_r(j\omega)$ ist wieder durch das Poisson-Integral von $\ln[r(\omega)]$ bestimmt. Q(s) ist eine zu ermittelnde $\mathbb{H}_H^\infty$-Funktion, die (6.31) und die entsprechend modifizierten Interpolationsbedingungen (6.6b, c) erfüllt.

Schön wäre nun, wenn man einfach das Problem, eine $\mathbb{H}^\infty$-Funktion X(s) zu finden, die

$$\sup_{Re[s] \geq 0} |X(s)| \overset{!}{\leq} 1$$

erfüllt, mit

$$X(s) = Q(s) - V_c(s) \cdot [V_r(s)]^{-1},$$

als äquivalentes Problem betrachten könnte, wobei $V_c(s)$ eine $\mathbb{H}_H^\infty$- Funktion mit dem Wert $c(\omega)$ auf der $j\omega$-Achse sein muß. Dies scheitert aber daran, daß es keine solche Funktion $V_c(s)$ gibt, es sei denn, $c(\omega)$ wäre eine Konstante. Dieser Fall interessiert hier aber nicht. Springt $c(\omega)$ von Null auf Eins, so wird an dieser Stelle der Imaginärteil von $V_c(j\omega)$ unendlich groß.

Es bleibt aber folgender Ausweg: Es sei $V_c^r(s)$ eine <u>rationale</u>, im Unendlichen beschränkte Funktion endlicher Ordnung, so daß

$$|V_c^r(j\omega) - c(\omega)| \leq \delta_c(\omega) \tag{6.32}$$

gilt. Dann ist

$$V_c^r(s) \cdot U_c^p(s) = \tilde{V}_c^r(s) \tag{6.33}$$

eine $\mathbb{H}_H^\infty$-Funktion, wobei $U_c^p(s)$ der rationale Allpaßfaktor ist, der genau die (endlich vielen) Pole mit nicht-negativem Realteil von $V_c^r(s)$ als Nullstellen derselben Ordnung enthält.

Da $U_c^p(s)$ eine Allpaßfunktion ist, sind

$$|Q(j\omega)U_c^p(j\omega) - \tilde{V}_c^r(j\omega)[V_r(j\omega)]^{-1}| \overset{!}{\leq} 1 \tag{6.34}$$

und

$$|Q(j\omega) - V_c^r(j\omega)[V_r(j\omega)]^{-1}| \overset{!}{\leq} 1$$

äquivalent. Alle auf der linken Seite von (6.34) auftretenden Funktionen sind nun in $\mathbb{H}_H^\infty$, folglich auch der gesamte Ausdruck auf der linken Seite, und wir erhalten wieder ein Picksches Interpolationsproblem:

<u>Interpolationsproblem für die näherungsweise Einhaltung komplementärer Spezifikationen von $|S(j\omega)|$ und $|T(j\omega)|$</u>

Finde (falls eine solche Funktion existiert) eine in $Re[s] > 0$ analytische Funktion $X(s)$, die folgenden Bedingungen genügt:

1. $$\sup_{Re[s] \geq 0} |X(s)| \leq 1\,, \tag{6.35a}$$

2. $$X(p_i) = -\tilde{V}_c^r(p_i)[\,V_r(p_i)\,]^{-1} \tag{6.35b}$$

   für alle Pole p_i von $G_{SM}(s)$ mit nicht-negativem Realteil,

3. $$X(n_i) = [V_r(n_i)]^{-1}U_c^p(n_i)\;[1 - V_c^r(n_i)] \tag{6.35c}$$

   für alle Nullstellen n_i von $G_{SM}(s)$ mit nicht-negativem Realteil,

4. $$X(q_i) = -\tilde{V}_c^r(q_i)[V_r(q_i)]^{-1} \tag{6.35d}$$

   für alle Pole q_i von $V_c^r(s)$ mit nicht-negativem Realteil. □

Besitzt dieses Problem eine Lösung, so ist

$$S(s) = V_c^r(s) + X(s)V_r(s)\cdot[U_c^p(s)]^{-1} \tag{6.36}$$

eine $\mathbb{H}_H^\infty$-Funktion, die den Bedingungen (6.30a) und (6.30b) genügt und

$$|S(j\omega) - V_c^r(j\omega)| \leq r(\omega) \tag{6.37}$$

erfüllt, wenn $V_c^r(j\omega)$ nur einfache instabile Pole besitzt. Dies ergibt sich sofort durch Einsetzen der Interpolationsbedingungen in (6.36).

Daraus folgt:

Satz 6.2

Es sei $G_{SM}(s)$ näherungsweise invertierbar und habe endlich viele Pole und Nullstellen in der rechten s-Halbebene, sämtlich 1. Ordnung. Es sei $V_c^r(s)$ eine rationale Funktion mit endlich vielen einfachen instabilen Polen q_i, für die (6.32) gilt, wobei $c(\omega)$ durch (6.27) gegeben ist.

Dann ist hinreichend für die Existenz kausaler Kompensationsglieder, die den geschlossenen Regelkreis vollständig stabilisieren und

$$|S(j\omega)| \leq (1+\delta)[A(\omega) + \delta_c(\omega)] \text{ für } \omega \in \mathcal{B}_S \qquad (6.38a)$$

und

$$|T(j\omega)| \leq (1+\delta)[B(\omega) + \delta_c(\omega)] \text{ für } \omega \in \mathcal{B}_T \qquad (6.38b)$$

für beliebiges $\delta > 0$ erreichen, daß das Interpolationsproblem (6.35a - d) lösbar ist. Wenn dies der Fall ist, so liefert (6.36) die gesuchte Funktion $S^n(s)$, die analog zum Vorgehen in den Kapiteln 4 und 5 zur Erfüllung der Stabilitätsbedingung im Unendlichen zu modifizieren ist. □

Mit diesem Ergebnis ist geklärt, welche Beschränkungen für $|S(j\omega)|$ und $|T(j\omega)|$ in komplementären Frequenzbereichen sicher mit einer gewissen Genauigkeit, die von der Wahl von $V_c^r(s)$ abhängt, eingehalten werden können. Dies ist ein schönes und wichtiges Ergebnis, da hierdurch die vollständige Erfüllung von Spezifikationen, die robustes Folgeverhalten garantieren, sichergestellt werden kann.

Für das Problem der Einhaltung von (6.37) mit vorgegebener rationaler Funktion $V_c^r(s)$ anstelle von (6.29) erhält man auch notwendige Bedingungen. Sicher notwendig ist natürlich stets die Einhaltbarkeit von

$$|S(j\omega)| \leq 1 + B(\omega) \qquad \text{für } \omega \in B_T$$

anstelle von (6.26b) zusammen mit (6.26a) bzw.

$$|T(j\omega)| \leq 1 + A(\omega) \qquad \text{für } \omega \in B_S$$

anstelle von (6.26a) zusammen mit (6.26b). Hierfür liefert der Satz 6.1 bzw. das entsprechend modifizierte Ergebnis für $|T(j\omega)|$ notwendige Bedingungen.

Auf die Auswertung von Satz 6.2 wird im nächsten Kapitel noch ausführlich eingegangen. Zuvor ist jedoch das Problem der Bestimmung von $V_c^r(s)$ zu lösen.

6.6 Zusammenfassung

Mit Hilfe der Ergebnisse der Interpolationstheorie für beschränkte analytische Funktionen konnten vollständige notwendige und mit beliebig guter Genauigkeit hinreichende Bedingungen für die Einhaltbarkeit von Spezifikationen für $|S(j\omega)|$ oder $|T(j\omega)|$ sowie für $|R(j\omega)|$ angegeben werden.

Es zeigte sich insbesondere, daß bei konjugiert komplexen Nullstellen in der rechten s-Halbebene die erreichbare Bandbreite der Störunterdrückung zwischen $|n_i|/4$ und $|n_i|$ liegt, je nachdem ob die Nullstellen dicht an der reellen Achse liegen (kleine Bandbreite) oder dicht an der jω-Achse (relativ große Bandbreite).

Das Beispiel 6.1 unterstrich, daß das Auftreten mehrerer Nullstellen (bzw. Pole bei Spezifikation von $|T(j\omega)|$) in der rechten s-Halbebene die erreichbare Bandbreite noch merklich gegenüber der für die betragskleinste Nullstelle (den betragsgrößten

Pol) erreichbaren verringert (vergrößert).

Weiterhin gelang es, eine allgemeine hinreichende Bedingung für die Einhaltbarkeit von Beschränkungen für $|S(j\omega)|$ und $|T(j\omega)|$ in komplementären Frequenzbereichen abzuleiten.

Die Ergebnisse sind insofern konstruktiv, als sich Übertragungsfunktionen kausaler Kompensationsglieder ergeben, die die Erfüllung der Spezifikationen erreichen. Sind die Schranken $A(\omega)$, $A_R(\omega)$ und $B(\omega)$ bzw. $r(\omega)$ Amplitudengänge rationaler Funktionen, so sind die Kompensationsglieder bei rationalen Modellen des Übertragungsverhaltens von Strecke und Meßglied stets realisierbar.

Mit der in Abschnitt 6.2 beschriebenen Methode zur Berechnung der betragskleinsten Interpolationsfunktion lassen sich die $\mathbb{H}^{\infty}$-Optimierungsprobleme für $S(s)$, $T(s)$ oder $R(s)$ auf elegante Weise lösen.

7 Anwendungen von Tiefpaßfiltern mit Tschebycheff-Charakteristik zur Bestimmung der erreichbaren Regelgüte

Nachdem im vorigen Kapitel die Frage nach der Einhaltbarkeit von Spezifikationen von $|S(j\omega)|$ und $|T(j\omega)|$ in komplementären Frequenzbereichen in allgemeiner Form beantwortet wurde, soll in diesem Kapitel die resultierende Bedingung für verschiedene Beispiele ausgewertet werden, wozu zunächst die Approximation von $c(\omega)$ durch rationale Funktionen genauer betrachtet werden muß.

Hierbei gibt es prinzipiell eine Reihe infrage kommender Vorgehensweisen. Eine davon ist z. B. eine Approximation mit Hilfe der Cesaro'schen Teilsummen [HO] der Fourier-Reihen für ein entsprechendes Problem im Einheitskreis, wie es in [OF] vorgeschlagen wird. Dies ist jedoch sehr rechenaufwendig, da hohe Ordnungen von $V_c^r(s)$ benötigt werden.

Es wird deshalb hier ein relativ einfacher Weg zur Auswertung von Satz 6.2 vorgeschlagen, der auf Ergebnisse der Nachrichtentechnik zum Entwurf von Filtern mit Tschebycheff-Charakteristik zurückgreift. Die Pionierarbeiten auf diesem Gebiet stammen von *W. Cauer* [CA1-3]. Ein Vorteil dieser Methodik ist, daß auf umfangreiche Tabellenwerke, insbesondere das Handbuch von *Saal* [SA] zur Auswertung der Beziehungen zurückgegriffen werden kann. Der wesentliche Gesichtspunkt ist aber, daß die hier benutzten Approximationen speziell für eine gleichmäßige Approximation, d. h. einen vorgebbaren maximalen Fehler in bestimmten Frequenzbereichen optimal sind. Genau dieses Fehlerverhalten (Optimalität im Sinne von Tschebycheff) ist für unser Problem erstrebenswert.

Über die Auswertung von Satz 6.2 hinaus werden wir die Cauerparameter-Filterfunktionen auch dazu benutzen, das Problem der mit realisierbaren Kompensationsgliedern endlicher Ordnung erreichbaren Regelgüte zu behandeln.

7.1 Approximation von c (ω) mit Hilfe von Cauerparamter-Filterfunktionen

Wir gehen hier davon aus, daß die Intervalle B_S und B_T in (6.26a,b) die Form

$$B_S = (-\omega_z, \omega_z) \tag{7.1a}$$

$$B_T = [-\infty, -\omega_z] \cup [\omega_z, \infty] \tag{7.1b}$$

haben. Dies entspricht dem in Anwendungen am häufigsten auftretenden Fall, daß bis zur Frequenz ω_z der Amplitudengang der Störübertragungsfunktion S(s) und für größere Frequenzen der Amplitudengang von T(s) zur Sicherstellung der Robustheit und zur Vermeidung zu großer Bandbreiten der Kompensationsglieder Beschränkungen unterliegt.

Folglich geht es darum, die Funktion

$$c(\omega) = \begin{cases} 0 & |\omega| < \omega_z \\ 1 & |\omega| \geq \omega_z \end{cases} \tag{7.2}$$

möglichst gut durch eine rationale Funktion zu approximieren. Da sich rationale Funktionen nicht sprunghaft ändern können, ist klar, daß bei gewissen Frequenzen unvermeidlich ein erheblicher Fehler auftritt. Wir stellen deshalb folgende Anforderungen an $V_c^r(s)$:

$$|V_c^r(j\omega) - c(\omega)| \leq \begin{cases} \delta_S \ll 1 & \text{für} \quad |\omega| \leq \beta\omega_z \\ 1 & \text{für} \quad \beta\omega_z < |\omega| < \omega_z \\ \delta_T \ll 1 & \text{für} \quad |\omega| \geq \omega_z \end{cases} \tag{7.3}$$

Für Frequenzen unterhalb von $\beta\omega_z$ und für Frequenzen oberhalb von ω_z werden also kleine Abweichungen δ_S bzw. δ_T vorgeschrieben, während im durch den Parameter $\beta < 1$ gekennzeichneten Übergangsbereich lediglich ein nicht allzu großer Fehler gefordert wird. Die Parameter δ_S, δ_T und β kennzeichen die Approximationsgüte. Im Bereich $|\omega| \leq \beta\omega_z$ und im Bereich $|\omega| \leq \omega_z$ wird, da der Maximalwert des Fehlers vorgegeben ist, Tschebycheffsches Fehlerverhalten [BS] gefordert.

Eine Möglichkeit der Bestimmung von V_c^r ist nun, den folgenden Ansatz zu machen:

$$V_c^r(j\omega) = \frac{(-1)^{n_k} \cdot \tilde{K}(\omega)\tilde{K}(-\omega)}{1 + (-1)^{n_k} \cdot \tilde{K}(\omega)\tilde{K}(-\omega)} \tag{7.4}$$

worin $\tilde{K}(\omega)$ eine reelle rationale gerade oder ungerade Funktion von ω der Ordnung n_k ist.

Dieser Ansatz stellt zusätzlich sicher, daß $V_c^r(j\omega)$ stets zwischen Null und Eins liegt, also $c(\omega)$ "überschwingfrei" approximiert. Damit ist auch die Approximationsbedingung im Übergangsbereich automatisch erfüllt.

Zur Einhaltung von (7.3) muß $\tilde{K}(\omega)$ den Bedingungen

$$|\tilde{K}(\omega)| \overset{!}{\leq} \left[\frac{\delta_S}{1 - \delta_S}\right]^{1/2} = \delta_1 \qquad \text{für} \quad |\omega| \leq \beta\omega_z \tag{7.5a}$$

und

$$|\tilde{K}(\omega)| \overset{!}{\geq} \left[\frac{1 - \delta_T}{\delta_T}\right]^{1/2} = \frac{1}{\delta_2} \qquad \text{für} \quad |\omega| \geq \omega_z \tag{7.5b}$$

genügen. Es ist nun bekannt, wie die Funktionen $\tilde{K}(\omega)$ gegebener <u>fester</u> Ordnung n_K aussehen, die (7.5a) und (7.5b) für vorgebene Werte von δ_1 und δ_2 und <u>maximalen Wert von β</u>, d. h. <u>minimale</u> Breite des Übergangsbereiches, erfüllen.

Die Optimallösungen $\tilde{K}(\omega)$ der Ordnung n_K haben die Form

$$\tilde{K}(\omega) = \pm \alpha \cdot K_Z\left(\frac{\omega}{\sqrt{\beta} \cdot \omega_z}\right) \tag{7.6}$$

[CA2, Anhang IV], wobei die Funktionen $K_Z(\bar{\omega})$ die "Zolotareffschen Funktionen" der Ordnung n_K sind. Diese sind die Lösungen des sog. 3. Zolotareffschen Problems [CA3]:

3. Zolotareffsches Problem

Bestimme die Parameter b_i der Funktionen

$$K_Z(\bar{\omega}) = \bar{\omega} \prod_{i=1}^{\frac{n_K-1}{2}} \left(\frac{b_i^2 - \bar{\omega}^2}{1 - b_i^2 \bar{\omega}^2} \right), \quad n_K \text{ ungerade,} \tag{7.7a}$$

bzw.

$$K_Z(\bar{\omega}) = \prod_{i=1}^{\frac{n_K}{2}} \left(\frac{b_i^2 - \bar{\omega}^2}{1 - b_i^2 \bar{\omega}^2} \right), \quad n_K \text{ gerade,} \tag{7.7b}$$

so, daß $K_Z(\bar{\omega})$ im Intervall $|\bar{\omega}| \leq \sqrt{ß}$ einen minimalen Maximalwert des Betrags, bezeichnet mit Δ_z, besitzt, bzw. für gegebenes Δ_z ß maximal wird. □

Aufgrund des symmetrischen Aufbaus von $K_z(\bar{\omega})$ hat dann $K_z(\bar{\omega})$ im Bereich $|\omega| \geq 1/\sqrt{ß}$ mindestens den Betrag Δ_z^{-1}.

Die optimalen Parameter b_i sind nur von ß und n_K bzw. Δ_z und n_K abhängig und durch elliptische Funktionen bestimmt [CA2, CA3, PIL*)]. Aus Platzgründen sei hier auf eine nähere Wiedergabe der Bestimmungsgleichungen verzichtet, zumal die b_i bzw. davon abgeleitete Größen z. B. in [SA] ausführlich tabelliert sind.

Zwischen den Größen Δ_z und ß besteht für festes n_K ein eindeutiger Zusammenhang, der in [PIL] graphisch dargestellt ist (Bild 7.1).

Die Pole und Nullstellen der Funktionen $K_z(\bar{\omega})$ sind zueinander reziprok. Im Intervall $[\sqrt{ß}, 1/\sqrt{ß}]$ wachsen die Funktionen $K_z(\bar{\omega})$ monoton von Δ_z auf Δ_z^{-1} an.

---

*) Den Hinweis auf diese Arbeit verdanke ich Herrn Prof.Dr.A.Fettweis und Herrn Dr.L. Gazsi, Ruhruniversität Bochum, denen ich hierfür sehr dankbar bin.

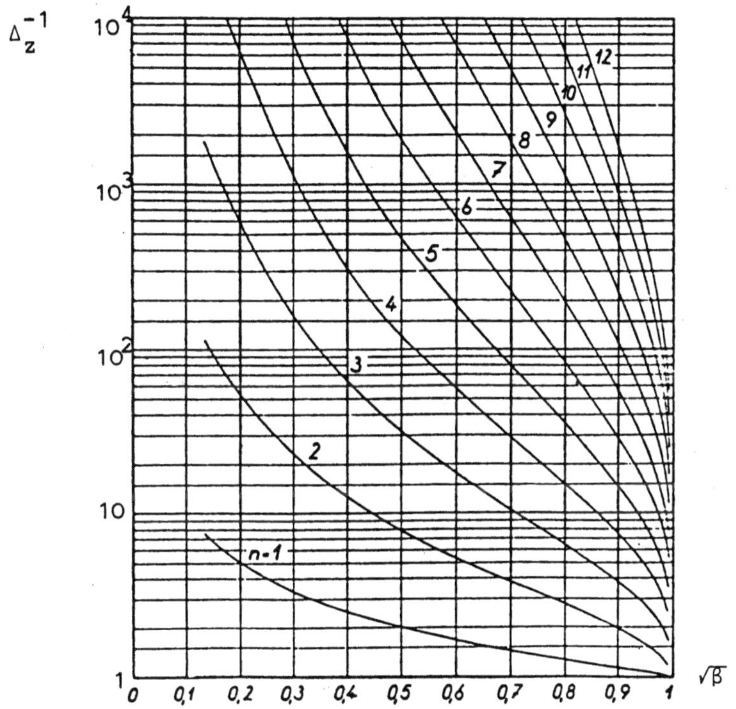

<u>Bild 7.1:</u> Zusammenhang von Approximationsgüte Δ_z und Grenzfrequenz $\sqrt{\beta}$ (aus [PIL]), Parameter n_k

Für den Zusammenhang zwischen Δ_z und den Spezifikationen δ_1 und δ_2 des uns interessierenden Problems gilt [CA2]

$$\Delta_z^4 = \delta_1^2 \, \delta_2^2 = \frac{\delta_S \, \delta_T}{(1-\delta_S)(1-\delta_T)} , \tag{7.8}$$

und der Parameter α in (7.6) ist bestimmt durch

$$\alpha^4 = \frac{\delta_1^2}{\delta_2^2} = \frac{\delta_S(1-\delta_T)}{\delta_T(1-\delta_S)} . \tag{7.9}$$

Wesentlich ist, daß die Funktionen $K_z(\bar{\omega})$ nur von Δ_z und n_K abhängen. Man kann daher mittels der Zusammenhänge (7.8) und (7.9) einfach die Funktionen $\tilde{K}(\omega)$ auch dann aus Tabellenwerken bestimmen, wenn die Parameter von $\tilde{K}(\omega)$ nicht für die gewünschten Werte von δ_S und δ_T, jedoch für andere Werte, die auf denselben Wert von Δ_z führen, dort enthalten sind.

In dem umfangreichen Tabellenwerk von Saal [SA] sind die Filterfunktionen $\tilde{K}(\omega)$ als "Cauerparametertiefpässe" normiert auf $\beta\omega_z=1$ für viele Fälle angegeben. Zur Kennzeichnung werden dort die Parameter

Reflexionsfaktor ρ ,

$$\rho = \sqrt{\delta_S} = \frac{\delta_1}{(1+\delta_1^2)^{1/2}} , \tag{7.10a}$$

Durchlaßdämpfung a_D,

$$a_D = - 10 \lg(1-\delta_S) , \tag{7.10b}$$

und Sperrdämpfung a_S,

$$a_S = 10 \lg(1+\frac{1}{\delta_2^2}) = - 10 \lg(\delta_T) , \tag{7.10c}$$

verwendet. Tabelliert sind die Funktionen

$$K(s) = \frac{B_K(s)}{A_K(s)} = (j)^{n_k}\tilde{K}(s/j) \tag{7.11}$$

und zusätzlich die stabilen Funktionen H(s), die

$$H(s)H(-s) = 1 + K(s)K(-s) \tag{7.12}$$

erfüllen. Setzt man dies in (7.4) ein, so folgt

$$V_c^r(s) = \frac{K(s)K(-s)}{H(s)H(-s)} = \frac{B_K(s)B_K(-s)}{B_H(s)B_H(-s)} . \tag{7.13}$$

$B_K(s)$ und $B_H(s)$ sind die Zählerpolynome von K(s) bzw. H(s).

Die für das Interpolationsproblem (6.35a-d) wichtigen Pole von $V_c^r(s)$ in der rechten s-Halbebene sind die Nullstellen von $B_H(-s)$. Für symmetrische Spezifikation ($\delta_1 = \delta_2$) liegen sie auf dem Kreis

$$|s| = \sqrt{\beta}\omega_z$$

(vgl. [PIL]).

Der Zusammenhang von β und n_K für gegebene Werte von ρ und a_S ist auch in [SA, S.33] graphisch dargestellt, wobei

$$a(\rho) = 10 \lg(\rho^{-2}-1)$$

und

$$\Omega_S = \beta^{-2}$$

gilt. Hieraus läßt sich ebenfalls die zur Erreichung eines bestimmten Werts von β erforderliche Ordnung ermitteln.

<u>Beispiel 7.1</u>

Es sei $n_K = 5$, $V_c^r(s)$ also 10. Ordnung, und $\delta_S = \delta_T = 10^{-2}$ vorgeschrieben. Damit erhält man als Filterparameter

$$\rho = 10\ \%$$
$$a_S = 20\ \text{dB}.$$

Die Tabelle "C0510" [SA, Tabellenteil S. 97-100] enthält die Filterparameter für $a_S = 19{,}5$ dB und $a_S = 20{,}4$ dB. Ist ein exakt symmetrischer Verlauf erwünscht, so kann interpoliert werden. Man erhält (gerundet) für $\delta_S = \delta_T = 0{,}01$

$$\beta = 0{,}8783$$

und die Parameter

$$b_1 = 0{,}6772$$
$$b_2 = 0{,}9156.$$

Für

$$\omega_z = \frac{1}{\sqrt{\beta}} = 1{,}0670$$

ergibt sich

$$V_c^r(s) = \frac{-s^2(s^2+b_1^2)^2(s^2+b_2^2)^2}{(1+b_1^2s^2)^2(1+b_2^2s^2)^2 - s^2(s^2+b_1^2)^2(s^2+b_2^2)^2} \,. \qquad (7.14)$$

Die Pole von $V_c^r(s)$ liegen für die obigen Werte von b_1 und b_2 bei

$$q_{1/2} = \pm 1$$

$$q_{3-6} = \pm 0{,}0596 \pm j\, 0{,}9982$$

$$q_{7-10} = \pm 0{,}3674 \pm j\, 0{,}9301$$

und damit in guter Genauigkeit wie behauptet auf dem Einheitskreis.

Der Verlauf von $V_c^r(\omega)$ für $\omega \leq 1$ und von $1-V_c^r(\omega)$ für $\omega \geq 1$ ist in Bild 7.2 dargestellt. Die Anforderungen werden erfüllt, und nur in dem durch β bestimmten schmalen Übergangsbereich zeigen sich nennenswerte Abweichungen vom idealen Verlauf.

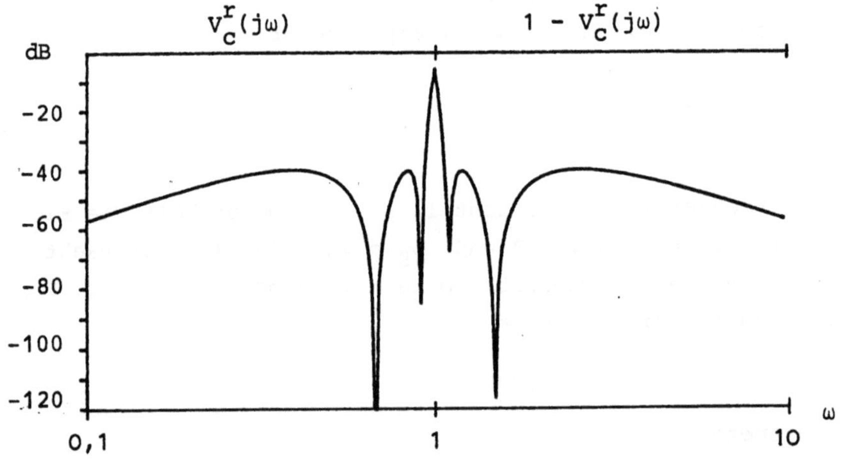

Bild 7.2: Verlauf von $V_c^r(j\omega)$ bzw. $1-V_c^r(j\omega)$ für die Cauerparameter-Approximation 10. Ordnung, $\sqrt{\beta} = 0{,}9372$

Aus dem Beispiel kann gefolgert werden, daß die Ordnung 10 für $V_c^r(s)$ bereits eine sehr gute Approximationsgenauigkeit erlaubt. Liegt die Ordnung von $V_c^r(s)$ niedriger, so kann der resultierende Wert von ß mit Hilfe der Näherung

$$\Delta_z \approx [\delta_S \delta_T]^{1/4}$$

aus Bild 7.1 abgelesen werden. Für $\delta_S = \delta_T = 10^{-2}$ erhält man z. B.

$$n_c = 2n_k = 6 \qquad \Rightarrow \beta \approx 0{,}51$$

$$n_c = 2n_k = 4 \qquad \Rightarrow \beta \approx 0{,}2$$

Für $n_k = 2$ gilt exakt [PIL]

$$\beta = \frac{2\,\Delta_z}{1+\Delta_z^2} \quad .$$

Im Zusammenhang hier sind weniger die absoluten Werte von δ_S und δ_T (d. h. von ρ und a_S in [SA]) als die Verhältnisse δ_S/ε_S und δ_T/ε_T von Bedeutung. Da ε_T meist erheblich größer ist als ε_S, kann auch δ_T größer sein als δ_S. Die Tabellen in [SA] enthalten aber nur Filter mit Werten von a_S ab ca. 20 dB. Kann δ_T größer sein, so muß man zunächst die b_i für ein Filter mit gleichem Wert von Δ_z bzw. $a(\rho) + a_S$ bestimmen und $\tilde{K}(\omega)$ nach (7.6) mit α aus Gl. (7.9) in (7.4) einsetzen.

Die Benutzung der Tiefpaßfilter nach Cauer bietet die Möglichkeit, bei mäßiger Ordnung von $V_c^r(s)$ eine gute gleichmäßige Approximationsgenauigkeit mit Ausnahme einer engen Umgebung der Sprungstelle zu erreichen. Der wesentliche Vorteil der Verwendung dieser Tiefpaßfilter liegt darin, daß sie gerade für Tschebycheffsches Fehlerverhalten optimiert sind und damit für vorgegebene Ordnung im unteren und oberen Frequenzbereich eine minimale maximale Abweichung garantieren. Dies ist bei auf Fourier-Reihen aufbauenden Approximationen naturgemäß nicht der Fall, da diese im Hinblick auf den mittleren quadratischen Fehler optimal sind. Für die Einhaltung von vorgegebenen Schranken ist jedoch der Maximalwert des Fehlers entscheidend. Hinzu kommt das günstige überschwingfreie und monotone Verhalten im Übergangsbereich.

7.2 Bestimmung der erreichbaren Regelgüte für die wichtigsten Streckentypen

7.2.1 Spezifikation der Regelgüte

Das gewünschte Verhalten des Regelkreises wird durch folgende Anforderungen beschrieben:

$$|S(j\omega)| \overset{!}{\leq} \varepsilon_S \qquad \text{für} \quad |\omega| \leq \omega_b \tag{7.15a}$$

$$|S(j\omega)| \overset{!}{\leq} S_{max} \qquad \text{für} \quad \omega_b < |\omega| < \omega_z \tag{7.15b}$$

$$|T(j\omega)| \overset{!}{\leq} \varepsilon_T \qquad \text{für} \quad |\omega| \geq \omega_z \, . \tag{7.15c}$$

Es ist also $\mathcal{B}_S = (-\omega_z, \omega_z)$ und $\mathcal{B}_T = \mathbb{R} \setminus \mathcal{B}_S$.

Hierdurch wird gute Unterdrückung von am Ausgang angreifenden Störungen für Frequenzen unterhalb von ω_b, nicht zu hohes Überschwingen von $|S(j\omega)|$ und damit nicht zu hohe Verstärkung der entsprechenden Störfrequenzen und eine gewisse Robustheit gegen kleine Modellierungsfehler im Übergangsbereich, und Robustheit gegenüber erheblichen Modellierungsfehlern für Frequenzen oberhalb von ω_z erreicht. Die Werte ε_T und ω_z kennzeichnen indirekt die bei der Modellierung erreichte Genauigkeit, da ε_T^{-1} größer sein muß als der maximale zu erwartende Modellierungsfehler für oberhalb von ω_z liegende Frequenzen.

7.2.2 Wahl der Approximation

Zur Approximation der Funktion $c(\omega)$ in (6.29) durch die rationale Funktion $V_c^r(j\omega)$ verwenden wir die durch die Parameter der Cauer-Tiefpässe der Ordnung n_K bestimmten Funktionen nach Gl. (7.4) bzw. (7.13), diese haben die Ordnung $n_c = 2n_K$ und genau n_K einfache instabile Pole q_i, die als Interpolationsbedingungen gemäß Gl. (6.35d) zusätzlich zu den durch $G_{SM}(s)$ vorgegebenen Bedingungen auftreten.

Es gilt dann

$$\tilde{V}_c^r(s) = \frac{K(s)K(-s)}{[H(s)]^2} = (-1)^{n_k} \cdot \frac{B_K(s)B_K(-s)}{[B_H(s)]^2} \tag{7.16}$$

und

$$U_c^p(s) = \frac{H(-s)}{H(s)} = \frac{B_H(-s)}{B_H(s)} \tag{7.17}$$

Als letzte Zutat zur Anwendung des "Rezepts" in Satz 6.2 benötigen wir noch eine passende Funktion $r(\omega)$. Da das Ziel darin besteht, zu ermitteln, wann die Spezifikation (7.15a-c) sicher einhaltbar ist, muß bei der Wahl von $r(\omega)$ die Approximation der Funktion $c(\omega)$ nach (7.2) durch $V_c^r(j\omega)$ berücksichtigt werden.

Ein naheliegender Gedanke ist, zunächst zu überprüfen, welche Werte zulässig sind, wenn $r(\omega)$ als Konstante r_o angesetzt wird, was natürlich für die numerische Auswertung am günstigsten ist. Das würde sicherstellen, daß die Spezifikationen

$$|S(j\omega)| \overset{!}{\leq} \begin{cases} r_o + \delta_S & \text{für } |\omega| \leq \beta\omega_z \\ 1-\delta_T + r_o & \text{für } \beta\omega_z < |\omega| < \omega_z \end{cases} \tag{7.18a}$$

$$|T(j\omega)| \overset{!}{\leq} r_o + \delta_T \qquad \text{für } |\omega| \geq \omega_z \tag{7.18b}$$

einhaltbar sind. Es stellt sich aber heraus, daß bereits für $n_c=2$ und damit schlechte Approximation von $c(\omega)$ r_o mindestens 0,25 betragen muß, und höhere Ordnungen nur zu höheren Minimalwerten von r_o führen. Dieser Wert ist aber bereits nicht mehr akzeptabel. Der Grund für die recht großen Minimalwerte für r_o liegt einfach darin, daß nicht gleichzeitig dicht bei ω_z liegende Werte von ω_b und kleine Werte von S_{max} und ε_S erreichbar sind, und daß für kleine Ordnungen n_c und damit kleines β die resultierende Ordnung von $S(s)$ zu klein ist.

Um die Spezifikationen (7.15a-c) mit Sicherheit zu erfüllen, machen wir folgenden Ansatz für $r(\omega)$:

$$r(\omega) = \begin{cases} \varepsilon_S - \delta_S & |\omega| \leq \omega_b \leq \beta\omega_z \\ S_{max} - \delta_S & \omega_b < |\omega| \leq \beta\omega_z \\ S_{max} - V_c^r(j\omega) & \beta\omega_z \leq |\omega| < \omega_z \\ \varepsilon_T - \delta_T & |\omega| \geq \omega_z \end{cases} \tag{7.19}$$

(siehe Bild 7.3).

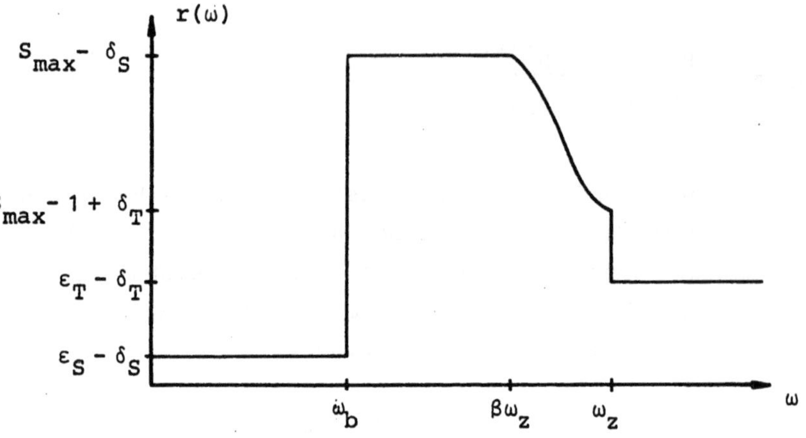

Bild 7.3: Verlauf von $r(\omega)$ nach (7.19)

Setzt man $V_c^r(s)$ und die aus $r(\omega)$ nach (7.19) durch das Poisson-Integral bestimmte Funktion $V_r(s)$,

$$V_r(s) = \exp\left\{ \frac{1}{\pi} \int_{-\infty}^{\infty} \frac{\ln[r(\omega)]}{s-j\omega} \, d\omega \right\}, \tag{7.20}$$

in die Interpolationsbedingungen (6.35a-d) ein, und ist die resultierende Nevanlinna-Pick-Matrix positiv definit, so ist die Spezifikation (7.15a-c) mit Sicherheit einhaltbar, wenn $G_{SM}(s)$ näherungsweise invertierbar ist und nur einfache Pole und Nullstellen in der offenen rechten s-Halbebene besitzt.

Die ursprünglichen Spezifikationen (7.15a-c) und die tatsächlich bei dieser Vorgehensweise überprüfte Bedingung

$$|S(j\omega) - V_c^r(j\omega)| \overset{!}{\leq} r(\omega) \tag{7.21}$$

mit $r(\omega)$ nach (7.19) lassen sich anschaulich als geometrische Bedingungen für $S(j\omega)$ in der komplexen Ebene vergleichen. In beiden Fällen wird $S(j\omega)$ für jeden ω-Wert auf ein Kreisgebiet beschränkt. Im einzelnen erkennt man folgendes:

- für $|\omega| \leq \omega_b$ wird durch (7.21) mit (7.19) vorgeschrieben, daß $S(j\omega)$ innerhalb von um maximal δ_S exzentrischen Kreisen mit Radius $\varepsilon_S - \delta_S$ liegt, die alle innerhalb des Kreises mit Radius

ε_S um den Ursprung liegen (vgl. Bild 7.4a),

- für $\omega_b \leq |\omega| \leq \beta\omega_z$ gilt dasselbe, nur sind die Kreisradien nun $S_{max} - \delta_S$ bzw. S_{max} für den einhüllenden Kreis,

- ist $|\omega| > \omega_z$, so ergibt sich das gleiche prinzipielle Bild, wobei die Kreise nun um den Punkt (1, j0) liegen und den Radius $\varepsilon_T - \delta_T$ bzw. ε_T für den einhüllenden Kreis besitzen,

- im Übergangsbereich $\beta\omega_z \leq |\omega| \leq \omega_z$ wird $S(j\omega)$ auf Kreise mit von δ_S auf $1 - \delta_T$ wanderndem Mittelpunkt beschränkt, deren Radius gerade so groß ist, daß sie alle innerhalb des Kreises mit Radius S_{max} um den Ursprung liegen (vgl. Bild 7.4b).

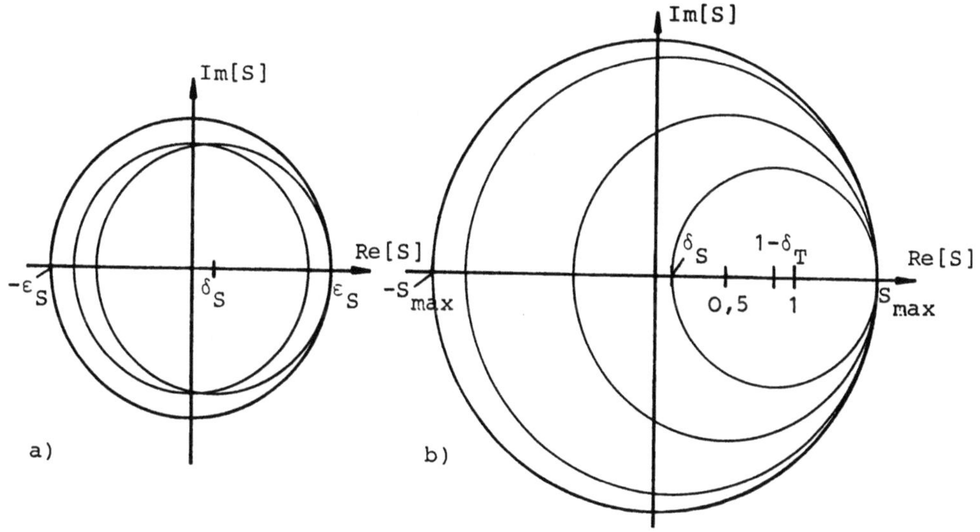

Bild 7.4: Geometrische Darstellung der Spezifikation (7.21)

Wählt man also anstelle von (7.19)

$$r(\omega) = \begin{cases} A(\omega) + \delta_S & |\omega| \leq \beta\omega_z \\ A(\omega) + V_c^r(j\omega) & \beta\omega_z \leq |\omega| < \omega_z \\ \varepsilon_T + \delta_T & |\omega| \geq \omega_z \end{cases} \qquad (7.22)$$

ist die Lösbarkeit des Interpolationsproblems (6.35a-d) eine <u>notwendige</u> Bedingung für die Einhaltbarkeit von (7.15a-c), da damit $S(j\omega)$ auf Kreisgebiete beschränkt wird, die die ursprünglichen vollständig enthalten.

Als unsicherer Bereich für die Parameter ε_S, S_{max}, ε_T, ω_b, ω_z, innerhalb dessen die Einhaltbarkeit der Spezifikation (7.15a-c) weder ausgeschlossen noch garantiert werden kann, verbleibt bei im Verhältnis zu ε_S bzw. ε_T kleinen Werten von δ_S und δ_T und dicht bei 1 liegendem Wert von β folglich nur ein relativ kleiner Wertebereich.

Für $V_c^r(s)$ wurde zum einen die in Beispiel 7.1 bestimmte Funktion 10. Ordnung benutzt, für die $\delta_S = \delta_T = 0{,}01$ und $\beta = 0{,}8783$ gilt. Zum Vergleich wurde außerdem die aus dem Cauerparameter-Tiefpaß C0710 mit 21.8 dB Sperrdämpfung [SA, Tabellenteil S. 214] bestimmte Funktion 14. Ordnung herangezogen. Mit dieser Approximation erreicht man $\delta_S = 0{,}01$, $\delta_T = 0{,}0066$ und $\beta = 0{,}9703$. Dafür erhöht sich die Zahl der auszuwertenden Interpolationsbedingungen um 2, was in etwa eine Verdoppelung der Rechenzeit zur Folge hat.

Bei der Auswertung von Satz 6.2 wurde so vorgegangen, daß jeweils der maximale Wert von ω_b/ω_z durch binäre Suche im Intervall $[0,\beta]$ ermittelt wurde, für den die führenden Hauptunterdeterminanten der Nevanlinna-Pick-Matrix alle größer als die Rechengenauigkeit sind. Die Determinanten wurden durch sukzessive Transformation auf Dreiecksform berechnet. Da die transformierten Diagonalelemente reell sein müssen, liefert der Imaginärteil jeweils einen Anhaltspunkt für die numerische Genauigkeit. Die binäre Suche wurde bis zu einer Genauigkeit von $2{,}5 \cdot 10^{-4}$ durchgeführt. Die Verläßlichkeit der so berechneten Werte von ω_b/ω_z hängt jedoch stark von der Empfindlichkeit von det $\underline{P}$ gegen Änderungen von ω_b/ω_z in der Umgebung von Null ab. Ist diese sehr gering, so wirken sich die numerischen Fehler stärker aus als der Restfehler der binären Suche. Für die im folgenden besprochenen Ergebnisse ist die Genauigkeit durchweg besser als 1 %, in den meisten Fällen besser als 1 ‰.

Die Berechnung der Werte von $V_r(s)$ an den Interpolationspunkten mit Hilfe des Poisson-Integrals (7.20) muß im Intervall $[\beta\omega_z, \omega_z]$ durch numerische Integration erfolgen. Benutzt man hierfür die Simpsonsche Formel [BR] für 21 Stützstellen, so ergeben sich Rechenzeiten von 0,5 - 1,5 Sekunden CPU-Zeit für die Berechnung eines Maximalwerts von ω_b/ω_z auf einem HP A900 Minicomputer bei 5 - 10 Interpolationsbedingungen. Zum Vergleich benötigt das Verfahren von O'Young und Francis ca. 3 Minuten CPU-Zeit auf einem IBM Großrechner bei ähnlicher Genauigkeit. Vom Gesichtspunkt der numerischen Auswertung ist das hier vorgestellte Verfahren der Formulierung als Interpolationsproblem und Approximation mit Hilfe von Funktionen mit Tschebycheffschem Fehlerverhalten also wesentlich günstiger als die Vorgehensweise in [OF].

Es stellte sich heraus, daß in den meisten Fällen, insbesondere solange ω_b/ω_z kleiner als 0,7 ist, die Approximation 10. Ordnung nahezu dieselben Ergebnisse liefert wie die Approximation 14. Ordnung. Deshalb wurde lediglich in den Fällen, in denen keine Nullstellen mit positivem Realteil zu berücksichtigen waren, die Approximation 14. Ordnung benutzt.

7.2.3 Numerische Ergebnisse für die wichtigsten Streckentypen

In den Bildern 7.5 - 7.17 sind die Ergebnisse der numerischen Auswertung von Satz 6.2 für die Spezifikation (7.15) für folgende Regelstreckentypen graphisch dargestellt:

- minimalphasige und stabile Regelstrecken (weder Pole noch endliche Nullstellen in der rechten s-Halbebene) (Bilder 7.11 bis 7.13),

- stabile Regelstrecken mit einer reellen positiven Nullstelle (Bilder 7.5, 7.6, 7.9),

- stabile Regelstrecken mit zwei konjugiert komplexen Nullstellen in der rechten s-Halbebene (Bilder 7.7 bis 7.9),

- Regelstrecken mit einem instabilen Pol und reellen positiven Nullstellen (Bild 7.10),

- instabile Regelstrecken ohne endliche Nullstellen mit positivem Realteil (Bilder 7.16, 7.17).

Die erreichbare Regelgüte wird durch zwei Diagramme charakterisiert: Zum einen wird der minimale sicher erreichbare Wert von

$$a_{max} = 20 \lg S_{max}$$

(d. h. der Überhöhung von $|S(j\omega)|$ in dB) in Abhängigkeit von der geeignet normierten Bandbreite ω_b dargestellt, wobei ε_S und ε_T fest sind, zumeist ist der Fall $\varepsilon_T = 0{,}25$, $\varepsilon_S = 0{,}1$ und $0{,}032$ entsprechend 20 bzw. 30 dB Störunterdrückung gezeigt. Zum anderen wird die erreichbare Bandbreite als Funktion von ε_T für feste Werte von ε_S und a_{max} angegeben. Diese Diagramme verdeutlichen den Einfluß der Modellierungsgenauigkeit auf die Regelgüte.

Wenn Nullstellen in der rechten Halbebene vorhanden sind, so ist ω_b auf deren (minimalen) Betrag bezogen und ω_z als Vielfaches dieses Betrags angesetzt. Andernfalls ist ω_b auf ω_z bezogen.

Wir beginnen mit dem in früheren Kapiteln bereits mehrfach diskutierten Fall einer <u>stabilen Strecke mit einer reellen positiven Nullstelle.</u> Die Ergebnisse sind in den Bildern 7.5 (a_{max} als Funktion von ω_b/n_1) und 7.6 (ω_b/n_1 als Funktion von ε_T) gezeigt. Aus Bild 7.6 entnimmt man, daß der Einfluß von ε_T auf die erreichbare Bandbreite für Werte von ε_T zwischen 0,1 und 1 sehr gering ist. Die Kurven für a_{max} mit $\varepsilon_T = 0{,}25$ in Bild 7.5 gelten daher annähernd für den gesamten Bereich.

Zum Vergleich mit den Ergebnissen in Kapitel 4 ist in Bild 7.5 auch der Minimalwert von a_{max} dargestellt, der aus Satz 4.1 folgt, wenn anstelle von (7.15c) die schwächere Bedingung

$$|S(j\omega)| \leq 1 + \varepsilon_T \qquad \text{für } |\omega| \geq \omega_z$$

benutzt wird. Für kleine Werte von a_{max} und damit von ω_b/n_1 liegen beide Kurven sehr dicht zusammen, erst für größere Bandbreiten wirkt sich die Beschränkung (7.15c) deutlich stärker aus.

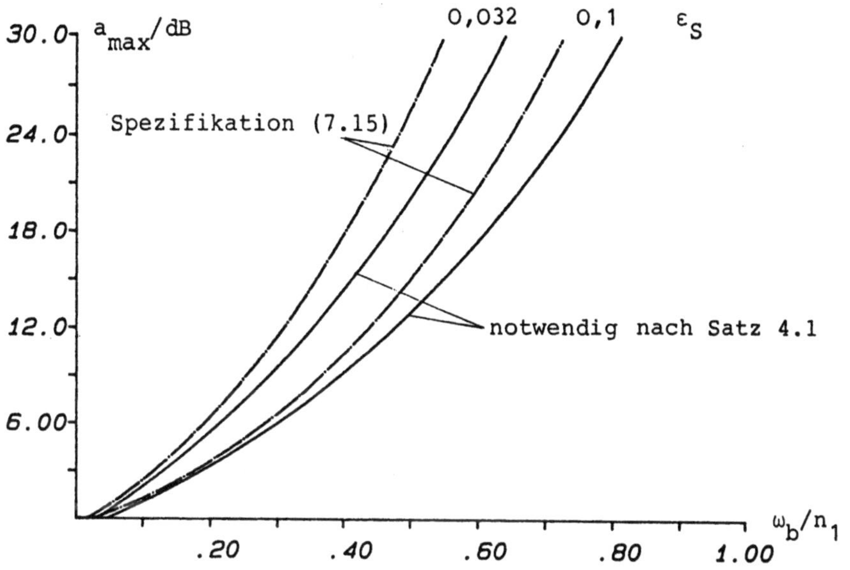

Bild 7.5: Minimalwert von a_{max} als Funktion von ω_b/n_1 für Strecke mit einer reellen Nullstelle bei $+ n_1$, $\varepsilon_T = 0{,}25$; $\omega_z = 2n_1$

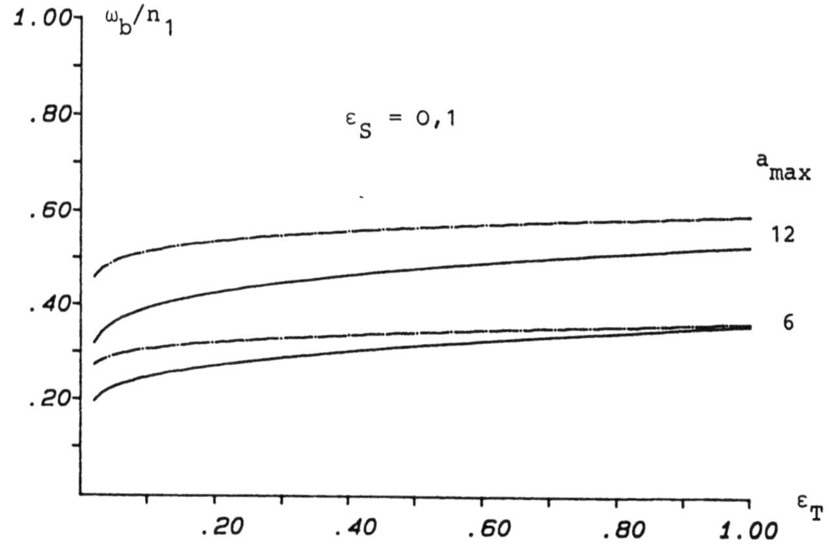

Bild 7.6: Maximal erreichbare Werte von ω_b/n_1 als Funktion von ε_T; $\omega_z = 2n_1$ (durchgezogen) bzw. $5n_1$ (strichpunktiert), $a_{max} = 6$ bzw. 12 dB

Die entsprechenden Ergebnisse sind in Bild 7.7 und stabile Strecke mit zwei konjugiert komplexen Null stellt. Liegt das Nullstellenpaar dicht an der ima so ist der Einfluß von ε_T auf $\omega_b/|n_1|$ stärker aus diesem Fall liefert die notwendige Bedingung nach lich von der hinreichenden Bedingung abweichende E

Die Abweichungen zwischen den aus dieser notwendig reichenden Bedingung für die Einhaltbarkeit der Sp (7.15a-c) folgenden Minimalwerten von a_{max} erkläre aus den oben beschriebenen Folgen der Ersetzung vo durch (7.21), zum anderen dadurch, daß die notwend $S(j\omega)$ für $|\omega| \geq \omega_z$ auf einen Kreis um den Ursprun $1 + \varepsilon_T$ beschränkt, (7.15c) jedoch auf einen Kreis ε_T, also auf ein viel kleineres Gebiet. Bild 7.9 b eine Erhöhung von $\omega_z/|n_1|$ und ε_T eine sehr viel zung zur Folge hat. Da sich auch eine weitere Erhö ximationsordnung kaum auswirkt, kann festgestellt tatsächlich die aus einer Beschränkung von $|S(j\omega)|$ ne obere Grenze der erreichbaren Regelgüte in manc heblich zu optimistisch ist, während die hinreiche in guter Genauigkeit die Grenzen der erreichbaren

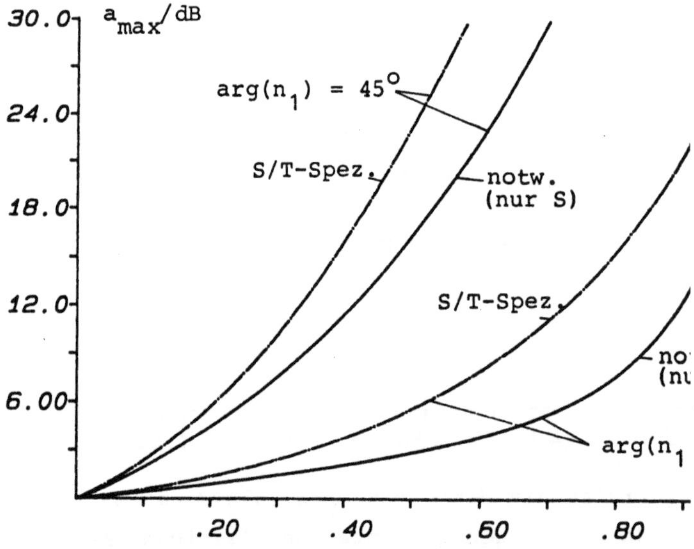

Bild 7.7: Minimalwert von a_{max} als Funktion von $\omega_b/$

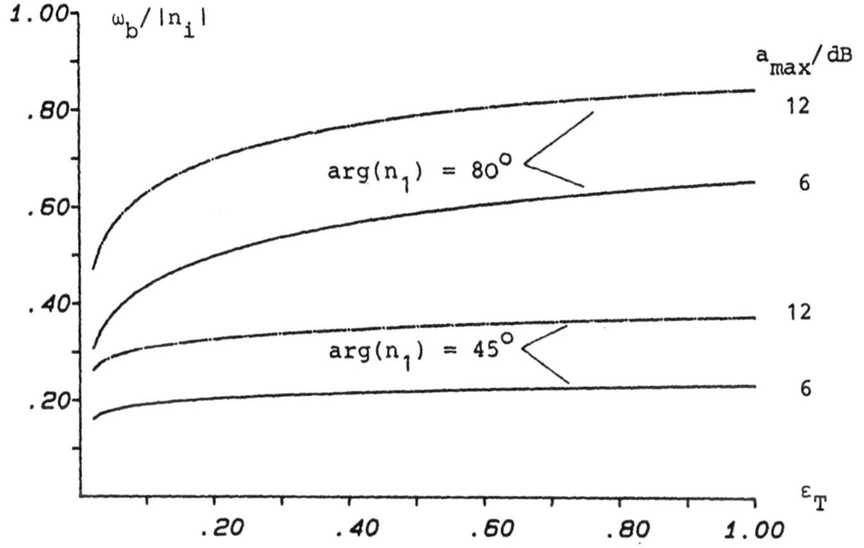

Bild 7.8: Maximal erreichbare Werte von $\omega_b/|n_i|$ als Funktion von ε_T; $\varepsilon_S = 0{,}1$; $a_{max} = 6$ bzw. 12 dB; $\omega_z = 2\cdot|n_i|$

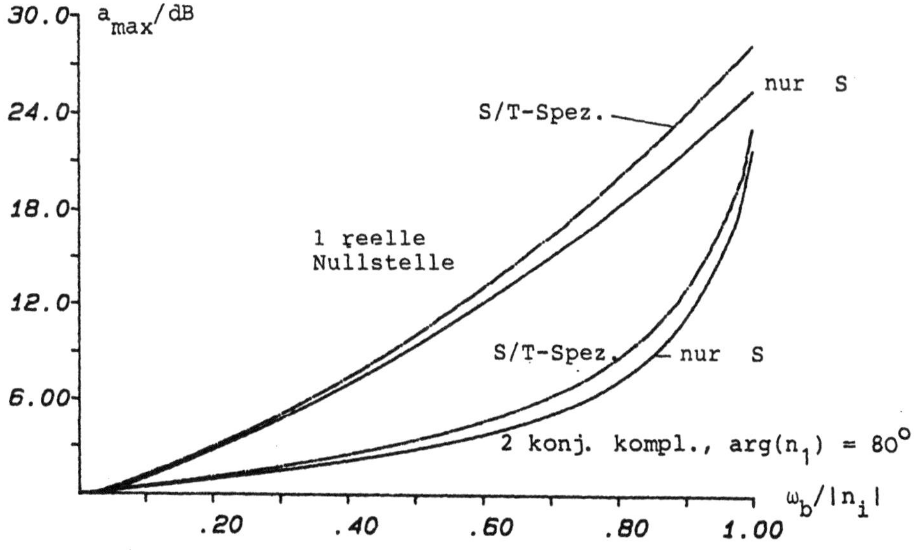

Bild 7.9: Minimalwert von a_{max} als Funktion von $\omega_b/|n_1|$ für Strecke mit einer reellen bzw. 2 konjugiert komplexen Nullstelle(n); $\varepsilon_S = 0{,}1$; $\varepsilon_T = 0{,}5$; $\omega_z = 5|n_i|$

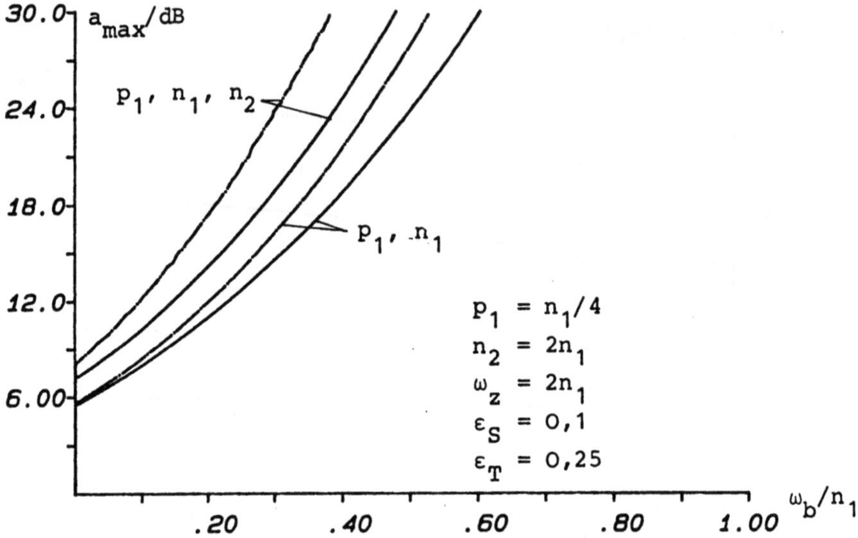

Bild 7.10: Minimalwert von a_{max} als Funktion von ω_b/n_1; instabile Strecke mit einer bzw. zwei reellen Nullstellen in der rHE; strichpunktiert: S/T-Spezifikation nach (7.15) bzw. (7.21); durchgezogen: |S|-Spezifikation (notwendige Bedingung)

Bild 7.10 zeigt schließlich Ergebnisse für eine instabile Strecke mit reellen positiven Nullstellen. Wenn eine Nullstelle der Strecke und ein Pol von $V_c^r(s)$ sehr dicht zusammenliegen, ergeben sich erhöhte numerische Ungenauigkeiten, was am Kurvenverlauf zu erkennen ist. In diesem Fall ist der Einfluß von ω_b/ω_z auf det $\underline{P}$ in der Umgebung des Maximalwerts zu gering.

Die Auswertung von Satz 6.2 mit dem hier beschriebenen Verfahren bietet nun aber auch die Möglichkeit, die erreichbare Regelgüte für Strecken ohne Nullstelle in der rechten s-Halbebene genauer zu bestimmen als dies mit den Mitteln in Kapitel 5 möglich war.

Bild 7.11 zeigt zunächst die erreichbaren Minimalwerte von a_{max} in Abhängigkeit von ω_b/ω_z für eine stabile Strecke. Man erkennt, daß ε_T hier einen erheblichen Einfluß auf die Werte von a_{max} hat. Dies bestätigt die Darstellung von ω_b/ω_z als Funktion von ε_T in

Bild 7.12 und Bild 7.13. Hier wurde die Approximation 14. Ordnung benutzt, da sich, wie Bild 7.14 zeigt, ab $\varepsilon_T = 0{,}5$ doch merkliche Unterschiede ergeben und vor allem der überprüfbare Bereich von ω_b/ω_z zu klein wird.

Das Ergebnis in Bild 7.11 kann mit der im Abschnitt 5.2 hergeleiteten hinreichenden Bedingung (Bild 5.3) verglichen werden. Man erkennt, daß die aufwendigere Analyse hier zu ganz erheblich höheren möglichen Werten von ω_b/ω_z bei gleichem a_{max} führt als der elementare Weg. Allerdings ist hier der offene Kreis nicht notwendigerweise stabil, d. h. die benötigten Kompensationsglieder können auch instabil sein.

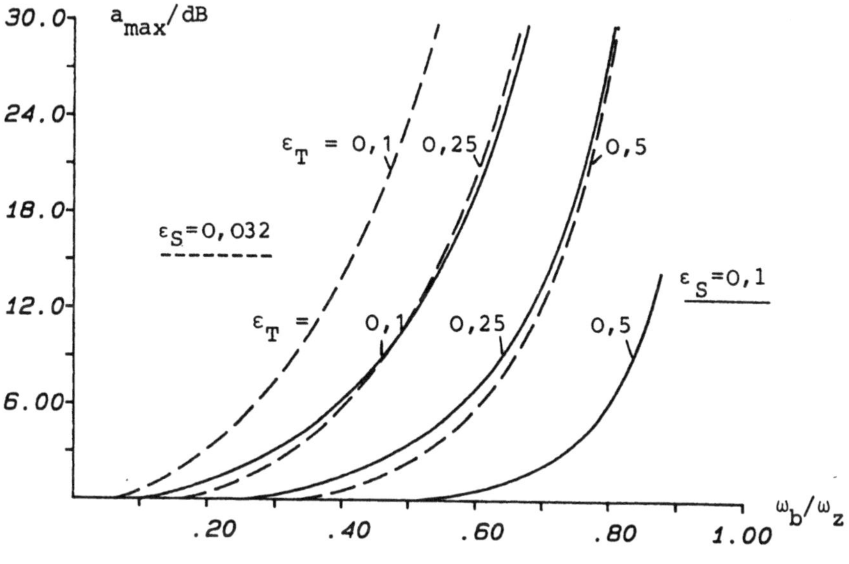

Bild 7.11: Erreichbare Minimalwerte von a_{max} als Funktion von ω_b/ω_z bei stabiler minimalphasiger Strecke; $\varepsilon_S = 0{,}1$ (durchgezogen) bzw. 0,032 (gestrichelt); Approximation 10. Ordnung von $c(\omega)$

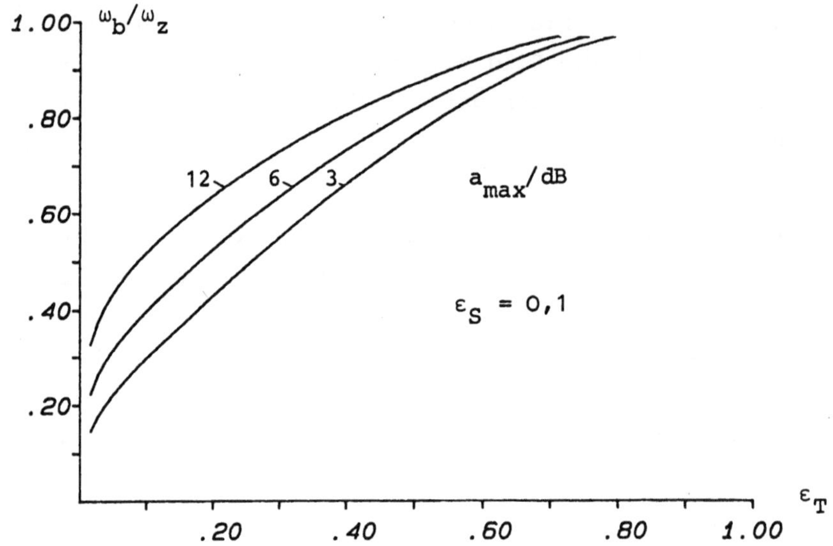

Bild 7.12: Erreichbare Werte von ω_b/ω_z als Funktion von ε_T für stabile minimalphasige Strecke; Approximation 14. Ordnung von $c(\omega)$

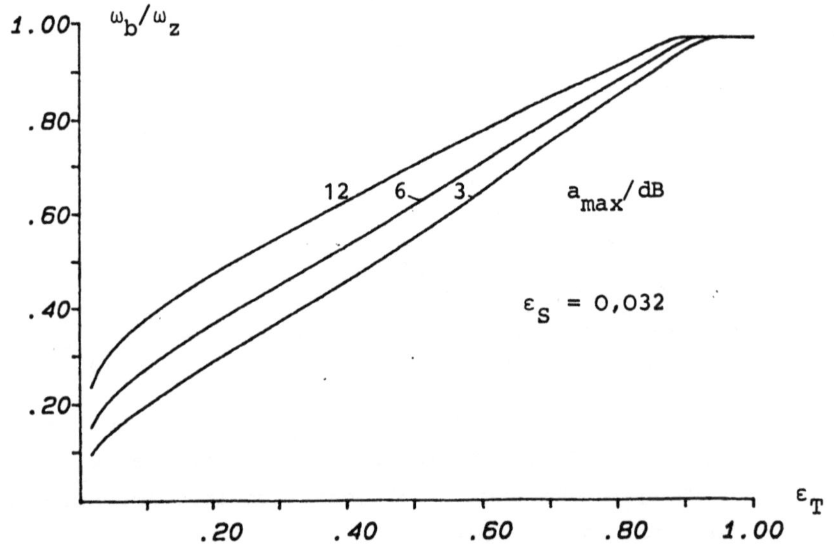

Bild 7.13: Erreichbare Werte von ω_b/ω_z als Funktion von ε_T für stabile minimalphasige Strecke; Approximation 14. Ordnung von $c(\omega)$

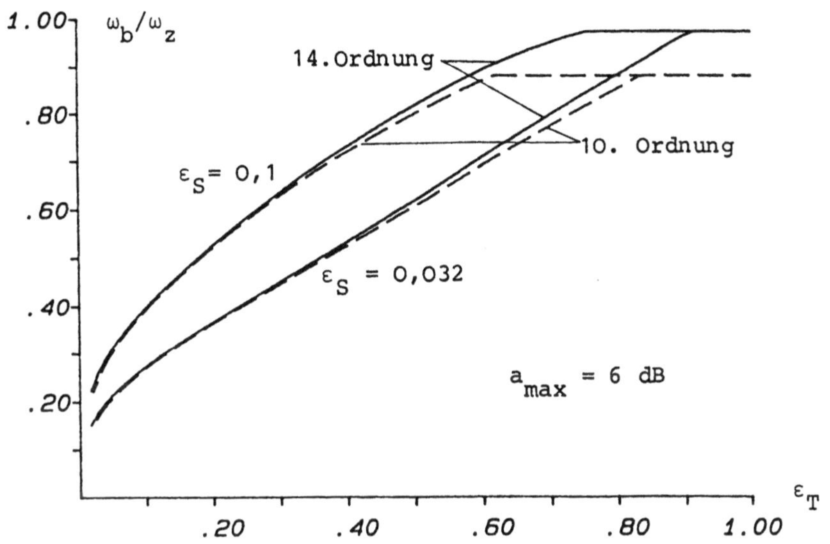

Bild 7.14: Vergleich der erreichbaren Werte von ω_b/ω_z in Abhängigkeit von ε_T für stabile minimalphasige Strecke bei Approximation von $c(\omega)$ 10. Ordnung (gestrichelt) und 14. Ordnung (ausgezogen)

Interessanterweise steigt ω_b/ω_z in guter Näherung linear mit ε_T an, was darauf hindeutet, daß für kleine Werte von a_{max} der effektive Abfall von $|T(j\omega)|$ zwischen ω_b und ω_z stets ca. 20 dB/Dekade beträgt.

Da für den Fall der stabilen Strecke ohne Nullstellen in der rechten Halbebene aus der Theorie in Kapitel 4 und 5 keine notwendigen Bedingungen folgen, muß für eine Eingrenzung nach oben die Tatsache herangezogen werden, daß die Lösbarkeit des Interpolationsproblems mit $r(\omega)$ nach (7.22) notwendig ist für die Einhaltbarkeit von (7.15a-c). Einen Vergleich zwischen notwendiger und hinreichender Bedingung zeigt Bild 7.15. Während die Kurven für $\varepsilon_S = 0{,}1$ recht dicht zusammenliegen, macht sich für $\varepsilon_S = 0{,}032$ der größere relative Fehler bei der Approximation doch deutlich bemerkbar.

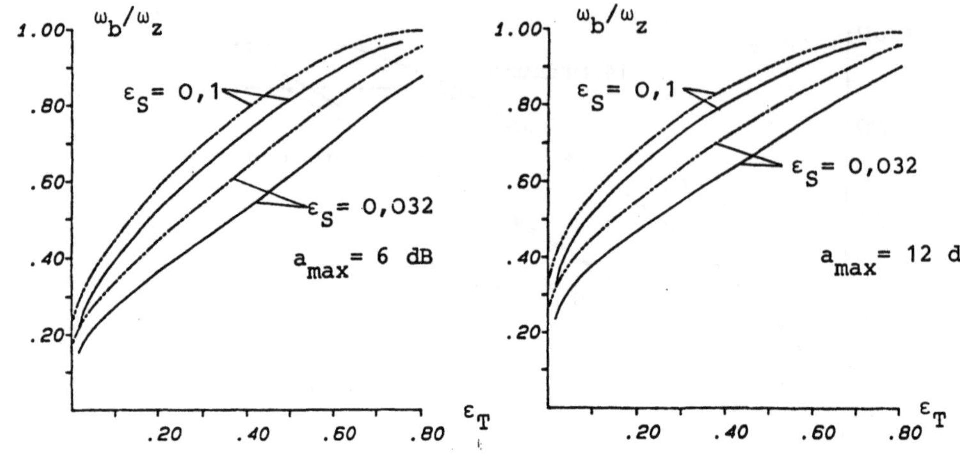

Bild 7.15: Vergleich von notwendiger und hinreichender Bedingung für den erreichbaren Wert von ω_b/ω_z bei stabiler minimalphasiger Strecke; Approximation 14. Ordnung von $c(\omega)$; notwendige Bedingung strichpunktiert, hinreichende ausgezogen.

In den Bildern 7.16 und 7.17 sind Ergebnisse für eine instabile Strecke ohne Nullstelle in $Re[s]>0$ gezeigt. Die Ergebnisse sind dann für stabile minimalphasige Strecken sehr ähnlich, die erreichbare Bandbreite ist jedoch deutlich verringert. Wie in Kapitel 5 diskutiert, muß ω_z stets erheblich größer sein als der Betrag des Pols, da sonst keine robuste Stabilisierung möglich ist. Die Reduktion der Bandbreite besonders für kleines Verhältnis ω_z/p_1 dürfte darauf zurückzuführen sein, daß wegen $S(p_1) = 0$ die Überhöhung von $|S(j\omega)|$ nicht soviel zur Erzielung eines steilen Abfalls von $|T(j\omega)|$ beitragen kann.

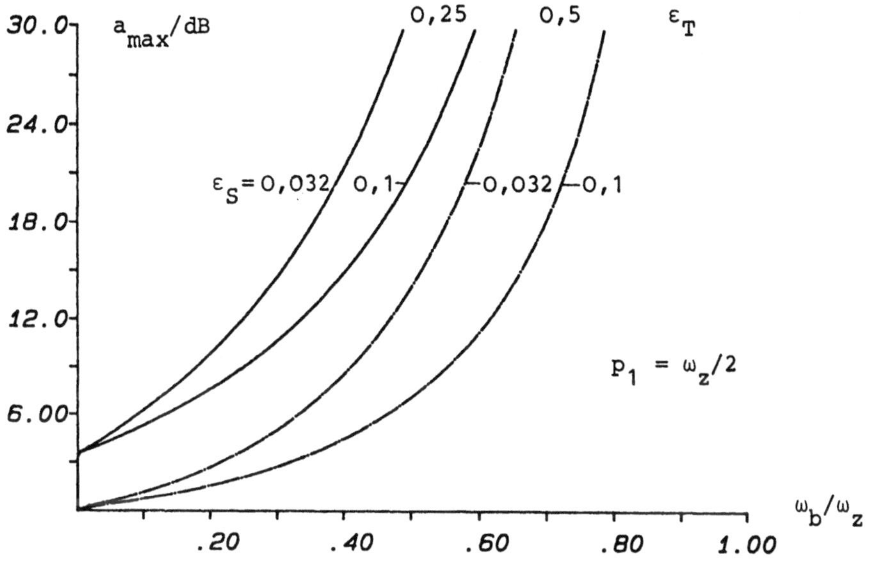

Bild 7.16: Minimale Werte von a_{max} als Funktion von ω_b/ω_z; instabile Strecke mit Pol bei $\omega_z/2$; Approximation 10. Ordnung von $c(\omega)$

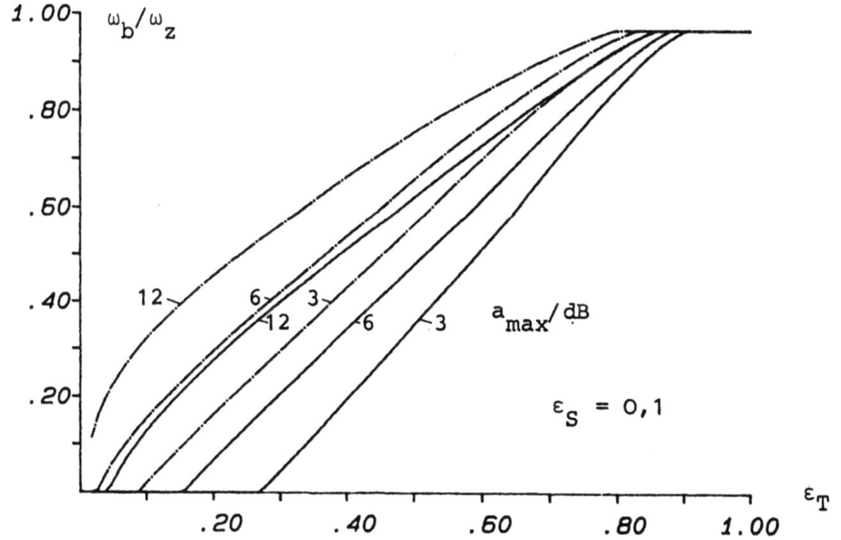

Bild 7.17: Maximal erreichbare Werte von ω_b/ω_z als Funktion von ε_T für instabile Strecke mit Pol bei $\omega_z/2$ (ausgezogen) bzw. $\omega_z/4$ (strichpunktiert); Approximation 14. Ordnung von $c(\omega)$

Die in Bild 7.5 - 7.17 gezeigten Diagramme geben erstmals einen umfassenden Überblick über die aufgrund von Modellierungsunsicherheit und Streckendynamik auftretenden Beschränkungen der erreichbaren Regelgüte in linearen zeitinvarianten Eingrößenregelkreisen. Für die betrachteten Fälle wird hiermit das erreichbare robuste Folgeverhalten in Abhängigkeit von den Polen und Nullstellen in der rechten s-Halbebene und vom durch die Modellierungsgüte bestimmten Parameter ε_T charakterisiert. Insbesondere

- ist bei stabiler minimalphasiger Strecke gute Störunterdrückung über 60 bis 80 % der Bandbreite zuverlässiger Modellierung erreichbar;

- wird die Bandbreite guter Störunterdrückung bei Vorhandensein von Nullstellen in der rechten s-Halbebene im wesentlichen durch die Nullstellen bestimmt und durch zusätzliche Robustheitsanforderungen nur wenig beeinflußt.

Ist ω_b deutlich kleiner als die Beträge der in den Interpolationsbedingungen auftretenden Werte n_i, p_i und q_i, so gelten die Diagramme in guter Näherung für jede andere Spezifikation von $|S(j\omega)|$ unterhalb von ω_b mit demselben Mittelwert des Logarithmus, da dann alle Elemente von $\underline{P}$ nahezu konstant bleiben.

Wenn $G_{SM}(s)$ näherungsweise invertierbar ist, so ist die angegebene Regelgüte stets mit kausalen Kompensationsgliedern erreichbar. Diese haben jedoch keine endliche Ordnung, da $V_r(s)$ nicht rational ist. Der nächste Abschnitt beschäftigt sich mit der erreichbaren Regelgüte für realisierbare Kompensationsglieder <u>endlicher</u> Ordnung.

7.3 Überlegungen zur mit Kompensationsgliedern endlicher Ordnung erreichbaren Regelgüte

Die aus den Cauerparameter-Tiefpässen gewonnenen Funktionen haben die hervorstechende Eigenschaft, stückweise konstante Funktionen mit einem vorgebbaren maximalen Fehler anzunähern. Dies macht ihre Verwendung auch interessant für Überlegungen zur mit Kompensationsgliedern endlicher Ordnung erreichbaren Regelgüte im Vergleich zur im vorigen Abschnitt ermittelten maximalen Regelgüte für die Spezifikation (7.15).

Es sei zunächst der einfache Fall betrachtet, daß nur die Spezifikationen (7.15a, b) für $|S(j\omega)|$ vorliegen. Anstelle der Beschränkung für $|T(j\omega)|$ schreiben wir vor, daß $|S(j\omega)|$ für $|\omega|\to\infty$ gegen 1 geht, indem (7.15b) durch

$$|S(j\omega)| \overset{!}{\leq} \left|\frac{(S_{max}^{1/p} + j\omega/\omega_z)^p}{(1 + j\omega/\omega_z)^p}\right| = S_{max}\cdot A_z(\omega) \qquad (7.23)$$

ersetzt wird. Für $\omega_z\to\infty$ ändern sich dadurch die erreichbaren Werte von ω_b nur beliebig wenig. Die Verwendung von (7.23) anstelle von (7.15b) ist eine rein technische Modifikation zur Erleichterung der Argumentation, wenn ω_z als freier, beliebig großer Parameter aufgefaßt wird. ω_z kann aber auch als Teil der Spezifikation des Entwurfsproblems angesehen werden, da hierdurch eine übermäßige Bandbreite des offenen Kreises vermieden wird.

Für jede Wahl von ω_z und p liefert Satz 6.1 mit

$$A(\omega) = \begin{cases} \varepsilon_S & |\omega| \leq \omega_b \\ S_{max}\cdot A_z(\omega) & |\omega| > \omega_b \end{cases} \qquad (7.24)$$

einen maximalen Wert von ω_b für gegebene Parameter ε_S, S_{max}, ω_z, p.

Wir bezeichnen diesen Wert hier mit ω_b^∞, da er nur erreichbar ist, wenn S(s) eine $\mathbb{H}_H^\infty$ - Funktion unendlich großer Ordnung ist. Nach (6.7) gilt für die im allgemeinen wegen der Pol-/Nullstellenkürzungen im Unendlichen nicht zulässige Funktion $S^n(s)$, die die Spezifikationen (7.15a, b) exakt erfüllt,

$$S^n(s) = Q(s)W_A^{-1}(s),$$

wobei $W_A(s)$ das Poisson-Integral zu $[A(\omega)]^{-1}$ bedeutet, und Q(s) die Lösung des Interpolationsproblems (6.6a-c) ist, deren Ordnung um eins kleiner ist als die Zahl der Pole und Nullstellen von $G_{SM}(s)$ in der rechten s-Halbebene, wenn diese als einfach vorausgesetzt werden. Ist das Modell von Strecke und Meßglied, die Übertragungsfunktion $G_{SM}(s)$, rational und $W_A^r(s)$ eine <u>rationale</u> Funktion, deren Amplitudengang für $|\omega|\to\infty$ gegen Eins geht, so liefert der Ansatz

$$G_{KF}(s) = (\frac{a}{s+a})^{l} \cdot \frac{W_A^r(s) - Q(s)}{G_{SM}(s)\, Q(s)} \tag{7.25}$$

aufgrund von Satz 4.2 eine Übertragungsfunktion endlicher Ordnung, die den Regelkreis vollständig stabilisiert und

$$|S(j\omega)| \leq |W_A^r(j\omega)|^{-1} + \delta \tag{7.26}$$

erreicht, wobei δ von a abhängt und für $a \to \infty$ beliebig klein wird, wenn das Interpolationsproblem (6.6a-c) lösbar ist. Das wird mit Sicherheit der Fall sein, wenn

$$|W_A^r(j\omega)|^{-1} \overset{!}{\geq} \begin{cases} \varepsilon_S & |\omega| \leq \omega_b^\infty \\ S_{max} \cdot A_z(\omega) & |\omega| > \omega_b^\infty \end{cases} \tag{7.27}$$

erfüllt ist. l ist nicht größer als k-1, wobei k aus der Faktorisierung (4.6) von $G_{SM}(s)$ folgt. Für die Ordnung n_{KF} von $G_{KF}(s)$ gilt dann aufgrund der durch die Interpolationsbedingungen erzwungenen Pol-/Nullstellenkürzungen in (7.23)

$$n_{KF} \leq n_{SM} + n_A - 2 = n_{KF}^g \, , \tag{7.28}$$

worin n_{SM} die Ordnung von $G_{SM}(s)$ und n_A die Ordnung von $W_A^r(s)$ bedeutet. n_{KF}^g ist die "generische" Ordnung von $G_{KF}(s)$, die zur Erfüllung von (7.26) notwendig ist, d. h. die Ordnung, die für fast alle $G_{SM}(s)$ der Ordnung n_{SM} und $W_A^r(s)$ der Ordnung n_A benötigt wird. In bestimmten Fällen kann die erforderliche Ordnung kleiner sein, weil zusätzliche Kürzungen auftreten.

Wir wollen nun mit Hilfe von Cauerparameter-Filterfunktionen geeignete Funktionen $W_A^r(s)$ bestimmen, die $A(\omega)$ nach (7.23) bei vorgegebener Ordnung möglichst gut approximieren und (7.27) einhalten. Dies ist besonders einfach, wenn man folgende Forderungen aufstellt:

$$\varepsilon_S \overset{!}{\leq} |W_A^r(j\omega)|^{-1} \leq \varepsilon_S(1+\Delta_S) \quad \text{für} \quad |\omega| \leq \beta_b \cdot \omega_b^\infty \tag{7.29a}$$

$$S_{max} \cdot A_z(\omega) \overset{!}{\leq} |W_A^r(j\omega)|^{-1} \overset{!}{\leq} (S_{max} + \varepsilon_S) A_z(\omega) \quad \text{f.} \quad |\omega| \geq \omega_b^\infty . \tag{7.29b}$$

Es soll also innerhalb der auf das β_b-fache reduzierten Bandbreite guter Störunterdrückung ein nicht wesentlich erhöhter Wert von $|S(j\omega)|$ und ebenso ein nicht wesentlich erhöhter Maximalwert erreicht werden.

Dazu wählen wir

$$[W_A^r(s)]^{-1} = V_a^r(s) \cdot \frac{1}{S_{max}} \cdot \frac{[\omega_z \cdot S_{max}^{1/p} + s]^p}{[\omega_z + s]^p} \tag{7.30}$$

mit

$$V_a^r(s) V_a^r(-s) = \varepsilon_S^2 + S_{max}^2 \cdot \frac{K_1(s)K_1(-s)}{1 + K_1(s)K_1(-s)} , \tag{7.31}$$

wobei $V_a^r(s)$ frei von Polen und Nullstellen mit positivem Realteil ist. $K_1(s)$ ist wieder eine Cauerparameter-Filterfunktion der Ordnung n_{K1}, wodurch β_b für gegebenes Δ_S und feste Ordnung n_{K1} maximal wird. Für die generische Ordnung von $G_{KF}(s)$ gilt dann

$$n_{KF}^g = n_{SM} + n_{K1} - 1 , \tag{7.32}$$

da sich in (7.25) Pole und Nullstellen im Unendlichen kürzen, weshalb $l = k-p$ gewählt werden kann.

Der Zusammenhang zwischen n_{K1} und dem erreichbaren Wert von β_b für bestimmte vorgegebene Werte von ε_S, S_{max} und Δ_S kann wiederum aus Bild 7.1 oder aus den in [SA] angegebenen Diagrammen entnommen werden:

Wie man leicht nachrechnen kann, muß für $|\omega| \leq \beta_b \omega_b$

$$|K_1(j\omega)|^2 \overset{!}{\leq} \frac{\rho_S^2}{1 - \rho_S^2} \tag{7.33a}$$

mit

$$\rho_S = \frac{\varepsilon_S}{S_{max}} \cdot (2\Delta_S + \Delta_S^2)^{1/2} \tag{7.33b}$$

und für $|\omega| \geq \omega_b$

$$1 + |K_1(j\omega)|^2 \overset{!}{\geq} \left(\frac{S_{max}}{\varepsilon_S}\right)^2 \tag{7.33c}$$

erfüllt sein. Δ_z ergibt sich deshalb in guter Näherung als

$$\Delta_z = \frac{\varepsilon_S}{S_{max}} \cdot (2\Delta_S+\Delta_S^2)^{1/4} \, . \tag{7.34}$$

Drückt man die Anforderungen durch die in [SA] verwendeten Parameter ρ und a_S aus, so muß

$$\rho \overset{!}{\geq} \rho_S \tag{7.35a}$$

und

$$a_S \overset{!}{\geq} 20 \lg \frac{S_{max}}{\varepsilon_S} \tag{7.35b}$$

erreicht werden.

<u>Beispiel 7.2</u>

Es sei $\varepsilon_S = 0{,}1$ und $S_{max} = 2$. Es soll erreicht werden, daß der Betrag von $S(j\omega)$ im Sperrbereich $|\omega| \leq \beta_b\omega_b$ höchstens um 10 % ansteigt, d. h. $\Delta_S = 0{,}1$. Damit folgt aus (7.33a - c)

$$\Delta_z^{-1} \approx 30$$

bzw.

$$\rho_S \approx 0{,}023$$

$$a_S = 26 \text{ dB}$$

Aus Bild 7.1 oder dem Diagramm in [SA, S.33] entnimmt man, daß folgende Werte von β_b in Abhängigkeit von n_{K1} erreichbar sind:

n_{K1}	2	3	4	5	6	7	8	9
$\beta_{b_{max}}$	0,07	0,25	0,47	0,66	0,81	0,89	0,93	0,96

Für eine relativ gute Annäherung an die erreichbare Regelgüte benötigt man also eine Funktion $V_a^r(s)$ der Ordnung 4-9. Ist n_{K1} kleiner als 4, so läßt sich kein steiler Anstieg von $|S(j\omega)|$ von $\varepsilon_S(1+\Delta_S)$ auf S_{max} erreichen. □

Man kann nun die Approximation (7.31) auch zur Synthese realisierbarer Kompensationsglieder benutzen. Dazu bietet sich wieder die Benutzung der Tabellen in [SA] an.

Beispiel 7.3

Es soll eine Funktion $V_a^r(s)$ 5. Ordnung bestimmt werden, die die Anforderungen im Beispiel 7.2 erfüllt. Dazu benötigt man zuerst eine Cauerparameter-Funktion K(s) bzw. die Funktion K(s)/H(s) für $\rho < 2,3\ \%$ und $a_S > 26$ dB. Aus der Tabelle C0502 in [SA] entnimmt man für $a_S = 26,7$ dB normiert auf $\beta_b\omega_b = 1$

$$\frac{K_1(s)}{H_1(s)} = \frac{B_{K1}(s)}{B_{H1}(s)} = \frac{s(s^2+b_1^2)(s^2+b_2^2)}{(s+a_1)(s^2+2a_2+c_2)(s^2+2a_3+c_3)}$$

mit

$$\begin{aligned} b_1 &= 0,64096 & a_1 &= 1,4479 & & \\ b_2 &= 0,96268 & a_2 &= 0,73563 & c_2 &= 1,8291 \\ & & a_3 &= 0,16546 & c_3 &= 1,6464\ . \end{aligned}$$

Setzt man dies in (7.30) ein, so erhält man schließlich

$$W_A^r(s) = \frac{(s+a_1)(s^2+2a_2+c_2)(s^2+2a_3+c_3)}{d_0(s+d_1)(s^2+2d_2+e_2)(s^2+2d_3+e_3)} \cdot \left(\frac{\omega_z + s}{\omega_z+2^{1/p}\cdot s}\right)^p$$

mit

$$\begin{aligned} d_1 &= 0,39036 & d_0 &= 2,0025 \\ d_2 &= 0,07722 & e_2 &= 1,0173 \\ d_3 &= 0,26472 & e_3 &= 0,54843\ . \end{aligned}$$

Der Frequenzgang von $[W_A^r(s)]^{-1}$ ist für p = 0 in Bild 7.18 dargestellt. β_b ergibt sich zu 0,66, d. h. es werden 2/3 der möglichen Bandbreite der Störunterdrückung erreicht.

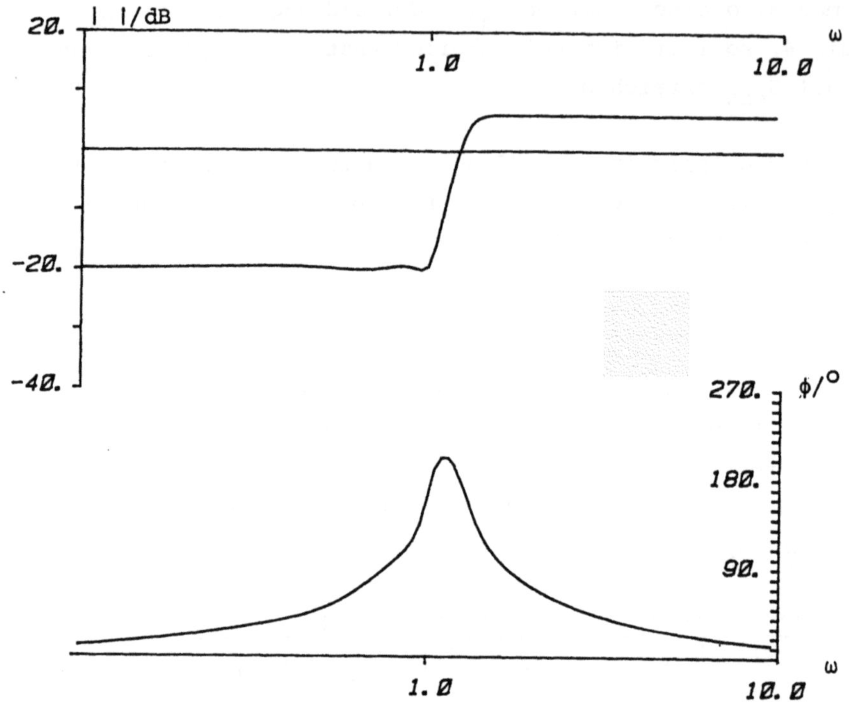

Bild 7.18: Frequenzgang von $[W_A^r(s)]^{-1}$ mit p = 0 für das behandelte Beispiel

Der Verlauf von $|S(j\omega)|$ für $\omega \rightarrow 0$ und $\omega \rightarrow \infty$ kann ohne wesentlichen Einfluß auf die Bandbreite ω_b abgewandelt werden, so daß stationäre Genauigkeit und ein realistisches Verhalten für hohe Frequenzen resultieren. Der Verlauf von $S(j\omega)$ ist natürlich nur dann sinnvoll, wenn $S_{max} = 2$ aufgrund der Restriktionen für die erreichbare Regelgüte der minimal mögliche Wert ist.

In Bild 7.19 ist die zugehörige Sprungantwort, d. h. die Reaktion eines Regelkreises mit $S(s) = [W_A^r(s)]^{-1}$ auf eine sprungförmige Störung am Ausgang gezeigt. Der relativ stark oszillierende Verlauf ist eine Konsequenz der Spezifikation allein von $|S(j\omega)|$. $S(s)$ wurde ja so gewählt, daß bis zur maximalen Frequenz $\beta_b\omega_b$ eine Störunterdrückung um 19 dB erreicht wird, und stellt in dieser Beziehung ein Optimum dar. Wenn die Reaktion auf sprungförmige Signale eine Rolle spielt, sollte $|T(j\omega)|$ zusätzlich spezifiziert werden.

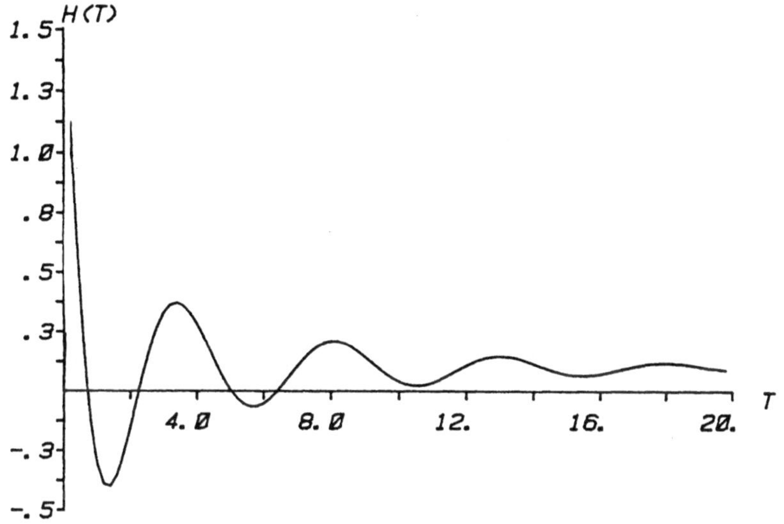

Bild 7.19: Sprungantwort eines Regelkreises mit $S(s) = [W_A^r(s)]^{-1}$ für Störung am Streckenausgang □

Wir wollen nun die Auswirkungen der Beschränkung der Kompensatorordnung auf die Einhaltbarkeit der vollständigen Minimalspezifikation eines Regelkreises nach (7.15a-c) untersuchen. Wir gehen wieder davon aus, daß ein sicher erreichbarer Wert von ω_b für gegebene Parameter ε_S, S_{max}, ε_T und ω_z bekannt ist. Da die Ordnung der (im Unendlichen noch geeignet zu modifizierenden) Lösungsfunktion $S^n(s)$ nach (6.36) durch die Ordnung von $V_r(s)$ wesentlich bestimmt wird, läßt sich dieser Wert nur mit einer nichtrationalen Funktion $S^n(s)$ erreichen. Analog zum Vorgehen bei der Diskussion der Einhaltbarkeit der Anforderungen an $|S(j\omega)|$ approximieren wir $r(\omega)$ nach (7.19) wieder von oben durch eine rationale Funktion $V_r^r(j\omega)$. Dadurch ist

$$|V_c^r(j\omega) - S(j\omega)| \overset{!}{\leq} |V_r^r(j\omega)| \tag{7.36}$$

für beliebig kleines $\delta > 0$ auf jedem Fall durch eine rationale Funktion $S^n(s)$ gemäß (6.36)

$$S^n(s) = V_c^r(s) + X(s)V_r^r(s)[U_c^p(s)]^{-1} \tag{7.37}$$

erreichbar. Die Ordnung von $S^n(s)$ beträgt generisch

$$n_S^g = n_c + n_r - 1 + n_{SM}^P + n_{SM}^N \quad , \tag{7.38}$$

worin n_c die Ordnung von V_c^r, n_r die Ordnung von V_r^r, n_{SM}^P die Zahl der (als einfach vorausgesetzten) Pole und n_{SM}^N die Zahl der (einfachen) endlichen Nullstellen von $G_{SM}(s)$ in der rechten s-Halbebene bedeuten.

Die Ordnung der Kompensationsglieder, die den Regelkreis vollständig stabilisieren und die Spezifikation (7.36) mit beliebig guter Genauigkeit einhalten, ergibt sich daraus zu

$$n_{KF}^g = n_c + n_r + n_{SM} - 1 \; . \tag{7.39}$$

Vernachlässigt man den in (7.19) geforderten Abfall im Intervall $[\beta\omega_z, \omega_z]$, d. h. läßt man dort eine Erhöhung von $|S(j\omega)|$ auf maximal $S_{max} + 1 - \delta_T$ zu, so läßt sich $r(\omega)$ nach (7.19) approximieren, indem zwei Funktionen des Typs (7.31) multipliziert werden, d. h. der Ansatz

$$V_r^r(s) \cdot V_r^r(-s) = \left[\frac{\alpha_1^2 + \gamma_1^2 K_1(s) K_1(-s)}{1 + K_1(s) K_1(-s)} \right] \cdot \left[\frac{\alpha_2^2 + \gamma_2^2 \, K_2(s) K_2(-s)}{1 + K_2(s) K_2(-s)} \right] \tag{7.40}$$

benutzt wird. $K_1(j\omega)$ ist klein für $|\omega| \leq \beta_b \omega_b$ und groß für $|\omega| > \omega_b$ $|K_2(j\omega)|$ klein für $|\omega| \leq \omega_z$ und groß für $|\omega| > \omega_z / \beta_z$.

Wählt man

$$\alpha_1 = \varepsilon_S' = \varepsilon_S - \delta_S \tag{7.41a}$$

$$\gamma_1^2 = S_{max}'^2 + \varepsilon_S'^2 = (S_{max} - \delta_T)^2 + (\varepsilon_S - \delta_S)^2 \tag{7.41b}$$

$$\alpha_2 = 1 + \Delta_m \tag{7.41c}$$

$$\gamma_2 = \frac{\varepsilon'_T}{S'_{max}} = \frac{\varepsilon_T - \delta_T}{S_{max} - \delta_T} \; , \tag{7.41d}$$

so läßt sich durch geeignete Wahl der Filterparameter ρ_1, a_{S1}, ρ_2,

a_{S2} erreichen, daß

$$\varepsilon'_S \overset{!}{\leq} |V_r^r(j\omega)| \overset{!}{\leq} (1+\Delta_S)\varepsilon'_S \qquad \text{für } |\omega| \leq \beta_b\omega_b \qquad (7.42a)$$

$$S'_{max} \overset{!}{\leq} |V_r^r(j\omega)| \overset{!}{\leq} (S'_{max}+\varepsilon'_S)(1+\Delta_m) \quad \text{für } \beta_b\omega_b \leq |\omega| \leq \omega_z/\beta_z$$

und (7.42b)

$$\varepsilon'_T \overset{!}{\leq} |V_r^r(j\omega)| \overset{!}{\leq} (1+\Delta_T)\varepsilon'_T \qquad \text{für } |\omega| \geq \omega_z/\beta_z \qquad (7.42c)$$

für vorgegebene Werte von Δ_S, Δ_T und Δ_m und maximales β_b und β_z eingehalten werden. Da ε'_T im allgemeinen größer ist als ε_S, wird die erforderliche Ordnung des zweiten Faktors meist geringer sein als des ersten. Die Bestimmung der benötigten Ordnung verläuft im Prinzip genauso wie bei der Approximation von $A(\omega)$. Sollen β_b und β_z größer als 0,5 sein, so benötigt man für Werte von Δ_S, Δ_m, Δ_T in der Größenordnung von 0,1 eine Funktion $V_r^r(s)$ mindestens 8. Ordnung.

Da etwa dieselbe Ordnung erforderlich ist, um $c(\omega)$ halbwegs gut zu approximieren, ergibt sich für die generische Kompensatorordnung nach (7.39) ein Wert von 15 plus Streckenordnung, wenn die theoretisch erreichbare Regelgüte im Rahmen der Spezifikation (7.15a-c) auch nur einigermaßen genau erreicht werden soll. Immerhin kann sich auch bei dieser Ordnung das Verhältnis ω_z/ω_b auf das drei- bis vierfache erhöhen.

Dies spiegelt die prinzipiell ungleich größeren Schwierigkeiten der Einhaltung von Spezifikationen des Betrags und der Phase von $\mathbb{H}_H^\infty$- Funktionen, wie sie durch (7.15a-c) vorliegen, wieder. Ersetzt man (7.15c) durch die notwendige Bedingung

$$|S(j\omega)| \overset{!}{\leq} 1 + \varepsilon_T ,$$

so kann der Ansatz (7.40) für $V_a^r(s)$ verwendet werden, und die erforderliche Ordnung ist um n_c kleiner.

Es ist allerdings nicht gesagt, ob es nicht möglicherweise geschicktere Konstruktionen anstelle der getrennten Approximation von $r(\omega)$ und $c(\omega)$ durch rationale Funktionen gibt, die zu einer etwas niedrigeren generischen Ordnung von $S^n(s)$ führen. Ein relativ einfacher Ansatz in dieser Richtung wird im nächsten Abschnitt behandelt.

7.4 Eine spezielle Lösung niedriger Ordnung

Da in (7.39) sowohl die Ordnung von V_c^r als auch von V_r^r eingeht, in (7.37) jedoch eine ganz bestimmte Verknüpfung von $V_c^r(s)$ und $V_r^r(s)$ vorgenommen wird, liegt der Gedanke nahe, die erforderliche Ordnung durch eine besonders geschickte Wahl von $V_r^r(s)$ zu verringern. Als derartige Wahl bietet sich beispielsweise

$$V_r^r(s) = \mu_r \cdot \frac{K(s)}{[H(s)]^2} \tag{7.43}$$

an, womit

$$r(\omega) = \mu_r\{ V_c^r(j\omega)[1-V_c^r(j\omega)]\}^{1/2} \tag{7.44}$$

gilt. Ist $V_c^r(j\omega)$ klein gegen Eins oder näherungsweise gleich Eins, so ist $r(\omega)$ klein. Im Übergangsbereich $\beta\omega_z \le \omega \le \omega_z$ ist $r(\omega)$ auf $\mu_r/2$ beschränkt. Mit $r(\omega)$ nach (7.44) gilt

$$|S(j\omega)| < \mu_r\, \delta_S^{1/2} + \delta_S \qquad \text{für} \quad |\omega| \le \beta\omega_z \tag{7.45a}$$

$$|T(j\omega)| < \mu_r\, \delta_T^{1/2} + \delta_T \qquad \text{für} \quad |\omega| \ge \omega_z \tag{7.45b}$$

und

$$|S(j\omega)| \le \frac{1}{2}\,(1+ \sqrt{1+\mu_r^2}) \qquad \text{für} \quad \beta\omega_z \le |\omega| \le \omega_z\,. \tag{7.45c}$$

Es ist klar, daß eine solche spezielle Wahl von $V_r^r(s)$ Einschränkungen bei der Vorgabe der Parameter zur Folge hat. Es ist dadurch beispielsweise $\omega_b = \beta\omega_z$, und S_{max} ist indirekt durch die Wahl von β, δ_S und δ_T vorgegeben, da der Minimalwert von μ_r aus der Erfüllbarkeit der Interpolationsbedingungen resultiert. Diese ergeben sich für stabile minimalphasige Strecke zu

$$X(q_i) = -\mu_r^{-1} \cdot K(-q_i) = \begin{cases} \pm\, j \cdot \mu_r^{-1} & \text{für } n_K \text{ gerade} \\ \pm\, \mu_r^{-1} & \text{für } n_K \text{ ungerade,} \end{cases} \tag{7.46}$$

$i = 1..n_K$. Aus (7.37) folgt dann für die gesuchte Funktion $S^n(s)$

$$S^n(s) = V_c^r(s)\left(1 + \mu_r \frac{X(s)}{K(-s)}\right), \tag{7.47}$$

und $S^n(s)$ besitzt die Ordnung $n_c - 1$.

Besonders übersichtliche Verhältnisse ergeben sich für $n_c=4$. Man erhält in diesem Fall als Interpolationsfunktion

$$X(s) = \frac{c_1 - s}{c_1 + s},$$

mit

$$c_1 = |q_i|, \quad i = 1,2.$$

Setzt man

$$q_i = a_1 \pm j\gamma_1,$$

so folgt

$$\min(\mu_r) = \left(\frac{c_1 + a_1}{c_1 - a_1}\right)^{1/2}$$

und wegen

$$a_1 \leq c_1/\sqrt{2}$$

$$\min(\mu_r) \leq 1 + \sqrt{2}.$$

Schreibt man $K(s)$ als

$$K(s) = \alpha \frac{s^2 + b_1^2}{1 + b_1^2 s^2}, \tag{7.48}$$

so folgt für stabile minimalphasige Strecke

$$S^n(s) = \frac{b_1^2 + s^2}{c_1^2 + 2a_1 s + s^2} \cdot \frac{d_0 + d_1 s}{c_1 + s} \tag{7.49}$$

mit

$$d_0 = \frac{\alpha^2 b_1^2 + \alpha\mu_r}{(\alpha^2 + b_1^4)c_1} \tag{7.50a}$$

$$d_1 = \frac{\alpha^2 - \alpha b_1^2 \mu_r}{\alpha^2 + b_1^4} \quad . \tag{7.50b}$$

α ist durch (7.9) bestimmt, und für b_1^2 gilt mit der Normierung $\sqrt{ß}\omega_z = 1$

$$b_1^2 = \left[\frac{\delta_S\ \delta_T}{(1-\delta_S)(1-\delta_T)}\right]^{1/4} = \Delta_z \quad .$$

ß ergibt sich aus der in Abschnitt 7.1 angegebenen Beziehung.

Beispiel 7.4

Es seien als Werte für ε_S 0,01 und für ε_T 0,25 vorgegeben. Die Spezifikationen (7.15a-c) werden mit Sicherheit erfüllt, wenn ${\delta_S}^{1/2} = 0{,}004$ und ${\delta_T}^{1/2} = 0{,}1$ gewählt werden. Man erhält

$$c_1 = 2{,}2305$$
$$a_1 = 1{,}4933,$$

und damit als minimalen Wert von μ_r

$$\mu_r = 2{,}2475.$$

ß beträgt 0,04.

Die Amplitudengänge von $S^n(s)$ und $T^n(s)$ sind in Bild 7.20 dargestellt. Die Sprungantwort von $T^n(s)$ in Bild 7.21 zeigt insbesondere eine sehr kurze Ausregelzeit.

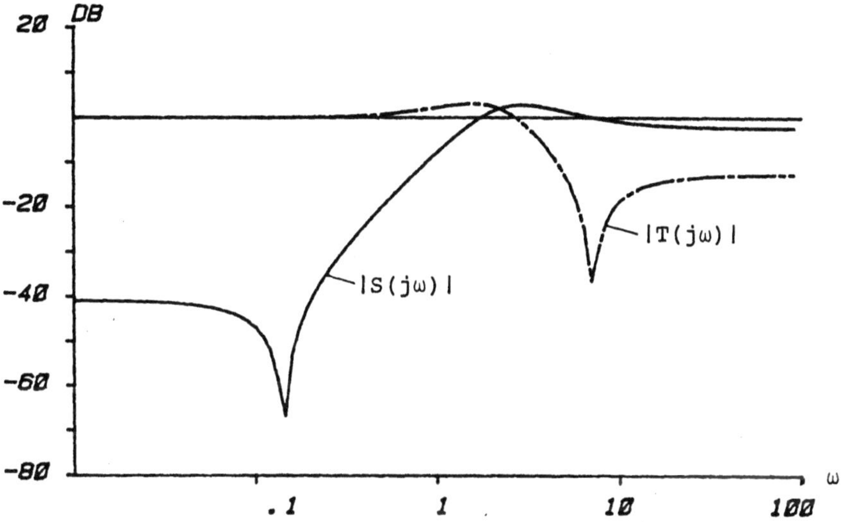

Bild 7.20: Frequenzgänge von $S^n(s)$ und $T^n(s)$ für $S^n(s)$ nach (7.49)

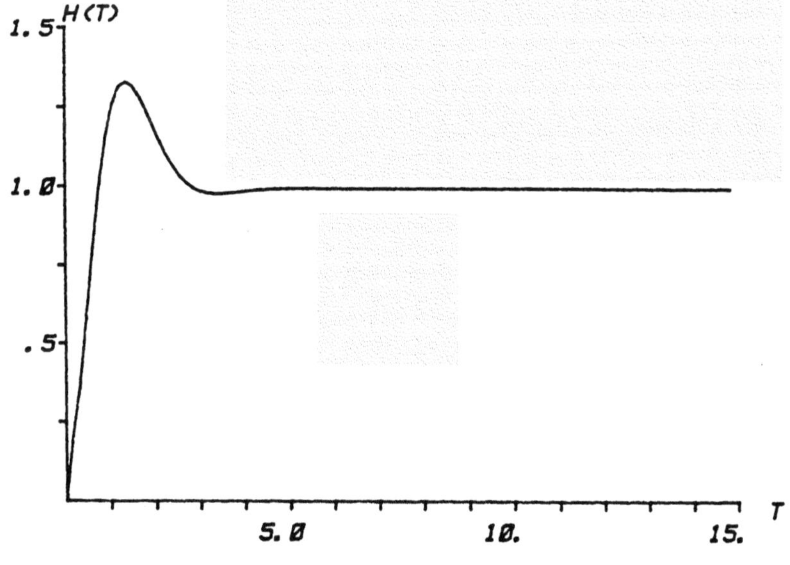

Bild 7.21: Sprungantwort von $T^n(s)$ für das Beispiel

□

Für $\delta_S^{1/2} = 0{,}05$ und $\delta_T^{1/2} = 0{,}125$ ergibt sich $\mu_r \approx 2{,}14$, $\beta \approx 0{,}16$ und damit $\varepsilon_S \leq 0{,}11$, $\varepsilon_T \leq 0{,}28$, $S_{max} \leq 2{,}86$. Vergleicht man dies mit Bild 7.11, so ist zu erkennen, daß bei größerer Ordnung von $S^n(s)$ und bei gleichen Werten von ε_S, ε_T und S_{max} ein ca 4 x größeres Verhältnis ω_b/ω_z erreichbar ist.

Dies ist verglichen mit den Ergebnissen im Abschnitt 7.3 gar kein schlechtes Verhältnis zwischen der erreichten und der theoretisch erreichbaren Regelgüte.

Erhöht man die Ordnung von $V_c^r(s)$, so wächst μ_r sehr stark an, so daß nur $n_c = 4$ oder 6 sinnvoll sind. Dies ist nicht verwunderlich, da der bei höherer Ordnung raschere Anstieg von $V_c^r(j\omega)$ größere Phasenschwankungen und damit größere Werte von μ_r zur Folge hat. Eine Möglichkeit, dieses Problem zu umgehen, wäre die Ersetzung von μ_r durch eine rationale Funktion, damit ist aber die Zahl der Freiheitsgrade sehr groß und eine übersichtliche Auswertung unmöglich. Die vorgestellte Lösung 3. Ordnung kann durchaus als "Musterübertragungsfunktion" niedriger Ordnung für eine näherungsweise Erfüllung der Spezifikationen angesehen werden, wobei allerdings ein erheblicher Verlust an Bandbreite guter Störunterdrückung in Kauf genommen werden muß. Dafür ist die Reaktion des Regelkreises im Vergleich zum Beispiel 7.2 recht gut gedämpft.

7.5 Zusammenfassung

In diesem Kapitel wurden einige Überlegungen zur Benutzung von Filterfunktionen, die stückweise konstante Funktionen im Tschebycheffschen Sinne optimal approximieren, zur Lösung regelungstechnischer Probleme dargestellt. Mit Hilfe dieser Funktionen konnte zum einen das allgemeine Ergebnis aus Satz 6.2 zur Einhaltbarkeit von Spezifikationen von $|S(j\omega)|$ und $|T(j\omega)|$ in komplementären Frequenzbereichen mit erträglichem Rechenaufwand ausgewertet werden. Die in den Bildern 7.5 - 7.17 graphisch dargestellten Ergebnisse geben erstmals einen relativ vollständigen Überblick über die Beschränkungen der erreichbaren Störunterdrückung in linearen zeitinvarianten Eingrößenregelkreisen aufgrund der Modellierungsunsicherheit und der Streckendynamik.

Es zeigte sich, daß die erreichbare Bandbreite guter Störunterdrückung in erster Linie durch die Nullstellen in der rechten s-Halbebene bestimmt wird, wenn solche Nullstellen im Modell von Regelstrecke und Sensor vorhanden sind. Dagegen wird die Modellierungsungenauigkeit zum entscheidenden Faktor, wenn keine Nullstellen mit positivem Realteil auftreten. Es läßt sich dann gute Störunterdrückung über 60 bis 80 % der Bandbreite verläßlicher Modellierung erreichen.

Schließlich konnte der Einfluß der Beschränkung der Ordnung der Kompensationsglieder mit Hilfe von Cauerparameterfunktionen ansatzweise bestimmt werden. Der Zusammenhang zwischen der Ordnung von $G_{KF}(s)$ und der erreichbaren Regelgüte läßt sich für eine ausschließliche Spezifikation von $|S(j\omega)|$ exakt bestimmen. Die erforderliche Ordnung für eine Ausnutzung der theoretisch erreichbaren Bandbreite der Störunterdrückung zu 50 % muß zumindest (generisch) gleich Streckenordnung plus 3 sein, eine Ordnung gleich Streckenordnung plus 8 erlaubt bereits 96 % Ausnutzung der theoretisch erreichbaren Bandbreite bei ca. 10 % maximaler Erhöhung von $|S(j\omega)|$.

Die Ergebnisse zum Einfluß der Beschränkung der Ordnung der Kompensationsglieder auf die Einhaltbarkeit von komplementären Spezifikationen bleiben dagegen etwas unbefriedigend. Zwar ist eine um 7 oberhalb der Streckenordnung liegende Kompensatorordnung für ein nahe am Optimum liegendes Regelverhalten sicher notwendig, die hinreichenden Bedingungen liefern jedoch sehr viel höhere Kompensatorordnungen. Schreibt man eine niedrige Ordnung von $S(s)$ vor, so stellt die im Abschnitt 7.4 abgeleitete Musterfunktion 3. Ordnung einen recht guten Ansatz dar.

Damit wurden über die Analyse des erreichbaren Regelkreisverhaltens hinaus auch Ansätze zu einer systematischen Synthese im Frequenzbereich vorgestellt. Es sei darauf hingewiesen, daß $G_{KF}(s)$ für zwei oder mehr Nullstellen von $G_{SM}(s)$ mit nicht-negativem Realteil im allgemeinen instabil ist, da dann in die Beziehung (7.25) die Inverse einer stabilen Allpaßfunktion eingeht. Es ist bisher ein ungelöstes Problem, welche Beschränkungen die Forderung nach stabilen Kompensationsgliedern in diesem Fall zur Folge hätte.

Will man Kompensationsglieder niedriger Ordnung bestimmen, so bietet sich an, zunächst einen Ansatz zu machen, bei dem die theoretisch mögliche Regelgüte annähernd erreicht wird, und den Frequenzgang der resultierenden Funktion $G_{KF}(s)$ dann durch eine Funktion niedrigerer Ordnung zu approximieren unter Beachtung des unterschiedlichen Einflusses von Approximationsfehlern in verschiedenen Frequenzbereichen (vgl. [DR]).

8 Grenzen der erreichbaren Regelgüte in zeitdiskreten und Abtastregelkreisen

Es mag auf den ersten Blick verwundern, daß zeitdiskrete und Abtastregelkreise hier nun in einem relativ kurzen Kapitel abgehandelt werden, nachdem 5 Kapitel auf die Behandlung zeitkontinuierlicher Regelungen verwendet wurden. Dies hat seinen Grund darin, daß, wie gleich gezeigt werden wird, die bisher abgeleiteten Ergebnisse mittels einer einfachen Transformation auch für den zeitdiskreten Fall herangezogen werden können. Zudem sind die Verhältnisse bei zeitdiskreten Systemen insofern einfacher, als das Verhalten der Übertragungsfunktionen im Unendlichen keiner besonderen Aufmerksamkeit bedarf.

Über die Übersetzung des Problems der erreichbaren Regelgüte in zeitdiskreten Systemen in eine Form, die die Verwendung der Aussagen in Kapitel 4 - 7 ermöglicht, hinaus geben wir in diesem Kapitel einige Ergebnisse an, die auf Resultaten zur Approximation mit $\mathbb{H}^{\infty}$- Funktionen beruhen. Dies liefert einerseits einen Satz zur erreichbaren Regelgüte in zeitdiskreten Systemen mit beliebigen Verzögerungen und zum anderen eine alternative Methode zur Untersuchung der Einhaltbarkeit von Spezifikationen, die robuste Störunterdrückung sicherstellen. Diese für den zeitdiskreten Fall recht einfach herleitbare Aussage kann wiederum mittels einer geeigneten Transformation auch für zeitkontinuierliche Systeme benutzt werden und ergänzt die hinreichende Bedingung von Satz 6.2 durch eine notwendige Bedingung.

Die Behandlung von Abtastregelkreisen ist eigentlich ein recht komplexes Problem, da durch die Abtastung ein zeitvariables lineares System entsteht. Beschränkt man sich auf die Betrachtung in den Abtastzeitpunkten, so ergibt sich unter gewissen Voraussetzungen ein zeitdiskreter zeitinvarianter Regelkreis derselben Struktur. Es wird angegeben, wie man Abtastregelprobleme auf zeitdiskrete reduzieren kann, um die Ergebnisse für zeitdiskrete Regelkreise benutzen zu können. Die Frage nach der erreichbaren Regelgüte bezüglich der <u>zeitkontinuierlichen</u> Regelgröße kann hier nur kurz angerissen werden.

8.1 Zur Spezifikation zeitdiskreter Eingrößenregelkreise

Zeitdiskrete Regelkreise lassen sich ganz analog zum Vorgehen in Kapitel 3 spezifizieren. Hierbei wird die Regelkreisstruktur nach Bild 8.1 zugrundegelegt.

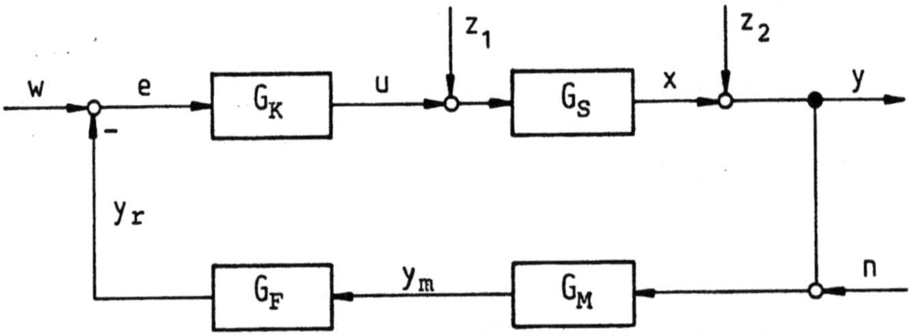

Bild 8.1: Blockschaltbild des zeitdiskreten Regelkreises

Die Systeme G_K, G_S, G_F, G_M sind linear, zeitinvariant und durch Faltungsoperatoren in der Form (2.1) bezüglich ihres Ein-/Ausgangsverhaltens darstellbar. Sie können deshalb durch die z-Transformierten der Gewichtsfolgen repräsentiert werden, die wir in der Form

$$G_{\cdot}(z) = \sum_{i=0}^{\infty} g_{\cdot}(i)\, z^{-i} \qquad (8.1)$$

ansetzen. Dies ist die in der regelungstechnischen Literatur übliche, mathematisch allerdings manchmal etwas unpraktische Definition. An einigen Stellen wird deshalb die mit der Substitution

$$\tilde{z} = z^{-1} \qquad (8.2)$$

aus (8.1) hervorgehende Funktion $G(\tilde{z})$ benutzt, wenn dies die Argumentation erleichtert.

Wir gehen davon aus, daß die externen Signale $w(k)$, $z_1(k)$, $z_2(k)$, $n(k)$ sämtlich h^2-Zeitreihen sind, d. h. quadratisch summierbar sind und für $k < 0$ verschwinden.

Sie besitzen dann eine für $|z| > 1$ konvergierende Transformierte der Form (8.1) sowie fast überall einen diskreten Frequenzgang als Grenzfunktion für $|z| \to 1$

$$W(e^{j\Omega}) = \lim_{\rho\to 1} W(\rho e^{j\Omega}),$$

der eine 2π-periodische quadratisch integrierbare Funktion ist. Wie wir aus Kapitel 2 wissen, gilt

$$\sum_{k=0}^{\infty} w^2(k) = \frac{1}{2\pi} \int_{-\pi}^{\pi} |W(e^{j\Omega})|^2 \, d\Omega \tag{8.3}$$

und

$$\|\mathcal{G}_{\cdot}\|_2 = \sup_{\Omega} |G_{\cdot}(e^{j\Omega})| = \sup_{|z| \geq 1} |G_{\cdot}(z)| , \tag{8.4}$$

falls $\mathcal{G}_{\cdot}$ ein ℓ^2-stabiles zeitdiskretes System ist.

Die Teilsysteme $\mathcal{G}_S$ und $\mathcal{G}_M$ werden als fest vorgegebene kausale Systeme vorausgesetzt, die durch Übertragungsfunktionen $G_S(z)$ und $G_M(z)$ <u>modelliert</u> werden. $\mathcal{G}_K$ und $\mathcal{G}_F$ stehen als Entwurfsparameter zur Verfügung.

Als grundsätzliche Anforderungen an das Regelkreisverhalten sind dieselben zu nennen wie im zeitkontinuierlichen Fall:

- vollständige (ℓ^2-)Stabilität im nominalen Fall
- gutes Folgeverhalten im nominalen Fall
- Robustheit gegen Modellierungsfehler.

Die allgemeinen Bedingungen für die vollständige ℓ^2-Stabilität zeitdiskreter Regelkreise wurden bereits in Kapitel 2 angegeben. Daraus folgt insbesondere, daß $G_S(z)$ und $G_M(z)$ außerhalb des Einheitskreises meromorph sein müssen, und zwar <u>einschließlich</u> des "Punkts" ∞. Letzteres ist eine einfache Konsequenz daraus, daß $G_M(\tilde{z})$ bzw. $G_S(\tilde{z})$ im <u>Innern</u> des Einheitskreises, wozu auch der Ursprung gehört, meromorph sein müssen. Weiter dürfen im Produkt $G_S(z)G_M(z)$ keine Pol-/Nullstellenkürzungen außerhalb des Einheitskreises auftreten.

Unter diesen Voraussetzungen können die Bedingungen für vollständige ℓ^2-Stabilität des zeitdiskreten Regelkreises so formuliert werden:

<u>Satz 8.1</u>

Es sei

$$G_{SM}(z) = G_S(z)G_M(z) \tag{8.5}$$

das exakte Modell der Reihenschaltung von Strecke und Meßglied mit N_{SM}^P Polen p_i der Ordnung π_i^{SM} und N_{SM}^N Nullestellen der Ordnung ν_i^{SM} auf dem oder außerhalb des Einheitskreises.

Dann ist unter den obigen Voraussetzungen notwendig und hinreichend für die vollständige ℓ^2-Stabilität des Regelkreises in Bild 8.1, daß folgende Bedingungen erfüllt sind:

(i) die Funktion $S(z)$,

$$S(z) = [1+G_K(z)G_F(z)G_{SM}(z)]^{-1}, \tag{8.6}$$

ist außerhalb des Einheitskreises analytisch und beschränkt (einschließlich des Punktes ∞), d. h. eine $\mathbb{H}_{\bar{E}}^{\infty}$- Funktion;

(ii) $S(z)$ besitzt an den Stellen p_i Nullstellen <u>mindestens</u> der Ordnung π_i^{SM};

(iii) $T(z)$, definiert als

$$T(z) = 1 - S(z), \tag{8.7}$$

besitzt an den Stellen n_i Nullstellen <u>mindestens</u> der Ordnung ν_i^{SM};

(iv) im Produkt

$$G_K(z)G_F(z) = G_{KF}(z) \tag{8.8}$$

treten keine Pol-/Nullstellenkürzungen außerhalb des Einheitskreises auf. □

Wie im zeitkontinuierlichen Fall kann dieser Satz auch hier graphisch ausgewertet werden. Dies ist für zeitdiskrete Systeme einfacher als für zeitkontinuierliche, da die Komplikationen, die wegen des großen Halbkreises der rechten s-Halbebene auftreten können, wegfallen.

Satz 8.2 (Nyquistkriterium)

Es seien $G_K(z)$, $G_F(z)$ und $G_{SM}(z)$ außerhalb des Einheitskreises und auf dem Einheitskreis meromorph (einschließlich des Wertes ∞), und besitzen $\hat{\pi}_K$, $\hat{\pi}_F$, $\hat{\pi}_{SM}$ Pole mit Beträgen größer oder gleich Eins, unter Berücksichtigung der Vielfachheiten.

Es sei C_E eine geschlossene Kurve bestehend aus dem Einheitskreis bzw. kleinen Halbkreisen im Innern des Einheitskreises, wenn Pole von einer der Übertragungsfunktionen auf dem Einheitskreis liegen.

Dann gilt:

Der geschlossene Regelkreis nach Bild 8.1 ist (unter der obigen generellen Voraussetzung über $G_{SM}(z)$) genau dann vollständig ℓ^2-stabil, wenn die Abbildung der einmal im Gegenuhrzeigersinn durchlaufenen Kurve C_E durch $[S(z)]^{-1}$ nicht durch den Ursprung geht und diesen genau $(\hat{\pi}_K+\hat{\pi}_F+\hat{\pi}_{SM})$-mal im Gegenuhrzeigersinn umschließt.

Äquivalent dazu ist die Bedingung, daß die Abbildung von C_E durch $L(z)$,

$$L(z) = G_K(z)G_F(z)G_{SM}(z), \tag{8.9}$$

den Punkt (-1, j0) in der komplexen Ebene nicht durchläuft und $(\hat{\pi}_K+\hat{\pi}_F+\hat{\pi}_{SM})$-mal im Gegenuhrzeigersinn umschließt.

Dies erhält man am einfachsten aus der Anwendung des Cauchyschen Integralsatzes auf $S(\tilde{z})$, da dann das "kritische" Gebiet das Innere einer geschlossenen Kurve ist. □

Die Frequenzgänge $G_{SM}(e^{j\Omega})$, $G_K(e^{j\Omega})$, $G_F(e^{j\Omega})$ spielen also für die Stabilitätsprüfung dieselbe Rolle wie der Frequenzgang der Laplace-Transformierten im kontinuierlichen Fall.

Dies trifft auch für die übrigen Anforderungen an das Regelkreisverhalten zu. Für die Regelabweichung $\delta(k)$,

$$\delta(k) = w(k) - y(k), \tag{8.10}$$

gilt im Bildbereich für analog zu (3.6) definierte Funktion $Z(z)$ als Transformierte der zusammengefaßten Störgrößen am Ausgang von G_S

$$\Delta(z) = R(z)W(z) - S(z)Z(z) + T(z)N(z) \tag{8.11}$$

und nach Parsevals Theorem

$$\|\delta(k)\|_2^2 = \frac{1}{2\pi}\int_{-\pi}^{\pi} |\Delta(e^{j\Omega})|^2 d\Omega . \tag{8.12}$$

$R(z)$ ist analog zum zeitkontinuierlichen Fall definiert. Aus (8.12) ergeben sich wie bei der Diskussion zeitkontinuierlicher Regelkreise die qualitativen Anforderungen

$$|S(e^{j\Omega})| \ll 1 \quad \text{falls} \quad |Z(e^{j\Omega})| \gg |N(e^{j\Omega})| \tag{8.13a}$$

$$|T(e^{j\Omega})| \ll 1 \quad \text{falls} \quad |N(e^{j\Omega})| \gg |Z(e^{j\Omega})| \tag{8.13b}$$

$$|R(e^{j\Omega})| \ll 1 \quad \text{falls} \quad |W(e^{j\Omega})| \gg 0. \tag{8.13c}$$

Schließlich läßt sich auch die gesamte Diskussion der Konsequenzen der Forderung nach Robustheit gegenüber den stets vorhandenen unstrukturierten Modellfehlern der Form

$$G_{SM}^{r}(z) = [1 + \varepsilon_{SM}(z)]\, G_{SM}(z) \tag{8.14}$$

mit

$$|\varepsilon_{SM}(e^{j\Omega})| \le l_{SM}(\Omega) \tag{8.15}$$

fast wörtlich aus Kapitel 3 übernehmen, mit den jeweils erforderlichen Substitutionen. Insbesondere gilt folgender Satz:

Satz 8.3

Die Übertragungsfunktion der realen Regelstrecke mit Meßglied sei durch (8.14) mit (8.15) beschrieben, und $G_{SM}^{\hbar}(z)$ und $G_{SM}(z)$ besitzen die gleiche Zahl von Polen mit Beträgen größer oder gleich Eins. Ferner seien $G_K(z)$, $G_F(z)$, $G_{SM}(z)$ und $G_{SM}^{\hbar}(z)$ meromorph für $|z| \geq 1$. Dann ist notwendig und hinreichend für die Stabilität des realen Regelkreises in Bild 8.1 für alle zulässigen Funktionen $\varepsilon_{SM}(z)$, daß

(i) der nominale Regelkreis vollständig stabil ist

(ii)

$$\sup_{\Omega} |T(e^{j\Omega}) \cdot l_{SM}(\Omega)| < 1 \qquad (8.16)$$

gilt.

Dies läßt sich ganz analog zum Beweis von Satz 3.3 aus Satz 8.2 folgern. □

Zusammenfassend kann festgestellt werden, daß zeitdiskrete Regelkreise zweckmäßig durch Anforderungen

$$|S(e^{j\Omega})| \leq A(\Omega), \; \Omega \in \mathcal{B}_S \subset [0, \pi] \; , \qquad (8.17a)$$

$$|T(e^{j\Omega})| \leq B(\Omega), \; \Omega \in \mathcal{B}_T \subset [0, \pi] \; , \qquad (8.17b)$$

und

$$|R(e^{j\Omega})| \leq A_R(\Omega), \; 0 \leq \Omega < \pi \; , \qquad (8.17c)$$

spezifiziert werden können. Im Bereich zuverlässiger Modellierung ($l_{SM}(\Omega) << 1$) wird $A(\Omega)$ klein und $B(\Omega)$ nahe bei Eins sein. Der Bereich $\mathcal{B}_T$ muß mindestens die Frequenzen umfassen, für die $l_{SM}(\Omega) > 1$ ist, und es muß

$$B(\Omega) < l_{SM}^{-1}(\Omega) \qquad (8.18)$$

gelten. Es lassen sich genau wie im zeitkontinuierlichen Fall, Frequenzbereiche wirksamer und nicht wirksamer Rückführung unterscheiden.

Die Spezifikation zeitdiskreter Systeme im Frequenzbereich erscheint auf den ersten Blick etwas ungewohnt. Wir haben uns an sinusförmige Signale als "Bausteine" zeitkontinuierlicher Signale (genauer als unendlich-dimensionale orthogonale Basis dieser Signale) gewöhnt, und die Angabe von Bandbreiten zur Charakterisierung von Signalen erscheint natürlich. Ebenso wie im kontinuierlichen Fall lassen sich auch zeitdiskrete Signale als unendliche Summe von sinusförmigen Signalen auffassen, nur daß dies nun Zeitreihen der Form

$$x_i(k) = a_i \cos(\Omega_i k) + b_i \sin(\Omega_i k) = \rho_i e^{j(\Omega_i + \varphi_i)} \tag{8.19}$$

sind. Zwei solche Zeitreihen sind in Bild 8.2 dargestellt. Es ist auch klar, daß eine Veränderung von Ω_i um ganzzahlige Vielfache von 2π das resultierende Signal nicht verändert, weshalb für die Repräsentation das Intervall $0 \le \Omega < 2\pi$ bzw. $-\pi < \Omega \le \pi$ ausreicht. Realteil und Betrag der diskreten Frequenzgänge sind gerade, Imaginärteil und Phase ungerade Funktionen von Ω.

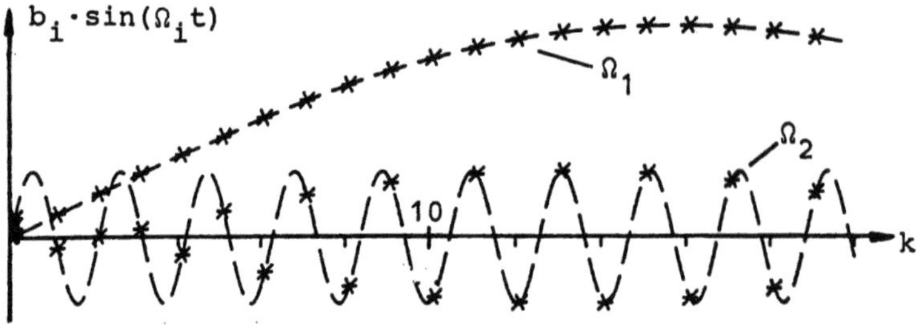

Bild 8.2: Zur Spektraldarstellung zeitdiskreter Signale; $\Omega_1 = 0{,}1$, $\Omega_2 = 3$

8.2 Übertragung der bisherigen Ergebnisse zu den Grenzen der Regelgüte auf zeitdiskrete Regelkreise

Die Ergebnisse für zeitkontinuierliche Systeme lassen sich auf den zeitdiskreten Fall vollständig übertragen, indem das Äußere des Einheitskreises konform auf die rechte s-Halbebene abgebildet wird mit Hilfe der Abbildungsvorschrift

$$w = \frac{2}{T} \cdot \frac{z - 1}{z + 1} \quad , \tag{8.20}$$

und die Übertragungsfunktionen sämtlich als Funktionen der neuen Variablen w betrachtet werden. Der Parameter T bedeutet den Abstand der diskreten Zeitpunkte auf einer kontinuierlichen Zeitskala (Abtastzeit).

Durch diese Transformation wird der Einheitskreis $z = e^{j\Omega}$ auf die imaginäre Achse abgebildet. Schreibt man

$$w = u + jv \quad , \tag{8.21}$$

so gilt für den Zusammenhang zwischen Ω und v

$$v = \frac{2}{T} \tan \frac{\Omega}{2} \quad . \tag{8.22}$$

Die Verwendung des Faktors $\frac{2}{T}$ in (8.20) ist im Prinzip willkürlich, diese Wahl ist jedoch vorteilhaft für die Behandlung von Abtastsystemen, da dann für $T \to 0$ die Pole in der w-Ebene gegen die ursprünglichen Pole konvergieren. Außerdem sind die Überlegungen zur erreichbaren Bandbreite dadurch übersichtlicher. Die sogenannte w-Transformation (8.20) ist ein geläufiges Hilfsmittel zur Behandlung zeitdiskreter Systeme (s. z. B. [FP, LI, SS, UN2]).

Wir schreiben $G^w(w)$ für die mit der Substitution (8.20) aus $G(z)$ entstandene Funktion. Ist $G(z)$ eine $\mathbb{H}^\infty_{\bar{E}}$ -Funktion, so ist $G(w)$ eine $\mathbb{H}^\infty_H$-Funktion und umgekehrt.

Unter Benutzung der w-Transformation (8.20) läßt sich die Einhaltbarkeit von (8.17a) - (8.17c) mit den dargestellten Methoden für kontinuierliche Systeme untersuchen. Denn nach Transformation von $G_S(z)$ und $G_M(z)$ sowie $A(\Omega)$, $B(\Omega)$, $A_R(\Omega)$ liegt genau dieselbe Problemstellung vor, wie sie in den Kapiteln 4 - 7 behandelt wurde.

Dabei genügt es, die Pole und Nullstellen von $G_S(z)$ und $G_M(z)$ sowie $A(\Omega)$, $B(\Omega)$, $A_R(\Omega)$ zu transformieren. Dies ist besonders einfach, wenn die Schranken stückweise konstant sind, dann müssen nur die Sprungstellen gemäß (8.22) transformiert werden.

Wir wollen darauf verzichten, alle Resultate hier noch einmal aufzuzählen, und uns auf die Diskussion einiger Besonderheiten beschränken.

Besitzt $G_{SM}(z)$ reelle Nullstellen n_i außerhalb des Einheitskreises, so werden diese auf die Nullstellen n_i^w von $G_{SM}^w(w)$ gemäß

$$n_i^w = \frac{2}{T}\cdot\frac{n_i - 1}{n_i + 1} \tag{8.23}$$

abgebildet. Starke Bandbreitenbeschränkungen ergeben sich deshalb für Nullstellen auf der positiven reellen Achse dicht bei +1. Besitzt $G_{SM}(z)$ Nullstellen im Unendlichen, so ist die erreichbare Bandbreite auf etwa $\frac{1}{T}$ beschränkt, da dann $n_i^w = \frac{2}{T}$ ist. Nullstellen auf der negativen Achse dagegen bewirken eine umso geringere Bandbreitenbeschränkung, je näher sie am Einheitskreis liegen, und beschränken die Regelgüte weniger stark als Nullstellen bei $z=\infty$.

Der Einfluß konjugiert komplexer Nullstellen von $G_{SM}(z)$ außerhalb des Einheitskreises ist ebenfalls stark von ihrer Lage abhängig. Wegen

$$|n_i^w| = \frac{2}{T}\left(\frac{r^2+1-2r\cdot\cos\varphi}{r^2+1+2r\cdot\cos\varphi}\right)^{1/2} \tag{8.24a}$$

und

$$\mathrm{Re}[n_i^w] = \frac{2}{T}\;\frac{r^2 - 1}{r^2+1-2r\cdot\cos\varphi} \tag{824b}$$

für eine Nullstelle von $G_{SM}(z)$ bei $re^{j\varphi}$, ist der Einfluß auf die erreichbare Bandbreite bei festem Betrag umso stärker, je dichter die Nullstellen an der positiv reellen Achse liegen. Rein imaginäre Nullstellen von $G(z)$ wirken sich genauso aus wie konjugiert komplexe Nullstellen mit Betrag $\frac{2}{T}$ und Phase $\arctan(2r/r^2-1)$ im kontinuierlichen Fall, d. h. sie beschränken die erreichbare Regelgüte in etwa so wie Nullstellen von $G_{SM}(z)$ im Unendlichen.

Für instabile Pole von $G_{SM}(z)$ gilt umgekehrt, daß der Einfluß auf das erreichbare Regelkreisverhalten umso stärker ist, je dichter sie an der negativ reellen Achse liegen, da hierdurch eine große Bandbreite erzwungen wird.

Zu beachten ist, daß der Zusammenhang zwischen den Eckfrequenzen bei stückweise konstanten Funktionen $A(\Omega)$, $B(\Omega)$, $A_R(\Omega)$ und den transformierten Frequenzen durch die für $\Omega > \pi/4$ stark nichtlineare Beziehung (8.22) gegeben ist. So entspricht eine Bandbreite von 1/T im w-Bereich einer Bandbreite von π für Ω , während der Bereich $v > 10/T$ ungefähr auf das relativ schmale Intervall $(\frac{7\pi}{8}, \pi)$ abgebildet wird. Transformierte Nullstellen mit Beträgen größer als 10/T haben deshalb auf die erreichbare Regelgüte kaum Einfluß.

Der zeitdiskrete Fall unterscheidet sich vom zeitkontinuierlichen dadurch, daß die Einbeziehung des Verbots von Pol-/Nullstellenkürzungen im Unendlichen und die Berücksichtigung der Forderung nach Kausalität der Kompensationsglieder wesentlich einfacher ist.

Wir hatten schon gesehen, daß $G_S(z)$ und $G_M(z)$ auch im Unendlichen meromorph sein müssen, was im zeitkontinuierlichen Fall ja keineswegs zutrifft. Dadurch sind die Unterscheidungen, die im Abschnitt 4.2 vorgenommen wurden, hier nicht notwendig. Da $\mathfrak{G}_S$ und $\mathfrak{G}_M$ kausale Systeme sind, können in $G_S(z)$ und $G_M(z)$ auch keine Pole im Unendlichen auftreten, die Funktionen sind dort analytisch und nehmen entweder einen endlichen Wert an oder besitzen im Unendlichen eine Nullstelle endlicher Ordnung.

Die Ordnung der Nullstelle im Unendlichen eines zeitdiskreten Systems entspricht genau der Zahl der verschwindenden Anfangsglieder der Gewichtsfolge, d. h. der diskreten Totzeit des zeitdiskreten Systems. Diese Nullstelle wird durch die Abbildung (8.20) auf eine endliche Nullstelle von $G_S^w(w)$ bzw. $G_M^w(w)$ abgebildet. Ist diese Nullstelle einfach, so wird das Kürzungsverbot durch die Bedingungen von Satz 4.1 bzw. 6.1 oder 6.2 bereits vollständig berücksichtigt. Die resultierenden Kompensationsglieder, die sich zunächst als Übertragungsfunktion $G_{KF}^w(w)$ ergeben und mit (8.20) zurücktransformiert werden müssen, sind stets kausal.

Eine Nullstelle von $G_{SM}^{w}(w)$ im Unendlichen ergibt sich nur dann, wenn eine der Gewichtsfolgen $g_S(k)$ oder $g_M(k)$ die Eigenschaft besitzt, daß die Summe der Werte für gerades und ungerades k gleich ist. Dies ist offensichtlich eine Eigenschaft, die durch infinitesimale Änderung der Gewichtsfolgen bereits verloren geht, und deshalb keine Systemeigenschaft mit wesentlichen Folgen für die erreichbare Regelgüte.

Besitzt $G_{SM}(z)$ nur eine Nullstelle im Unendlichen und keine endlichen Nullstellen außerhalb des Einheitskreises, so lassen sich die Konsequenzen für die erreichbare Störübertragungsfunktion unter Benutzung von Satz 4.1 auf dem Umweg über die Transformation (8.20) bestimmen. Dies ist jedoch auch in einfacher Weise auf direktem Weg möglich:

Satz 8.4

Es sei $G_{SM}(z)$ meromorph für $|z| > 1$ und

$$\lim_{|z|\to\infty} G_{SM}(z) = 0. \tag{8.25}$$

Dann gilt

$$\int_0^{2\pi} \ln|S(e^{j\Omega})|\,d\Omega = 2\pi \sum_{k=1}^{N_L^P} \pi_k^L \cdot \ln|p_k| \;, \tag{8.26}$$

worin p_k die Pole des offenen Kreises $G_{KF}(z)G_{SM}(z)$ außerhalb des Einheitskreises der Ordnung π_k^L sind.

Beweis:

Wir transformieren das Problem in den Einheitskreis. Dann muß $S(\tilde{z})$ eine $\mathbb{H}_E^\infty$- Funktion sein, die bei $\tilde{z} = 0$ den Wert Eins annimmt und an den Stellen $\tilde{p}_k$, den reziproken Polen von $L(z)$, Nullstellen der Ordnung π_k^L besitzt. Damit ist

$$\ln\left[S(\tilde{z}) \cdot \prod_{k=1}^{N_L^P} \left(\frac{1 - \tilde{z}\,\tilde{\bar{p}}_k}{\tilde{z} - \tilde{p}_k}\right)^{\pi_k^L}\right]$$

eine harmonische Funktion im Einheitskreis und es gilt (vgl. Abschnitt 2.2)

$$\ln |(\tilde{S}(0) \cdot \prod_{k=1}^{N_L^P} (-\tilde{p}_k)^{-\pi_k^L}| = \frac{1}{2\pi} \int_0^{2\pi} \ln|S(e^{j\Omega}) \, d\Omega, \qquad (8.27)$$

da die Faktoren $\frac{1 - \tilde{z}\,\bar{\tilde{p}}_k}{\tilde{z} - \tilde{p}_k}$ auf dem Einheitskreis den Betrag Eins besitzen. Daraus ergibt sich nach Rücksubstitution (8.26). □

Aus (8.25) folgt also stets

$$\int_0^{2\pi} \ln|S(e^{j\Omega})| d\Omega \geq 0 \; . \qquad (8.28)$$

(8.26) ist das zeitdiskrete Gegenstück zum Theorem von Bode. Die Konsequenzen sind im zeitdiskreten Fall aber einschneidender, da der Frequenzbereich nur ein endliches Intervall ist. Will man z. B. bis zur Frequenz $\Omega_b = \frac{\pi}{2}$ erreichen, daß $|S(e^{j\Omega})|$ unterhalb von ε_S liegt, so muß $|S(e^{j\Omega})|$ im restlichen Bereich überall mindestens den Wert ε_S^{-1} annehmen. Da dies meist nicht zulässig ist, liegt der erreichbare Wert Ω_b gewöhnlich erheblich niedriger als $\frac{\pi}{2}$, wenn der offene Kreis eine Verzögerung um einen Tastschritt besitzt.

Das Theorem von Bode ist im zeitkontinuierlichen Fall im wesentlichen unter derselben Voraussetzung wie im zeitdiskreten Fall, nämlich dem Verschwinden des Faltungskerns für t=0, gültig und kann aus dem Resultat für zeitdiskrete Systeme abgeleitet werden [EN1]. Im zeitkontinuierlichen Fall handelt es sich aber nur sozusagen um eine infinitesimale Totzeit, während hier eine echte Verzögerung um einen Tastschritt auftritt. Dies ist die Ursache für die erheblich fühlbareren Auswirkungen im zeitdiskreten Fall.

Wenn die Übertragungsfunktion $G_{SM}(z)$ als Modell von Meßglied und Regelstrecke nur einfache Pole und Nullstellen besitzt, sind auch alle Ergebnisse aus Kapitel 7 zur sicher erreichbaren Regelgüte und zur Synthese von Kompensationsgliedern endlicher Ordnung hier verwendbar. Im w-Bereich können die Cauerparameter-Filterfunktionen wieder als Approximationen benutzt werden, und nach Rücktransformation in den z-Bereich erhält man kausale Kompensationsglieder, die alle Bedingungen für vollständige Stabilität sowie (mit der erreichbaren Genauigkeit) die Spezifikationen von $|S(e^{j\Omega})|$ und $|T(e^{j\Omega})|$ erfüllen.

Bei der Approximation sollte jedoch hier die Nichtlinearität von (8.22) berücksichtigt werden, d. h. für $|v| > \frac{2}{T}$ ($|\Omega| > \pi/4$) kann ein weniger steiler Anstieg der Approximationen ausreichend sein, insbesondere bei der Approximation von $r(v)$. Dies kann zu einer Reduktion der erforderlichen Kompensatorordnung führen.

8.3 Exakte Berücksichtigung von beliebigen Verzögerungen

Wir wollen für den zeitdiskreten Fall noch eine Erweiterung der zur Bestimmung der erreichbaren Regelgüte nützlichen Methoden vorstellen. Dazu beginnen wir mit der Diskussion der Konsequenzen des Auftretens einer <u>mehrfachen</u> Nullstelle von $G_{SM}(z)$ im Unendlichen.

Da diese Nullstelle davon herrührt, daß Anfangskoeffizienten in der Gewichtsfolge $g_S(k)$ oder $g_M(k)$ verschwinden, z. B. weil eines der Teilsysteme eine Verzögerung um mehrere Tastschritte bewirkt, kann hier nicht unbedingt argumentiert werden, anstelle der mehrfachen Nullstelle könnten genausogut mehrere einfache betrachtet werden. Denn solche Verzögerungen sind im allgemeinen strukturelle Eigenschaften und nicht empfindlich gegen kleine Parameterschwankungen.

Es habe also $G_{SM}(z)$ die Form

$$G_{SM}(z) = z^{-d}\, G'_{SM}(z) \quad , \quad d \in \mathbb{Z} , \tag{8.29}$$

wobei $G'_{SM}(z)$ für $|z| \to \infty$ einen endlichen Grenzwert besitzt.

Wir wollen näher untersuchen, welche Konsequenzen sich aus $d > 0$ für die erreichbaren Werte von $|S(e^{j\Omega})|$ ergeben. Anstelle der Forderung

$$|S(e^{j\Omega})| \overset{!}{\leq} A(\Omega) \quad , \qquad 0 \leq \Omega \leq \pi \quad , \tag{8.30a}$$

können wir auch

$$|1 - T(e^{j\Omega})| \overset{!}{\leq} A(\Omega)$$

betrachten. Aufgrund des Maximum-Prinzips (Lemma 2.1) ist dies äquivalent zu

$$\sup_{|\tilde{z}| \leq 1} |W_A(\tilde{z}) - W_A(\tilde{z})T(\tilde{z})| \overset{!}{\leq} 1, \tag{8.30b}$$

wenn $W_A(\tilde{z})$ das Poisson-Integral (2.14b) von $[A(\omega)]^{-1}$ ist. Da $W_A(\tilde{z})$ im Einheitskreis analytisch und frei von Nullstellen ist, kann

$$X(\tilde{z}) = W_A(\tilde{z})(1-T(\tilde{z})) \tag{8.31}$$

als unbekannte $\mathbb{H}_E^\infty$-Funktion angenommen werden. Besitzt $G_{SM}(\tilde{z})$ eine Nullstelle bei $\tilde{z} = 0$ der Ordnung $d > 0$, so muß aufgrund der Stabilitätsbedingungen auch $T(\tilde{z})$ dort eine Nullstelle derselben Ordnung besitzen. Daraus folgt aber, daß in der Reihenentwicklung von $X(\tilde{z})$ gemäß

$$X(\tilde{z}) = x_0 + x_1 \tilde{z} + x_2 \tilde{z}^2 + \ldots \quad (|\tilde{z}| < 1) \tag{8.32}$$

die ersten d Koeffizienten gleich den Koeffizienten der Reihenentwicklung von $W_A(\tilde{z})$,

$$W_A(\tilde{z}) = w_0 + w_1\tilde{z} + w_2\tilde{z}^{\,2} + \ldots , \tag{8.33}$$

sein müssen.

Damit erhalten wir als <u>notwendige</u> Bedingung für die Erfüllbarkeit von (8.30a), daß eine $\mathbb{H}_E^\infty$-Funktion $X(\tilde{z})$ existiert, für die

$$\sup_{|\tilde{z}| \leq 1} |X(\tilde{z})| \leq 1 \tag{8.34}$$

und

$$x_i = w_i, \qquad i = 0 \ldots d-1, \tag{8.35}$$

gilt, wobei die Koeffizienten w_i durch $A(\Omega)$ vermittels der Poissonschen Integralformel bestimmt sind.

Dieses Problem wurde erstmalig von *Schur* [SU] studiert. Das

Ergebnis ist:

Lemma 8.1 [GA, S. 180/181; SU]

(8.34) und (8.35) sind mit einer im Einheitskreis analytischen Funktion $X(\tilde{z})$ dann und nur dann erfüllbar, wenn die Matrix

$$\underline{\Gamma}_w(d) = \begin{bmatrix} w_{d-1}, & w_{d-2}, \cdots & w_0 \\ w_{d-2}, & w_{d-3}, \cdots w_0 & 0 \\ \vdots & & \vdots \\ w_0 & 0 \; . \; . \; . \; . \; . \; . & 0 \end{bmatrix} \qquad (8.36)$$

die Bedingung

$$\| \underline{\Gamma}_w(d) \|_2 = \sigma_1 \{ \underline{\Gamma}_w(d) \} \leq 1 \qquad (8.37)$$

erfüllt. $\sigma_1\{\underline{\Gamma}_w\}$ ist der größte Singulärwert von $\underline{\Gamma}_w$, d. h. die Wurzel aus dem größten Eigenwert von $\underline{\bar{\Gamma}}_w^T \underline{\Gamma}_w$ [ZU]. □

Daraus folgt unmittelbar:

Satz 8.5

Notwendig für die Einhaltbarkeit von (8.30a) für $G_{SM}(z)$ der Form (8.29) ist (8.37). Besitzt $G_{SM}(z)$ keine Pole oder endlichen Nullstellen auf dem oder außerhalb des Einheitskreises, so ist diese Bedingung auch hinreichend für die Existenz vollständig stabilisierender kausaler Kompensationsglieder. □

Wegen

$$\ln |w_0| = \frac{1}{2\pi} \int_0^{2\pi} -\ln[A(\Omega)] \, d\Omega$$

ist diese Bedingung für d = 1 und stabiles $G_{SM}(z)$ genau identisch mit (8.28).

Dieses Ergebnis läßt sich ebenfalls für instabile Funktionen $G_{SM}(z)$ verschärfen, indem anstelle von (8.31)

$$X(\tilde{z}) = W_A(\tilde{z}) \, [U_{SM}^P(\tilde{z})]^{-1} \, \{1 - T(\tilde{z})\} \tag{8.38}$$

angesetzt wird. $U_{SM}^P(\tilde{z})$ ist eine stabile rationale Allpaßfunktion, deren Nullstellen die Pole von $G_{SM}(\tilde{z})$ im Einheitskreis sind:

$$U_{SM}^P = \prod_{i=1}^{N_{SM}^P} \left(\frac{\tilde{z} - \tilde{p}_i}{1 - \tilde{z}\bar{\tilde{p}}_i} \right)^{\pi_i^{SM}} \tag{8.39}$$

Es gilt $|U_{SM}^P(e^{j\Omega})| = 1$ für alle Ω-Werte.

Aufgrund der Stabilitätsbedingungen und der Forderung (8.30a) muß wiederum (8.34) für $X(\tilde{z})$ gelten. Aus (8.29) folgt, da die ersten d Entwicklungskoeffizienten von $T(\tilde{z})$ verschwinden, als notwendige Bedingung

$$x_i = w_i' \, , \qquad i = 0 \ldots d-1 \, , \tag{8.40}$$

mit

$$W_A(\tilde{z})[U_{SM}^P(\tilde{z})]^{-1} = \sum_{i=0}^{\infty} w_i' \, \tilde{z}^i \, . \tag{8.41}$$

Daraus ergibt sich, daß für instabile Funktion $G_{SM}(\tilde{z})$ anstelle von (8.37) die Bedingung

$$\| \underline{\Gamma}_{w'}(d) \|_2 \leq 1 \tag{8.42}$$

erfüllt sein muß. Ist $G_{SM}(z)$ frei von endlichen Nullstellen auf dem Einheitskreis oder außerhalb, so ist diese Bedingung auch hinreichend.

Für $d = 1$ liefert (8.42) wieder (8.26) als Spezialfall.

Die praktische Schwierigkeit bei der Verwendung dieser Ergebnisse besteht darin, daß für beliebige Funktion $A(\Omega)$ die Berechnung der w_i bzw. w_i' nur für $i = 0$ einfach ist. Ist $d > 1$, so kann man entweder $A(\Omega)$ durch eine rationale Funktion approximieren, oder die Phase von $W_A(e^{j\Omega})$ numerisch berechnen und daraus mit

$$w_i = \frac{1}{2\pi} \int_0^{2\pi} e^{-ji\Omega} \cdot W_A(e^{j\Omega})\, d\Omega \qquad (8.43)$$

die Fourier-Koeffizienten. Ist $A(\Omega)$ der Amplitudengang einer rationalen Funktion, so lassen sich die w_i bzw. w_i' einfach durch Faktorisierung und Reihenentwicklung bestimmen.

8.4 Anwendung eines Ergebnisses von Nehari auf die Überprüfung der Einhaltbarkeit komplementärer Spezifikationen

Eng verwandt mit der Aussage von Lemma 8.1 ist ein Resultat zur Approximation beliebiger komplexwertiger Funktionen von Ω durch $\mathbb{H}_E^\infty$-Funktionen mit beschränktem Betrag. Dieses Ergebnis läßt sich ganz anschaulich aus Lemma 8.1 herleiten und stellt die Grundlage für eine alternative Behandlung von Spezifikationen von $|S(e^{j\Omega})|$ und $|T(e^{j\Omega})|$ in komplementären Frequenzbereichen dar.

Die Problemstellung ist folgende:

$\mathbb{H}^\infty$-Approximationsproblem

Es sei eine betragsmäßig beschränkte und auf $[-\pi, \pi]$ fast überall definierte komplexwertige Funktion $v(\Omega)$ gegeben. Wann existiert dann eine im Einheitskreis analytische und beschränkte Funktion $X(\tilde{z})$, für die

$$\sup_{\Omega} |v(\Omega) - X(e^{j\Omega})| \leq 1 \qquad (8.44)$$

gilt? □

(Die Wahl von Eins für die rechte Seite ist offensichtlich für die Fragestellung nicht erheblich, für jede andere positive Zahl kann durch Division beider Seiten das Problem auf (8.44) zurückgeführt werden.)

Es seien v_i, $-\infty \leq i \leq \infty$, die Fourier-Koeffizienten von $v(\Omega)$. Verschwinden die v_i für $i < 0$, so tritt offensichtlich keine Schwierigkeit bei der Approximation auf, die Lösung ist

$$X(\tilde{z}) = \sum_{i=0}^{\infty} v_i \tilde{z}^i$$

und der Fehler gleich Null.

Wir nehmen nun zuerst an, daß die Koeffizienten v_i für $i < -N$ verschwinden. Dann kann aber (8.44) durch Multiplikation mit z^N auf das Problem, das in Lemma 8.1 behandelt wurde, zurückgeführt werden: Eine Lösung existiert dann und nur dann, wenn die Hankelmatrix

$$\underline{\Gamma}_v(N) = \begin{bmatrix} v_{-1}, & v_{-2} & \cdots & \cdots & v_{-N} \\ v_{-2}, & v_{-3} & \cdots & v_{-N} \cdots & 0 \\ \vdots & & & & \vdots \\ v_{-N}, & 0 & \cdots & \cdots & 0 \end{bmatrix} \tag{8.45}$$

die Bedingung (8.37) erfüllt, d. h.

$$\sigma_1 \{ \underline{\Gamma}_v(N) \} = \| \underline{\Gamma}_v(N) \|_2 \leq 1 \tag{8.46}$$

gilt. Grenzübergang $N \to \infty$ liefert dann den Satz von Nehari:

<u>Lemma 8.2 [NEH]</u>

Eine $\mathbb{H}_E^\infty$-Funktion $X(\tilde{z})$, die (8.44) erfüllt, existiert genau dann, wenn

$$\| \underline{\Gamma}_v(\infty) \|_2 \leq 1 \tag{8.47}$$

gilt. Besteht Gleichheit in (8.47), so ist die Lösung eindeutig. □

Die Gesamtheit der Lösungen von (8.44) wurde in [AAK] angegeben (vgl. [GA, Kap. 4.4]).

$\underline{\Gamma}_v(\infty)$ wird auch als *Hankel-Operator* zu $v(\Omega)$ bezeichnet. Physikalisch beschreibt $\underline{\Gamma}_v(\infty)$ die Übertragung von h^2-Eingangssignalen zu Ausgangssignalen für $k < 0$ durch ein <u>nichtkausales</u> System mit dem Frequenzgang $v(\Omega)$. Ist $v(\Omega)$ der Frequenzgang einer rationalen Funktion $G_v(\tilde{z})$, so besitzt $\underline{\Gamma}_v(\infty)$ einen <u>endlichen Rang</u> [GE, GL] , dieser ist gleich der Zahl n_v^- der Pole der rationalen Funktion innerhalb des Einheitskreises. Zur Berechnung von σ_1 genügt dann die Auswertung von $\underline{\Gamma}_v(n_v^-)$.

(8.44) ist im Grunde identisch mit dem Problem, den Frequenzgang einer strikt <u>antikausalen</u> Funktion, nämlich von

$$G_v^-(\tilde{z}) = \sum_{i=-1}^{-\infty} v_i \tilde{z}^i ,$$

durch eine kausale Funktion mit beschränktem maximalem Fehler zu approximieren. Denn der kausale Anteil von $G_v(\tilde{z})$ spielt für die Lösung offenbar keine Rolle, er kann einfach zur Lösung für $G_v^-(\tilde{z})$ hinzuaddiert werden.

Das Pick sche Interpolationsproblem ist in (8.44) übrigens als Spezialfall enthalten: Wenn $v(\Omega)$ der diskrete Frequenzgang von

$$G_v(\tilde{z}) = \prod_{i=1}^{K} \frac{1 - \tilde{z}\bar{\tilde{z}}_i}{\tilde{z} - \tilde{z}_i} \; G_f(\tilde{z}) \tag{8.48}$$

mit einer beliebigen H_E^∞-Funktion $G_f(\tilde{z})$, die

$$G_f(\tilde{z}_i) = f_i$$

erfüllt, ist, so ist

$$F(\tilde{z}) = \prod_{i=1}^{K} \left(\frac{\tilde{z} - \tilde{z}_i}{1 - \tilde{z}\bar{\tilde{z}}_i}\right)[G_v(\tilde{z}) - X(\tilde{z})]$$

eine Lösung des Interpolationsproblems $F(\tilde{z}_i)=f_i$, $i = 1..K$, die im Einheitskreis analytisch und betragsmäßig nicht größer als Eins ist. Da in $G_v^-(\tilde{z})$ nur die Werte f_i eingehen und die Stützstellen $\tilde{z}_i$, ist die Wahl von $G_f(\tilde{z})$ unwesentlich.

Ist umgekehrt $G_V(\tilde{z})$ eine innerhalb des Einheitskreises bis auf endlich viele Pole analytische Funktion, so kann $G_V(\tilde{z})$ stets in der Form (8.48) geschrieben werden. Daraus folgt, daß in diesem Fall $G_V^-(\tilde{z}) - X(\tilde{z})$ als rationale Allpaßfunktion der Ordnung K-1 gewählt werden kann. Die Lösung kann dann auch unter Benutzung von Lemma 6.2 direkt aus dem entsprechenden Interpolationsproblem bestimmt werden.

In der umfangreichen Arbeit von *Glover* [GL] werden Methoden zur Auswertung von Lemma 8.2 für rationales $G_V(\tilde{z})$ angegeben, die auf Überlegungen im Zustandsraum beruhen. Das Problem der Existenz und der Berechnung von $X(\tilde{z})$ wird dort für die Verallgemeinerung der Approximation einer antikausalen Frequenzgangmatrix $\underline{V}(\Omega)$ durch eine Matrix von $\mathbb{H}^\infty$-Funktionen mit beschränktem maximalem Singulärwert des Fehlers behandelt.

Für den nichtrationalen Fall ist in [HE1] eine Synthesevorschrift angegeben, die aber nicht unmittelbar auswertbar ist.

Wir wollen nun Lemma 8.2 anwenden, um eine exakte notwendige Bedingung für die Einhaltbarkeit von Spezifikationen

$$|S(e^{j\Omega})| \leq A(\Omega) \quad , \quad \Omega \in \mathcal{B}_S , \tag{8.49a}$$

$$|T(e^{j\Omega})| \leq B(\Omega) \quad , \quad \Omega \in \mathcal{B}_T , \tag{8.49b}$$

für $\mathcal{B}_S \cap \mathcal{B}_T = \emptyset$ zu erhalten. Zuerst definieren wir wie in Kapitel 6:

$$c(\Omega) = \begin{cases} 0 & \Omega \in \mathcal{B}_S \\ 1 & \Omega \in \mathcal{B}_T \end{cases} \tag{8.50a}$$

und

$$r_o(\Omega) = \begin{cases} A(\Omega) & \Omega \in \mathcal{B}_S \\ B(\Omega) & \Omega \in \mathcal{B}_T \end{cases} \tag{8.50b}$$

Wir nehmen zur Vereinfachung an, daß $G_{SM}(\tilde{z})$ in der Form

$$G_{SM}(\tilde{z}) = U_{SM}^N(\tilde{z})\,[U_{SM}^P(\tilde{z})]^{-1} \cdot G'_{SM}(\tilde{z})$$

mit $G'_{SM}(\tilde{z}) \in \mathbb{H}_E^\infty$ und $[G'_{SM}(\tilde{z})]^{-1} \in \mathbb{H}_E^\infty$ geschrieben werden kann, wobei

$U_{SM}^{N}(\tilde{z})$, $U_{SM}^{P}(\tilde{z})$ im Einheitskreis analytische rationale Funktionen mit Betrag 1 auf dem Einheitskreis der Form (8.39) sind. $G'_{SM}(\tilde{z})$ ist frei von Nullstellen und Polen innerhalb der abgeschlossenen Einheitskreisscheibe.

Für die Behandlung von (8.49a,b) benötigen wir folgendes auf [YJB] zurückgehendes Ergebnis:

Lemma 8.3

Es seien $Q_1(\tilde{z})$ und $Q_2(\tilde{z})$ $\mathbb{H}_E^{\infty}$-Funktionen, die

$$Q_1(\tilde{z})U_{SM}^{P}(\tilde{z}) + Q_2(\tilde{z})U_{SM}^{N}(\tilde{z}) = 1 \tag{8.51}$$

erfüllen. Dann haben alle aufgrund der Stabilitätsbedingungen zulässigen Funktionen $S(\tilde{z})$ die Form

$$S(\tilde{z}) = [Q_1(\tilde{z}) + U_{SM}^{N}(\tilde{z})Q(\tilde{z})]U_{SM}^{P}(\tilde{z}), \tag{8.52}$$

worin $Q(\tilde{z})$ eine beliebige $\mathbb{H}_E^{\infty}$-Funktion ist.

Beweis:

Daß $S(\tilde{z})$ nach (8.52) zulässig ist, erkennt man leicht. Es sei nun

$$S(\tilde{z}) = Q_1(\tilde{z})U_{SM}^{P}(\tilde{z}) + U_{SM}^{N}(\tilde{z})Q(\tilde{z})U_{SM}^{P}(\tilde{z}) + X(\tilde{z})$$

mit einer beliebigen $\mathbb{H}_E^{\infty}$-Funktion $X(\tilde{z})$. Dann muß $X(\tilde{z})$ zum einen die Form

$$X(\tilde{z}) = X_1(\tilde{z})U_{SM}^{P}(\tilde{z})$$

besitzen, da $S(\tilde{z})$ an den Polstellen von $G_{SM}(\tilde{z})$ im Einheitskreis Nullstellen derselben Ordnung besitzen muß. Außerdem muß

$$1-S(\tilde{z}) = Q_2(\tilde{z})U_{SM}^{N}(\tilde{z}) - U_{SM}^{N}(\tilde{z})Q(\tilde{z})U_{SM}^{P}(\tilde{z}) - X_1(\tilde{z})U_{SM}^{P}(\tilde{z})$$

an den Nullstellen von $G_{SM}(\tilde{z})$ im Einheitskreis verschwinden, weshalb

$$X_1(\tilde{z}) = U_{SM}^{N}(\tilde{z}) X_2(\tilde{z})$$

sein muß, womit auch die Notwendigkeit von (8.52) gezeigt ist. □

Die Einhaltbarkeit von (8.49a, b) ist genau dann gegeben, wenn

$$\sup_{\Omega} |c(\Omega) - S(e^{j\Omega})| \leq r_o(\Omega)$$

mit einer zulässigen Funktion $S(\tilde{z})$ erreichbar ist. Nach Lemma 8.3 ist dies äquivalent dazu, daß eine $\mathbb{H}_E^{\infty}$-Funktion $Q(\tilde{z})$ existiert, so daß

$$\sup_{\Omega} |c(\Omega) - Q_1(e^{j\Omega}) U_{SM}^{P}(e^{j\Omega}) - U_{SM}^{N}(e^{j\Omega}) Q(e^{j\Omega}) U_{SM}^{P}(e^{j\Omega})| \leq r_o(\Omega)$$

oder

$$\sup_{\Omega} |[U_{SM}^{N}(e^{j\Omega})]^{-1} \{c(\Omega)[U_{SM}^{P}(e^{j\Omega})]^{-1} - Q_1(e^{j\Omega})\} - Q(e^{j\Omega})| \leq r_o(\Omega)$$

gilt. Bezeichnet man das Poisson-Integral zu $[r_o(\Omega)]^{-1}$ mit $W_{ro}(\tilde{z})$, so ergibt sich schließlich als notwendige und hinreichende Bedingung, daß das <u>Approximationsproblem</u>

$$\sup_{\Omega} |v(\Omega) - X(e^{j\Omega})| \leq 1$$

mit

$$v(\Omega) = - W_{ro}(e^{j\Omega})[U_{SM}^{N}(e^{j\Omega})]^{-1} \{Q_1(e^{j\Omega}) - c(\Omega)\, [U_{SM}^{P}(e^{j\Omega})]^{-1}\} \tag{8.53}$$

mit einer $\mathbb{H}_E^{\infty}$-Funktion $X(\tilde{z})$ gelöst werden kann.

Mit Lemma 8.2 folgt somit

<u>Satz 8.6 [OF]</u>

Es sei $\underline{\Gamma}_v(N)$ die Hankel-Matrix der Dimension NxN zu $v(\Omega)$ gemäß (8.53). Falls für irgendein N

$$\| \underline{\Gamma}_v(N) \|_2 > 1 \qquad (8.54)$$

gilt, so ist (8.49a, b) sicher nicht einhaltbar. Ist $\| \underline{\Gamma}_v(\infty) \|_2$ berechenbar oder abschätzbar und nicht größer als Eins, ist (8.49a,b) sicher einhaltbar. □

Dies ist ein sehr schönes und umfassendes Ergebnis, da Satz 8.6 eine exakte Charakterisierung der einhaltbaren bzw. nicht einhaltbaren Schranken liefert. Mann kann im Prinzip für beliebige Funktionen $A(\Omega)$ und $B(\Omega)$ $\underline{\Gamma}_v(N)$ berechnen, und für $N \to \infty$ liefert (8.54) eine exakte Schranke. Zur Auswertung der hinreichenden Bedingung ist allerdings eine rationale Approximation von $v(\Omega)$ erforderlich, und Satz 8.6 liefert in dieser Beziehung genau dieselbe Information wie Satz 6.2.

Die notwendige Bedingung ist insofern eleganter als die mit Hilfe von Satz 6.2 und der Approximation in Kapitel 7 abgeleitete Forderung, als nicht eine Folge von Approximationen zur immer engeren Eingrenzung nötig ist. Der erforderliche Rechenaufwand ist aber sehr hoch (vgl. [OF]).

Der Satz 8.6 läßt sich auch auf zeitkontinuierliche Regelkreise übertragen, indem das Problem mittels der Transformation

$$\tilde{z} = \frac{1-s}{1+s}$$

in den Einheitskreis transformiert wird. Dabei entstehen aus den Nullstellen im Unendlichen Nullstellen bei $\tilde{z} = -1$, die in der notwendigen Bedingung nicht berücksichtigt werden müssen.

8.5 Abtastregelkreise

Zeitdiskrete Regelkreise treten in der Regelungstechnik meist als vereinfachte Beschreibungen von Abtastregelkreisen mit zeitkontinuierlicher Strecke auf. Den hier behandelten zeitdiskreten Regelkreis in Bild 8.1 erhält man z. B. als Beschreibung in den Abtastzeitpunkten für den in Bild 8.3 gezeigten Abtastregelkreis.

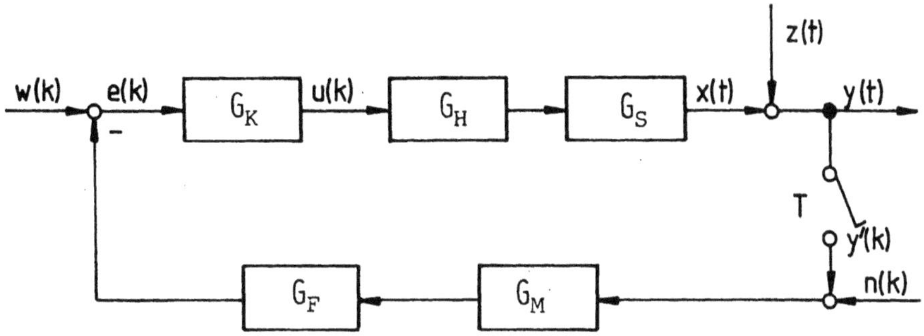

Bild 8.3: Abtastregelkreis, der auf den zeitdiskreten Regelkreis in Bild 8.1 führt

G_H bezeichnet das zur Umsetzung der zeitdiskreten Stellgröße u(k) in ein zeitkontinuierliches Eingangssignal erforderliche Halteglied. G_K, G_F und G_M sind zeitdiskrete Systeme. Wäre G_M ebenfalls kontinuierlich, so würde sich nur in speziellen Fällen der zeitdiskrete Regelkreis in Bild 8.1 als Beschreibung in den Abtastzeitpunkten ergeben.

Die Transformierte Y'(z) von y'(k) kann wegen

$$Y'(z) = \int_{-\infty}^{\infty} \sum_{i=-\infty}^{\infty} z^{-i}\delta(t-iT)y(t)dt$$

$$= \int_{-\infty}^{\infty} e^{-st} \sum_{i=-\infty}^{\infty} \delta(t-iT)y(t)dt$$

$$= Y^*(s)$$

auch als Laplace-Transformierte des impulsmodulierten Signals

$$y^*(t) = \sum_{i=-\infty}^{\infty} \delta(t-iT)y(t) \tag{8.55}$$

nach der Transformation

$$z = e^{sT} \qquad (8.56)$$

aufgefaßt werden [DO3, Kap. 8]. Durch (8.56) wird die $j\omega$-Achse auf den Einheitskreis und die linke s-Halbebene auf das Innere des Einheitskreises abgebildet. Die Transformation (8.56) ist nicht eindeutig umkehrbar. $Y^*(s)$ ist eine $\frac{2\pi}{T}$-periodische Funktion, d. h. es gilt

$$Y^*(s) = Y^*(s+j\,\frac{2\pi i}{T}) \quad \text{für} \quad i \in \mathbb{Z}.$$

Ist eine Folge $y(k)$ gegeben, so ergibt sich $Y^*(s)$ einfach durch Substitution von z durch e^{sT} aus $Y(z)$. Ist $y(k)$ die durch Abtastung eines Signals $y(t)$ gewonnene Folge, so läßt sich, z. B. unter Benutzung der Poissonschen Summationsformel [PA], der Zusammenhang

$$Y^*(s) = \frac{Y(0)}{2} + \frac{1}{T} \cdot \sum_{i=-\infty}^{\infty} Y(s+j\,\frac{2\pi i}{T}) \qquad (8.57)$$

ableiten (vgl. [DO3, S. 198 ff]). (8.57) gilt jedenfalls dann, wenn die Summation im Konvergenzbereich der Laplace-Transformation konvergiert. Die Beziehung (8.57), die wir auch abkürzend als

$$Y^*(s) = \mathcal{W}_T[Y(s)]$$

schreiben, ist keineswegs besonders günstig zur Berechnung von $Y'(z)$ in praktischen Fällen, hierfür enthalten z. B. [DO3, LIN, SS, SW3, UN2] besser geeignete Beziehungen und Tabellen. Sie gibt jedoch in sehr anschaulicher Weise den Einfluß der Abtastung auf den Frequenzgang an.

Für den Frequenzgang $Y(e^{j\Omega})$ bedeutet die Transformation (8.56) nur eine Neuskalierung des Frequenzbereiches gemäß

$$\omega = \frac{1}{T}\,\Omega.$$

Ist $Y(j\omega)$ außerhalb des Intervalls $[-\frac{\pi}{T}, \frac{\pi}{T}]$ vernachlässigbar klein, so gilt

$$T \cdot Y^*(j\omega) \approx Y(j\omega) \qquad \text{für } \omega \ll \frac{\pi}{T}$$

und deshalb auch

$$T \cdot Y^W(jv) \approx Y(j\omega) \qquad \text{für } v \ll \frac{\pi}{T}$$

für den Frequenzgang der w-Transformierten. Dies ist der Vorteil der bei der Einführung der w-Transformierten benutzten Skalierung: für $T \to 0$ geht die w-Transformierte in die Laplace-Transformierte des ursprünglichen zeitkontinuierlichen Signals über.

Zur Analyse von Abtastregelkreisen benötigt man noch den Zusammenhang zwischen der Ausgangsgröße x des Systems $\mathcal{G}_S$ und der diskreten Eingangsfolge von $\mathcal{G}_H$. Hierfür gilt [DO3, LIN, SS]

$$X(s) = G_S(s)G_H(s)U^*(s) = G_{HS}(s)U^*(s) \quad , \tag{8.58}$$

wobei $G_H(s)$ die Laplace-Transformierte der Antwort des Halteglieds auf die diskrete Einheitsimpulsfolge

$$u(k) = \begin{cases} 1 & k = 0 \\ 0 & \text{sonst} \end{cases}$$

ist, und $U^*(s) = U(e^{sT})$ die gemäß (8.56) aus der z-Transformierten von $u(k)$ entstandene Funktion. Diese Beziehung macht gerade den Übergang zu den Transformierten der impulsmodulierten Signalen sinnvoll.

Damit erhält man schließlich als Beschreibung in den Abtastzeitpunkten

$$Y^*(s) = [1-R^*(s)]W^*(s) + S^*(s)Z^*(s) - T^*(s)N^*(s) \tag{8.59}$$

mit

$$S^*(s) = [1 + \mathcal{W}_T[G_{HS}(s)]G_K^*(s)G_F^*(s)G_M^*(s)]^{-1} \tag{8.60a}$$

$$T^*(s) = 1 - S^*(s) \tag{8.60b}$$

$$R^*(s) = 1 - G_K^*(s) \cdot \mathcal{W}_T[G_{HS}(s)]\, S^*(s) \quad . \tag{8.60c}$$

Unter Verwendung von

$$G_S'(z) = \mathcal{W}_T\, [G_H(s) G_S(s)]\Big|_{s = \frac{1}{T} \ln z} \tag{8.61}$$

als Beschreibung des zur kontinuierlichen Strecke mit Halteglied am Eingang und Abtastung am Ausgang äquivalenten zeitdiskreten Systems [SW3] erhält man genau die in den Abschnitten 8.1 - 8.4 zugrundegelegten Beziehungen für $S(z)$, $T(z)$ und $R(z)$.

Damit läßt sich die erreichbare Regelgüte bezüglich des Verhaltens in den Abtastzeitpunkten mit den beschriebenen Methoden bestimmen.

Durch (8.61) werden die Pole p_i von $G_S(s)$ auf Polstellen

$$p_i' = \exp\, (p_i \cdot T) \tag{8.62}$$

von $G_S'(z)$ derselben Ordnung abgebildetet, wobei allerdings mehrere verschiedene Pole von $G_S(s)$ zu gleichen Polstellen von $G_S'(z)$ führen können. Die Pole der w-Transformierten sind für $|p_i T| \ll 1$ näherungsweise gleich den Polen von $G_S(s)$.

Ist $G_S(s)$ eine rationale Funktion und $G_H(s)$ das Produkt einer rationalen und einer $\frac{2\pi}{T}$ -periodischen Funktion, so ist $G_S'(z)$ ebenfalls rational. Die Differenz zwischen Zähler- und Nennergrad von $G_S'(z)$ beträgt dann jedoch stets Null oder Eins. Nur wenn $G_S(s)$ einen Faktor $\exp(-sT_t)$ enthält, tritt eine größere Differenz von Zähler- und Nennergrad auf.

$G_S'(z)$ besitzt deshalb im allgemeinen mehr endliche Nullstellen als $G_S(s)$ und die Nullstellen stehen in keinem einfachen allgemeinen Zusammenhang zu den Nullstellen von $G_S(s)$. Lediglich für $T \to 0$ ergibt sich eine zu (8.62) analoge Abbildung für die Nullstellen von $G_S(s)$. Insbesondere kann $G_S'(z)$ Nullstellen außerhalb des Einheitskreises besitzen, obwohl $G_S(s)$ minimalphasig ist. Ein

Beispiel hierfür ist [NÖ]

$$G_S(s) = \frac{1}{(1+s)^2(1+0,1s)}$$

bei Verwendung eines Halteglieds 0. Ordnung und T = 1. $G_S'(z)$ besitzt dann zwei endliche Nullstellen bei -0,046 und bei -1,3. Der Einfluß der Nullstelle bei -1,3 ist allerdings, wie in Abschnitt 8.2 erläutert, schwächer als der der Nullstelle im Unendlichen. Die entsprechende Nullstelle von $G_S^{w}(w)$ liegt bei 15,3 und damit sehr viel weiter rechts als die von der Nullstelle im Unendlichen herrührende Nullstelle bei 2.

Liegt für das kontinuierliche System $\mathcal{G}_S$ eine unstrukturierte Modellierungsunsicherheit beschrieben durch (3.21), (3.23) vor, so ergibt sich als resultierende Unsicherheit für das äquivalente zeitdiskrete System in der Form

$$G_S'^{\pi}(z) = [1 + \varepsilon_S'(z)]G_S'(z) \tag{8.63}$$

im ungünstigsten Fall

$$|\varepsilon_S'(e^{j\Omega})| = \frac{\sum\limits_{i=-\infty}^{\infty} l_S(\frac{\Omega+2\pi i}{T}) \left|G_H(j\,\frac{\Omega+2\pi i}{T})G_S(j\,\frac{\Omega+2\pi i}{T})\right|}{\left|\sum\limits_{i=-\infty}^{\infty} G_H(j\,\frac{\Omega+2\pi i}{T})\; G_S(\frac{\Omega+2\pi i}{T})\right|} \tag{8.64}$$

Dies ist bei der Festlegung von $B(\Omega)$ zu beachten.

Ein interessanter und bisher wenig behandelter Aspekt von Abtastregelungen ist ihr Verhalten bezüglich der kontinuierlichen Signalübertragung. Für die Übertragung zwischen z(t) und y(t) erhält man im Falle des Regelkreises in Bild 8.4 beispielsweise

$$Y(s) = Z(s) - \frac{G_{HS}(s)}{\mathcal{W}_T[G_{HS}(s)]}\, T^*(s)\mathcal{W}_T[Z(s)] \tag{8.65}$$

oder ausführlicher für den Frequenzgang des Ausgangssignals

$$Y(j\omega) = [1 - \frac{G_{HS}(j\omega)}{\mathscr{W}_T[G_{HS}(j\omega)]} T^*(j\omega)]\ Z(j\omega)$$

$$- \frac{G_{HS}(j\omega)}{\mathscr{W}_T[G_{HS}(j\omega)]} T^*(j\omega) \cdot \sum_{\substack{i=-\infty \\ i\neq 0}}^{\infty} Z(j\omega + \frac{2\pi i}{T}) \qquad (8.66)$$

(unter der Voraussetzung, daß $G_{HS}(j\omega)$ für $\omega \to \infty$ gegen Null geht).

Ist z. B. $z(t)$ ein sinusförmiges Signal, so enthält $y(t)$ nicht nur ein sinusförmiges Signal gleicher Frequenz ω_o, sondern auch sämtliche "alias-Frequenzen" $\omega_o + \frac{2\pi i}{T}$. Da $T^*(j\omega)$ $\frac{2\pi}{T}$ - periodisch ist, kann nicht gleichzeitig gute Unterdrückung des Grundfrequenzanteils und der alias-Frequenzen erreicht werden, wenn $G_{HS}(j\omega)$ nicht in der Umgebung von $\frac{\pi}{T}$ schnell abfällt. Die Forderung

$$|S^*(j\omega)| << 1$$

ist nur für solche Frequenzen eine geeignete Spezifikation, für die

$$|G_{HS}(j\omega)| >> |\sum_{\substack{i=-\infty \\ i\neq 0}}^{\infty} G_{HS}(j\omega + \frac{2\pi i}{T})| \qquad (8.67a)$$

gilt und

$$|Z(j\omega)| >> |\sum_{\substack{i=-\infty \\ i\neq 0}}^{\infty} Z(j\omega + \frac{2\pi i}{T})|. \qquad (8.67b)$$

Die Einhaltung dieser Forderungen hängt natürlich von der Tastzeit und dem gewählten Halteglied ab. Sind die Bedingungen (8.67a, b) nicht erfüllt, so müssen zur Bestimmung der optimalen Funktion $T^*(s)$ zusätzliche Überlegungen angestellt werden. Es ist beispielsweise denkbar, anstelle einer Optimierung von $T^*(s)$ für stationäres stochastisches $z(t)$ mit bekannter Spektraldichte (vgl. [EN2]) hierfür ein worst-case-Optimierungsproblem zu formulieren.

Nimmt man dagegen $z(t)$ als durch ein am Eingang von $\mathcal{G}_H$ angreifendes <u>zeitdiskretes</u> Störsignal $z_1(k)$ hervorgerufen an, d. h.

$$Z(s) = G_H(s)G_S(s)Z_1^*(s) \quad , \tag{8.68}$$

so vereinfachen sich die Verhältnisse grundlegend. Man erhält

$$Y(s) = G_H(s)G_S(s)S^*(s)Z_1^*(s) \tag{8.69}$$

und daraus

$$\int_{-\infty}^{\infty} |Y(j\omega)|^2 d\omega = \int_{-\pi/T}^{\pi/T} \mathcal{W}_T[\,|G_{HS}(j\omega)|^2]\;|Z_1^*(j\omega)|^2 |S^*(j\omega)|^2 d\omega \; . \tag{8.70}$$

Damit liegt wieder ein rein diskretes Problem vor, das mit den besprochenen Methoden angegangen werden kann, indem $\tilde{z}(k)$ mit

$$|\tilde{Z}(e^{j\Omega})| = |Z_1(e^{j\Omega})| \cdot \left\{ \sum_{i=-\infty}^{\infty} |G_{HS}(j\,\frac{\Omega+2\pi i}{T})|^2 \right\}^{1/2} \tag{8.71}$$

als am Ausgang von G_S angreifende Störgröße angesetzt wird.

8.6 Zusammenfassung

In diesem Kapitel wurde dargestellt, wie sich die für zeitkontinuierliche Systeme abgeleiteten Ergebnisse auf die Bestimmung der erreichbaren Regelgüte für zeitdiskrete und Abtastregelkreise übertragen lassen. Im Unterschied zum zeitkontinuierlichen Fall entfallen hier die mit dem erforderlichen Verhalten der Übertragungsfunktionen im Unendlichen zusammenhängenden Schwierigkeiten, so daß die berechneten Grenzen der Regelgüte exakt erreichbar sind, solange einfache Pole und Nullstellen vorliegen.

Die Ergebnisse der numerischen Berechnungen für die wichtigsten Streckentypen in Kapitel 7 können zur Bestimmung der erreichbaren Regelgüte direkt benutzt werden. Hierbei müssen nur die Pole und Nullstellen der zeitdiskreten Übertragungsfunktionen $G_M(z)$ und $G_S(z)$ bzw. $G'_S(z)$ nach (8.20) und die Kennfrequenzen nach (8.22) umgerechnet werden.

In Erweiterung der für zeitkontinuierliche Systeme benutzten Methoden wurde die erreichbare Regelgüte auch für Strecken mit einer Verzögerung um mehr als einen Abtastschritt bestimmt. Dies liefert gleichzeitig eine Methode zur Behandlung kontinuierlicher Systeme mit Totzeiten: man erhält eine hinreichende Bedingung, indem Satz 8.5 für eine Abtastregelung mit kleiner Tastzeit ausgewertet wird. Dies ist eine Alternative zu den mathematisch sehr komplizierten und nur in einfachen Fällen auswertbaren Überlegungen in [FTZ].

Schließlich konnte eine notwendige Bedingung für die erreichbare robuste Störungsunterdrückung abgeleitet werden, die eine Ergänzung zur in Satz 6.2 angegebenen hinreichenden Bedingung darstellt. Die Auswertung dieser Bedingung ist allerdings sehr aufwendig, so daß für die Anwendung auf reale Probleme die in Kapitel 7 beschriebene Methodik vorzuziehen ist.

In Abtastregelkreisen, auf die kontinuierliche Störungen einwirken, ergeben sich erheblich schwierigere Probleme als im rein zeitdiskreten oder rein kontinuierlichen Fall, für die noch keine Lösung bekannt ist.

9 Zur Übertragung der Ergebnisse auf Mehrgrößensysteme

Im Gegensatz zu den "klassischen" Entwurfsverfahren für Eingrößenregelkreise im Frequenzbereich lassen sich die hier vorgestellten Methoden zur Analyse und Synthese auf Mehrgrößensysteme ganz geradlinig verallgemeinern. Aufgrund der wesentlich komplexeren Struktur von Mehrgrößensystemen ist zwar ein etwas höherer mathematischer Aufwand erforderlich sowie eine stärkere Eingrenzung der behandelten Systemklasse, das grundsätzliche Vorgehen ist jedoch identisch. Allerdings kann hier nur ein knapper Überblick über die bislang entwickelten Ansätze gegeben werden, Einzelheiten sind in der zitierten Literatur zu finden.

9.1 Struktur und Spezifikation von Mehrgrößenregelkreisen

Wir legen hier den gegenüber dem Eingrößenfall einfacheren Regelkreis in Bild 9.1 mit <u>einem</u> Freiheitsgrad zugrunde, wobei die Ausgangsgröße $\underline{y}$ ein m-dimensionaler Vektor und $\underline{u}$ ein r-dimensionaler Vektor ist.

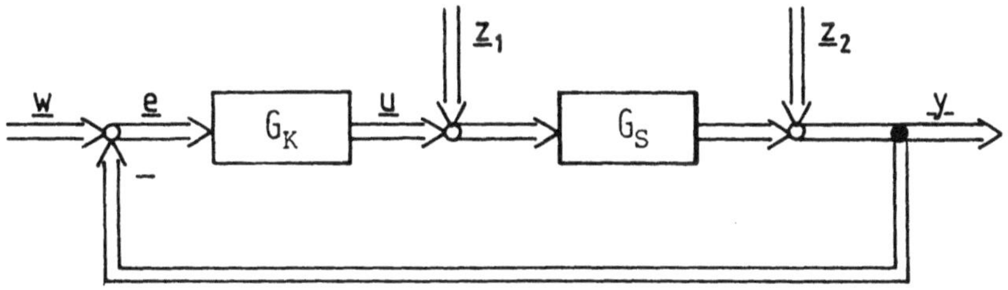

Bild 9.1: Blockschaltbild des betrachteten Mehrgrößenregelkreises

Die Systeme G_K und G_S werden durch Matrix-Faltungsoperatoren beschrieben, die die allgemeine Form

$$G: \quad \underline{y}(k) = \sum_{i=0}^{\infty} \underline{g}(i)\, \underline{x}(k-i) \tag{9.1}$$

im zeitdiskreten bzw.

$$G: \quad \underline{y}(t) = \int_0^{\infty} \underline{g}(\tau)\, \underline{x}(t-\tau)\, d\tau \tag{9.2}$$

im zeitkontinuierlichen Fall haben. Den (mxr)-Matrix-Zeitreihen

$\underline{g}(i)$ bzw. der zeitabhängigen (mxr)-Matrix $\underline{g}(\tau)$ lassen sich wiederum Transformierte zuordnen:

$$\underline{G}(s) = \int_0^\infty e^{-st}\,\underline{g}(t)\,dt \tag{9.3}$$

bzw.

$$\underline{G}(z) = \sum_{i=0}^{\infty} \underline{g}(i)\cdot z^{-i} . \tag{9.4}$$

Ein Mehrgrößen-Übertragungssystem der Form (9.1) bzw. (9.2) wird als <u>ℓ^p-stabil</u> definiert, wenn alle Teilsysteme

$$G_{ij} : \quad x_i \rightarrow y_j$$

ℓ^p-stabil sind.

Daraus folgt insbesondere, daß für BIBO-(ℓ^∞-) Stabilität alle Elemente von $\underline{g}(i)$ bzw. $\underline{g}(t)$ absolut summierbar bzw. integrierbar sein müssen. Eine Übertragungsmatrix $\underline{G}(s)$ bzw. $\underline{G}(z)$ ist die Transformierte der Gewichtsmatrix eines kausalen ℓ^2-stabilen Systems der Form (9.1) bzw. (9.2) genau dann, wenn alle Elemente von $\underline{G}(z)$ bzw. $\underline{G}(s)$ $\mathbb{H}^\infty_E$- bzw. $\mathbb{H}^\infty_H$-Funktionen sind. Solche Matrizen bezeichnen wir kurz als $\mathbb{H}^\infty$-Übertragungsmatrizen.

Eine zentrale Rolle bei der Untersuchung von Mehrgrößensystemen im Frequenzbereich spielen die Singulärwerte von $\underline{G}(j\omega)$ bzw. $\underline{G}(e^{j\Omega})$ [DS].

Es sei $\underline{G}$ eine komplexe (mxr)-Matrix. Dann sind die <u>Singulärwerte</u> von $\underline{G}$ definiert als die r nicht-negativen Wurzeln aus den reellen Eigenwerten von $\bar{\underline{G}}^T\cdot\underline{G}$ [ZU]:

$$\{\sigma_i\} = \{[\lambda_i(\bar{\underline{G}}^T\underline{G})]^{1/2}\} . \tag{9.5}$$

($\bar{\underline{G}}^T$ ist die Transponierte der konjugierten Matrix zu $\underline{G}$).

Wir legen als Konvention fest, daß die Singulärwerte der Größe nach geordnet sind:

$$\sigma_1 \geq \sigma_2 \geq . . \geq \sigma_r \geq 0. \tag{9.6}$$

Mit

$$\underline{\Sigma} = \text{diag}\ \{\sigma_1 \dots \sigma_r\} \qquad (9.7)$$

läßt sich $\underline{G}$ stets schreiben als

$$\underline{G} = \underline{U}\ \underline{\Sigma}\ \underline{V}, \qquad (9.8)$$

wobei $\underline{u}_1 \dots \underline{u}_{min(m,r)}$ und $\underline{v}_1 \dots \underline{v}_r$ orthonormale Vektoren sind,
d. h. für $m \geq r$ gilt:

$$\bar{\underline{U}}^T \underline{U} = \underline{I}_r, \quad \bar{\underline{V}}^T \underline{V} = \underline{I}_r. \qquad (9.9)$$

Die Matrizen $\underline{U}$ und $\bar{\underline{V}}^T$ haben folgende anschauliche Bedeutung:
Es sei

$$\underline{x} = \bar{\underline{V}}^T \underline{x}_v .$$

Dann gilt stets [ZU]

$$\underline{y} = \underline{G}\ \underline{x} = \underline{U}\ \underline{\Sigma}\ \underline{x}_v = \sigma_1 x_{v1} \underline{u}_1 + \dots + \sigma_r x_{vr} \underline{u}_r, \qquad (9.10)$$

d. h. $\underline{y}$ setzt sich aus den mit $\sigma_i x_{vi}$ multiplizierten Spalten von $\underline{U}$ zusammen. Wegen (9.9) gilt

$$\bar{\underline{x}}^T \underline{x} = \sum_{i=1}^{r} x_{vi}^2 \qquad (9.11a)$$

und

$$\bar{\underline{y}}^T \underline{y} = \sum_{i=1}^{r} \sigma_i^2\ x_{vi}^2 \qquad (9.11b)$$

Daraus folgt

$$\max_{\underline{x} \neq \underline{O}} \frac{(\bar{\underline{y}}^T \underline{y})^{1/2}}{(\bar{\underline{x}}^T \underline{x})^{1/2}} = \|\underline{G}\|_2 = \sigma_1(\underline{G}). \qquad (9.12)$$

Der maximale Singulärwert σ_1 von $\underline{G}$ gibt also ein Maß für die "Größe" von $\underline{G}$ im Sinne der induzierten euklidischen Norm.

Ist nun $\underline{G}(j\omega)$ eine Frequenzgangmatrix, und $\sigma_1(\omega)$ der größte Singulärwert in Abhängigkeit von der Frequenz, so gilt

$$\sum_{i=1}^{m} |Y_i(j\omega)|^2 \leq \sigma_1^2(\omega) \cdot \sum_{i=1}^{r} |X_i(j\omega)|^2 . \qquad (9.13)$$

$\sigma_1(\omega)$ gibt deshalb an, wie stark das System G im günstigsten Fall, was die Aufteilung auf die Komponenten des Eingangssignals betrifft, ein sinusförmiges Eingangssignal

$$\underline{x}(t) = \underline{x}\ \exp(j\omega t)$$

verstärkt. Bei der Analyse und Synthese von Mehrgrößensystemen tritt daher an die Stelle des Betrags eines Frequenzgangs, z. B. des Störfrequenzgangs, der maximale Singulärwert der Frequenzgangmatrix als frequenzabhängige Maßzahl des Übertragungsverhaltens [DS] . Insbesondere gilt auch

$$\|G\|_2 = \sup_{\omega} \ \sigma_1(\omega) \tag{9.14}$$

für ℓ^2-stabile zeitkontinuierliche Systeme der Form (9.2), wobei die Vektor-ℓ^2-Norm

$$\|\underline{x}(t)\| = \left\{ \sum_{i=1}^{r} \int_{-\infty}^{\infty} x_i^2(t)dt \right\}^{1/2} \tag{9.15}$$

zugrundegelegt wurde.

Wir wollen uns nun dem Regelkreis in Bild 9.1 zuwenden, wobei hier nur der zeitkontinuierliche Fall betrachtet wird. Die Übertragung auf zeitdiskrete Systeme ist genauso wie für den Eingrößenfall beschrieben durchführbar.

Man erhält unter Benutzung der Übertragungsmatrizen $\underline{G}_K(s)$ und $\underline{G}_S(s)$ der Dimensionen (rxm) bzw. (mxr) für das Übertragungsverhalten des Regelkreises in Bild 9.1 im Bildbereich:

$$\begin{bmatrix} \underline{Y}(s) \\ \underline{U}(s) \\ \underline{E}(s) \end{bmatrix} = \begin{bmatrix} \underline{S}(s)\underline{G}_S(s)\underline{G}_K(s) & \underline{S}(s)\underline{G}_S(s) & \underline{S}(s) \\ \underline{G}_K(s)\underline{S}(s) & -\underline{G}_K(s)\underline{S}(s)\underline{G}_S(s) & -\underline{G}_K(s)\underline{S}(s) \\ \underline{S}(s) & -\underline{S}(s)\underline{G}_S(s) & -\underline{S}(s) \end{bmatrix} \begin{bmatrix} \underline{W}(s) \\ \underline{Z}_1(s) \\ \underline{Z}_2(s) \end{bmatrix} \tag{9.16}$$

mit der (mxm)-Matrix

$$\underline{S}(s) = [\underline{I}_m + \underline{G}_S(s)\underline{G}_K(s)]^{-1} \ . \tag{9.17}$$

Der Regelkreis ist vollständig ℓ^2-stabil, falls alle Teilmatrizen in (9.17) $\mathbb{H}^\infty$-Matrizen sind, was wegen

$$\underline{T}(s) = \underline{S}(s)\underline{G}_S(s)\underline{G}_K(s) = \underline{I}_m-\underline{S}(s) \tag{9.18}$$

darauf hinausläuft, daß $\underline{S}(s)$, $\underline{S}(s)\underline{G}_S(s)$, $\underline{G}_K(s)\underline{S}(s)$ und $\underline{G}_K(s)\underline{S}(s)$ $\underline{G}_S(s)$ sämtlich $\mathbb{H}^\infty$-Matrizen sein müssen.

Im Unterschied zum Eingrößenfall sind für eine relativ übersichtliche Behandlung von Mehrgrößensystemen etwas schärfere Voraussetzungen über die Systeme $\mathcal{G}_K$ und $\mathcal{G}_S$ notwendig. Diese Voraussetzungen bedeuten grob gesprochen, daß alle Teilsysteme als "Quotienten" stabiler linearer zeitinvarianter Systeme der Form (9.2) darstellbar sind. Um dies präzise zu erfassen, benötigen wir folgende Definition (vgl. [VSF]):

Definition 9.1.

Eine (mxr)-Übertragungsmatrix $\underline{G}(s)$ besitzt eine pseudo-rechtskoprime stabile Faktorisierung (PRSF), wenn

$$\underline{G}(s) = \underline{N}^r(s)[\underline{D}^r(s)]^{-1} \tag{9.19}$$

für $\mathbb{H}^\infty$-Matrizen $\underline{N}^r(s)$ und $\underline{D}^r(s)$ gilt, und $\mathbb{H}^\infty$-Matrizen $\underline{P}^r(s)$, $\underline{Q}^r(s)$ existieren, die

$$\underline{P}^r(s)\underline{N}^r(s) + \underline{Q}^r(s)\underline{D}^r(s) = \underline{I}_r \tag{9.20}$$

erfüllen. $\underline{G}(s)$ besitzt eine pseudo-linkskoprime stabile Faktorisierung (PLSF), wenn

$$\underline{G}(s) = [\underline{D}^l(s)]^{-1}\underline{N}^l(s) \tag{9.21}$$

für $\mathbb{H}^\infty$-Matrizen $\underline{N}^l(s)$ und $\underline{D}^l(s)$ gilt, und $\mathbb{H}^\infty$-Matrizen $\underline{P}^l(s)$, $\underline{Q}^l(s)$ existieren, die

$$\underline{N}^l(s)\underline{P}^l(s) + \underline{D}^l(s)\underline{Q}^l(s) = \underline{I}_m \tag{9.22}$$

erfüllen. □

Die Nullstellen von det $[\underline{D}^r(s)]$ bzw. von det $[\underline{D}^l(s)]$ in der abgeschlossenen rechten s-Halbebene sind die <u>instabilen Pole</u> der Übertragungsmatrix $\underline{G}(s)$. Die Werte von s in $Re[s] > 0$, für die $\underline{N}^r(s)$ bzw. $\underline{N}^l(s)$ einen Rangverlust (gegenüber dem maximalen Rang für beliebiges s) besitzen, sind die Nullstellen von $\underline{G}(s)$ in der rechten s-Halbebene. Besitzt $\underline{G}(s)$ sowohl eine PRSF als auch eine PLSF, so ergeben sich stets übereinstimmende Pole und Nullstellen in $Re[s] \geq 0$.

Den Polen und Nullstellen in der rechten s-Halbebene sind im Mehrgrößenfall gewisse Unterräume von $\mathbb{C}^r$ bzw. $\mathbb{C}^m$ zugeordnet, d. h. ausgezeichnete Richtungen von Ein- bzw. Ausgangssignalen.

Ist p_i ein instabiler Pol, so ist

$$V_{p_i} = \ker[\underline{D}^l(p_i)] = \{\underline{y}_i : \underline{D}^l(p_i)\underline{y}_i = \underline{0}\} \qquad (9.23)$$

der zugeordnete Raum. V_{p_i} gibt die möglichen instabilen Eigenbewegungen des Systems im Ausgangssignal an, d. h. die Anteile $\underline{y}_i \exp(p_i t)$.

Einer Nullstelle n_i in der rechten s-Halbebene läßt sich ein rechter und ein linker Nullraum zuordnen:

$$N^l_{n_i} = \ker[\underline{N}^l(n_i)] = \{\underline{x}_i : \underline{N}^l(n_i)\underline{x}_i = \underline{0}\} \qquad (9.24a)$$

$$N^r_{n_i} = \operatorname{ann}[\underline{N}^r(n_i)] = \{\underline{v}_i^T : \underline{v}_i^T \underline{N}^r(n_i) = \underline{0}\}. \qquad (9.24b)$$

Der linke Nullraum $N^l_{n_i}$ gibt die möglichen aufklingenden Eingangssignale $\underline{x}_i \exp(n_i t)$ an, die (bei geeigneten Anfangswerten des Systems) zum Ausgangssignal $\underline{y}(t) \equiv \underline{0}$ führen [KAK]. $N^r_{n_i}$ hat keine so anschauliche Interpretation, ist aber für die nachfolgende Analyse wichtig.

Im Eingrößenfall sind all diese Räume gleich dem Raum aller möglichen Ein- bzw. Ausgangssignale, so daß keine "geometrischen" Überlegungen notwendig sind.

Für rationale Übertragungsmatrizen (und natürlich für stabile Systeme) existieren stets pseudo-rechtskoprime und pseudolinkskoprime stabile Faktorisierungen [CAD].

Bedingungen für die vollständige Stabilität des Regelkreises in Bild 9.1 gibt der folgende Satz an:

Satz 9.1 [CD1]

$\underline{G}_S(s)$ besitze eine PRSF und $\underline{G}_K(s)$ eine PLSF. Dann ist der Regelkreis in Bild 9.1 genau dann vollständig ℓ^2-stabil, wenn

$$p_c(s) = \det[\underline{D}_S^r(s)]\det[\underline{D}_K^l(s)]\det[\underline{I}_m+\underline{G}_S(s)\underline{G}_K(s)] \tag{9.25}$$

keine Nullstellen in der abgeschlossenen rechten s-Halbebene besitzt. Dies impliziert, daß $\det[\underline{S}(s)]^{-1}$ keine Nullstellen mit nicht-negativem Realteil besitzt und exakt die Pole von $\underline{G}_S(s)$ und von $\underline{G}_K(s)$ als Pole mit gleicher Ordnung. □

Die Bedingung (9.25) läßt sich genau wie im Eingrößenfall anhand der in Satz 3.1 beschriebenen Nyquist-Ortskurve überprüfen, wobei nur $\det[\underline{S}(s)]^{-1}$ anstelle von $[S(s)]^{-1}$ einzusetzen ist [RO1, CD1].

Besitzen $\underline{G}_S(s)$ und $\underline{G}_K(s)$ sowohl eine PRSF gemäß (9.19) als auch eine PLSF gemäß (9.21), so gilt [BD, VSF]

$$\begin{aligned}\underline{S}(s) &= \underline{I}_m - \underline{N}_S^r(s)\ [\underline{\Delta}_1(s)]^{-1}\ \underline{N}_K^l(s)\\ &= \underline{D}_K^r(s)\ [\underline{\Delta}_2(s)]^{-1}\ \underline{D}_S^l(s)\end{aligned} \tag{9.26}$$

mit

$$\underline{\Delta}_1(s) = \underline{D}_K^l(s)\underline{D}_S^r(s) + \underline{N}_K^l(s)\underline{N}_S^r(s) \tag{9.27a}$$

$$\underline{\Delta}_2(s) = \underline{D}_S^l(s)\underline{D}_K^r(s) + \underline{N}_S^l(s)\underline{N}_K^r(s), \tag{9.27b}$$

und $[\underline{\Delta}_1(s)]^{-1}$ und $[\underline{\Delta}_2(s)]^{-1}$ müssen für vollständige Stabilität $\mathbb{H}^\infty$-Matrizen sein [CAD, VSF].

Auch das Ergebnis zur robusten Stabilität in Kapitel 3 läßt sich auf den Mehrgrößenfall vollständig übertragen. Es sei $\underline{G}_S(s)$ das nominale Modell der Regelstrecke und das reale Übertragungsverhalten beschrieben durch $\underline{G}_S^{\mathcal{R}}(s)$ mit

$$\underline{G}_S^r(s) = [\underline{I}_m + \underline{G}_S^\varepsilon(s)]\ \underline{G}_S(s), \tag{9.28}$$

wobei über den Fehler $\underline{G}_S^\varepsilon(s)$ nur bekannt ist, daß

$$\sigma_1[\underline{G}_S^\varepsilon(s)] \leq l_S(\omega) \tag{9.29}$$

gilt. Dies wird als multiplikative unstrukturierte Modellierungsunsicherheit bezeichnet [DS].

Satz 9.2 [DS, CD1]

Es sei vorausgesetzt, daß $\underline{G}_S^r(s)$ und $\underline{G}_S(s)$ eine PRSF besitzen und dieselbe Anzahl von Polen mit nicht-negativem Realteil. Ist der geschlossene Regelkreis im Nominalfall stabil und

$$\sup_\omega\ \sigma_1[\underline{T}(j\omega)]\cdot l_S(\omega) < 1, \tag{9.30}$$

so ist auch der reale Regelkreis mit $\underline{G}_S^r(s)$ nach (9.28) für alle zulässigen $\underline{G}_S^\varepsilon(s)$ stabil. Ist umgekehrt (9.30) verletzt, so gibt es stets eine Perturbation $\underline{G}_S^\varepsilon(s)$, die (9.29) und die übrigen Voraussetzungen erfüllt und zur Instabilität des realen Regelkreises führt. □

Dieses Ergebnis sowie die Rolle des maximalen Singulärwerts als Maß für die (frequenzabhängige) "Verstärkung" einer Übertragungsmatrix legen die folgende allgemeine Spezifikation für Mehrgrößenregelkreise nahe [DS, CD2]:

$$\sigma_1\ [\underline{S}(j\omega)] \overset{!}{\leq} A(\omega) \qquad \text{für} \quad \omega \in B_S \tag{9.31a}$$

$$\sigma_1\ [\underline{T}(j\omega)] \overset{!}{\leq} B(\omega) \qquad \text{für} \quad \omega \in B_T\ , \tag{9.31b}$$

wobei bezüglich der unstrukturierten Modellierungsunsicherheit gemäß (9.28) und (9.29)

$$1 + A(\omega) < \frac{1}{l_S(\omega)}\ , \qquad \omega \in B_S\ , \tag{9.32a}$$

und

$$B(\omega) < \frac{1}{l_S(\omega)} \qquad , \omega \in \mathcal{B}_T, \qquad (9.32b)$$

erfüllt sein sollen. Unter diesen Voraussetzungen sichert (9.31a) für $A(\omega) << 1$ gute Unterdrückung aller Anteile der Störsignale $\underline{z}_2(t)$ in diesem Frequenzbereich, und darüber hinaus ist robuste Stabilität garantiert.

9.2 Bestimmung von Grenzen der erreichbaren Regelgüte

Wir setzen von nun an stets voraus, daß $\underline{G}_S(s)$ und $\underline{G}_K(s)$ sowohl eine PRSF als auch eine PLSF besitzen. Dann gilt:

Lemma 9.1 [BD]

Besitzt $\underline{G}_S(s)$ einen instabilen Pol p_i, so gilt für alle $\underline{y}_i \in \mathcal{V}^S_{p_i}$,

$$\mathcal{V}^S_{p_i} = \ker[\underline{D}^l_S(p_i)] \, ,$$

$$\underline{S}(p_i)\, \underline{y}_i = \underline{0} \, , \qquad (9.33)$$

d. h. $\underline{S}(s)$ besitzt eine Nullstelle bei p_i.

Besitzt $\underline{G}_S(s)$ bei n_i eine Nullstelle mit zugeordnetem rechten Nullraum $\mathcal{N}^{rS}_{n_i}$, so gilt für alle $\underline{v}^T_i$ aus diesem Raum

$$\underline{v}^T_i\, \underline{T}(n_i) = \underline{0} \, . \qquad (9.34)$$

Dies ergibt sich unmittelbar aus (9.26). □

(9.33) und (9.34) sind die den Stabilitätsbedingungen in Satz 2.7 entsprechenden Forderungen für den Mehrgrößenfall.
Aus diesen Bedingungen haben *Boyd* und *Desoer* [BD] unter Benutzung der Poissonschen Ungleichung

$$\frac{1}{\pi}\int_{-\infty}^{\infty} F(j\omega)\,\frac{x}{x^2+(\omega-y)^2}\,d\omega \geq F(x+jy) \quad \text{für} \quad x > 0, \qquad (9.35)$$

die für $\sigma_1[\underline{S}(s)]$ und $\ln\{\sigma_1[\underline{S}(s)]\}$ gilt, wenn $\underline{S}(s)$ eine $\mathbb{H}^\infty$-Matrix ist, folgende Verallgemeinerungen der Ergebnisse in Kapitel 4 bewiesen:

Satz 9.4 [BD]

a) $\underline{G}_S(s)\underline{G}_K(s)$ seien rational und alle Elemente die Übertragungsmatrix des offenen Kreises gehen zumindest proportional zu $|s|^{-2}$ gegen Null für $|s|\to\infty$. Dann gilt

$$\int_0^\infty \ln \quad \sigma_1[\underline{S}(j\omega)]\ d\omega \geq 0. \tag{9.36}$$

b) $\underline{G}_S(s)$ besitze eine Nullstelle in der rechten s-Halbebene bei $n_i = \eta_i + j\gamma_i$. Dann ist (9.31a) auf jeden Fall nicht einhaltbar, wenn

$$\int_{-\infty}^{\infty} \ln[A(\omega)]\ \frac{\eta_i}{\eta_i^2 + (\omega-\gamma_i)^2}\ d\omega < 0 \tag{9.37}$$

gilt (für $\eta_i = 0$ ist der Grenzwert $\eta_i \to 0$ zu nehmen).

c) Zusätzlich zu der Nullstelle bei n_i besitze $\underline{G}_S(s)$ einen Pol p_j mit positivem Realteil. Dann ist (9.31a) sicher nicht einhaltbar, wenn

$$\frac{1}{\pi}\int_{-\infty}^{\infty} \ln[A(\omega)]\ \frac{\eta_i}{\eta_i^2 + (\omega-\gamma_i)^2}\ d\omega < \ln[\beta_{ij}\cdot\frac{|n_i+\bar{p}_j|}{|n_i-p_j|}] \tag{9.38}$$

gilt, wobei β_{ij} definiert ist als

$$\beta_{ij} = \max |\underline{v}_i^T\ \underline{y}_j| \quad \text{für } \underline{v}_i^T \in N_{n_i}^{rS},\quad \underline{y}_i \in V_{p_i}^S, \qquad \|\underline{v}_i\|_2 = \|\underline{y}_i\|_2 = 1. \tag{9.39}$$ □

Die Ableitung dieser Ergebnisse folgt für a) und b) genau den Argumenten für den Eingrößenfall, bei c) ist zusätzlich die "Geometrie" des Systems zu berücksichtigen, die zu dem zusätzlichen Faktor β_{ij} führt. Daß ein solcher Faktor auftreten muß, kann man sich leicht anhand einer diagonalen Übertragungsmatrix klar machen, bei der Pol und Nullstelle einmal in demselben und das andere Mal in verschiedenen Diagonalelementen auftreten. Da es sich in diesem Fall um entkoppelte Eingrößensysteme handelt, lassen sich hierauf die Überlegungen in Kapitel 4 anwenden, und eine Verschlechterung der erreichbaren Regelgüte ergibt sich nur, wenn Pol und Nullstelle in demselben Diagonalelement auftreten.

Die Schranke (9.38) kann durchaus weniger restriktiv sein als (9.37), da β_{ij} zwischen Null und Eins liegt. Nur bei einer ganz bestimmten Geometrie des Systems verursacht der instabile Pol eine zusätzliche Beschränkung.

Die Ergebnisse in Satz 9.4 sind völlig analog zu denen für den Eingrößenfall, und die in Kapitel 4 angegebenen Diagramme liefern notwendige Bedingungen für die erreichbare Regelgüte im Sinne der Spezifikation von $\sigma_1[\underline{S}(j\omega)]$. Diese sind allerdings im allgemeinen nicht hinreichend. Auch für stabiles $\underline{G}_S(s)$ besteht z. B. in (9.36) im allgemeinen nicht Gleichheit beider Seiten. Dies ist nur dann der Fall, wenn die Singulärwerte alle gleich sind.

Es ist jedoch auch möglich, die Ergebnisse aus Kapitel 6 auf den Mehrgrößenfall zu verallgemeinern, d. h. notwendige und hinreichende Bedingungen anzugeben. Grundlegende Aufsätze hierzu sind [CP, FHZ] für die Spezifikation von $\underline{S}(s)$ allein und [OF] für komplementäre Spezifikationen. Die nachfolgende Darstellung ist eine Kombination von Ideen aus diesen Arbeiten.

Man benötigt zuerst eine geeignete Parametrierung aller zulässigen Funktionen $\underline{S}(s)$. Diese liefert das nächste Lemma:

Lemma 9.2 ([VSF] , vgl. auch [YJB])

Es habe $\underline{G}_S(s)$ eine PRSF und eine PLSF gemäß (9.19) bzw. (9.21), und es seien Lösungen $\underline{P}_S^r(s)$, $\underline{Q}_S^r(s)$, $\underline{P}_S^l(s)$, $\underline{Q}_S^l(s)$ von (9.20) bzw. (9.22) gegeben. Dann sind alle stabilisierenden Kompensationsglieder mit einer PRSF durch

$$\underline{G}_K(s) = [\underline{P}_S^l - \underline{D}_S^r(s)\tilde{\underline{Q}}(s)][\underline{Q}_S^l + \underline{N}_S^r(s)\tilde{\underline{Q}}(s)]^{-1} \tag{9.40}$$

beschreibbar, worin $\tilde{\underline{Q}}(s)$ eine beliebige $\mathbb{H}^\infty$-Matrix ist. □

Durch Einsetzen von (9.40) in (9.17) unter Beachtung (9.19) - (9.22) erhält man daraus die gewünschte Parametrierung von $\underline{S}(s)$.

Lemma 9.3 [FHZ, OF]

Alle zulässigen Funktionen $\underline{S}(s)$ haben die Form

$$\underline{S}(s) = [\underline{Q}_S^l(s) + \underline{N}_S^r(s)\,\tilde{\underline{Q}}(s)]\,\underline{D}_S^l(s), \tag{9.41}$$

worin $\tilde{\underline{Q}}(s)$ eine beliebige $\mathbb{H}^\infty$-Matrix ist, sofern $\underline{G}_S(s)$ eine PRSF und eine PLSF besitzt und $\underline{G}_K(s)$ eine PRSF. □

Wir setzen nun voraus, daß $\underline{G}_S(s)$ rational und quadratisch ist. Da $\underline{G}_S(s)$ ein Modell der Strecke ist, kann $\underline{G}_S(s)$ stets als rationale Matrix gewählt werden. Die Bedingung $m = r$ läßt sich auf $m < r$ abschwächen (vgl. [SV, OF]). Dann existieren für $\underline{N}_S^r(s)$ und $\underline{D}_S^l(s)$ stets Faktorisierungen

$$\underline{N}_S^r(s) = \underline{U}_{NS}^r(s)\tilde{\underline{N}}_S^r(s) \tag{9.42}$$

$$\underline{D}_S^l(s) = \tilde{\underline{D}}_S^l(s)\underline{U}_{DS}^l(s)\ , \tag{9.43}$$

wobei $\tilde{\underline{N}}_S^r(s)$ und $\tilde{\underline{D}}_S^l(s)$ $\mathbb{H}^\infty$-Matrizen sind, deren Determinanten in der offenen rechten s-Halbebene nicht verschwinden und $\underline{U}_{NS}^r(s)$, $\underline{U}_{DS}^l(s)$ stabile rationale Allpaßmatrizen, die

$$\bar{\underline{U}}^T(j\omega)\ \underline{U}(j\omega) = \underline{I} \tag{9.44}$$

erfüllen [YOU, FHZ].

Wir definieren wieder

$$c(\omega) = \begin{cases} 0 & \omega \in B_S \\ 1 & \omega \in B_T \end{cases} \tag{9.45}$$

und

$$r(\omega) = \begin{cases} A(\omega) & \omega \in B_S \\ B(\omega) & \omega \in B_T \end{cases}\ . \tag{9.46}$$

$$\sigma_1[c(\omega)\underline{I}_m - \underline{Q}_S^l(j\omega)\underline{D}_S^l(j\omega) - \underline{N}_S^r(j\omega)\tilde{\underline{Q}}(j\omega)\underline{D}_S^l(j\omega)] \overset{!}{\leq} r(\omega) \quad \forall\omega \qquad (9.47)$$

erfüllt. Ist $r(\omega)$ überall von Null verschieden, so läßt sich dies unter Benutzung der Faktorisierung (9.42), (9.43) wegen (9.44) auch in der Form

$$\sup_{\omega} \sigma_1 \, [r(\omega)]^{-1}\{c(\omega)[\underline{U}_{NS}^r(j\omega)]^{-1}[\underline{U}_{DS}^l(j\omega)]^{-1}-[\underline{U}_{NS}^r(j\omega)]^{-1}\underline{Q}_S^l(j\omega)\tilde{\underline{D}}_S^l(j\omega) - \tilde{\underline{N}}_S^r(j\omega)\tilde{\underline{Q}}(j\omega)\tilde{\underline{D}}_S^l(j\omega)\} \overset{!}{\leq} 1$$

schreiben. Daraus ergibt sich :

<u>Satz 9.5 [OF]</u>

<u>Notwendig</u> für die Einhaltbarkeit von (9.31a, b) ist, daß eine $\mathbb{H}^\infty$-Funktion $\underline{X}(s)$ existiert, die

$$\sup_{\omega} \sigma_1[\underline{V}(j\omega) - \underline{X}(j\omega)] \overset{!}{\leq} 1 \qquad (9.48)$$

mit

$$\underline{V}(j\omega) = w_r(j\omega)[\underline{U}_{NS}^r(j\omega)]^{-1}\{c(\omega)[\underline{U}_{DS}^l(j\omega)]^{-1}-\underline{Q}_S^l(j\omega)\tilde{\underline{D}}_S^l(j\omega)\} \qquad (9.49)$$

erfüllt. $w_r(s)$ ist das Poisson-Integral von $[r(\omega)]^{-1}$. □

Besitzt (9.48) eine Lösung, so ist die daraus bestimmte Funktion $\tilde{\underline{Q}}(s)$,

$$\tilde{\underline{Q}}(s) = [w_r(s)\tilde{\underline{N}}_S^r(s)]^{-1}\underline{X}(s)[\tilde{\underline{D}}_S^l(s)]^{-1}, \qquad (9.50)$$

im allgemeinen <u>nicht</u> in $\mathbb{H}^\infty$, allerdings in der rechten s-Halbebene analytisch und im Endlichen beschränkt. Durch Multiplikation mit einer Matrix diag $\{(a/s+a)^{k_i}\}$ erhält man aus $\tilde{\underline{Q}}(s)$ eine geeignete $\mathbb{H}^\infty$-Matrix, für die (9.31a, b) mit beliebig guter Genauigkeit erfüllt wird, wenn a gegen Unendlich geht [FHZ].

Die Lösbarkeit des Approximationsproblems (9.48) kann mit denselben Methoden untersucht werden, wie im Eingrößenfall. Nach Transformation des Problems in den Einheitskreis durch

$$\tilde{z} = \frac{s-1}{s+1}$$

ist (9.48) eine Matrix-Version des $\mathbb{H}^\infty$-Approximationsproblems in Abschnitt 8.4, und die notwendige Bedingung für die Lösbarkeit ist, daß

$$\| \underline{\Gamma}_V(\infty) \|_2 \le 1 \tag{9.51}$$

gilt, wobei $\underline{\Gamma}_V$ die aus den Fourier-Koeffizienten von $\underline{V}'(e^{j\Omega})$ für negative Indizes analog zu (8.45) gebildete Block-Hankel-Matrix ist [OF, HE1].

Approximiert man $c(\omega)$ durch den Frequenzgang einer rationalen Funktion, so liefert die Matrix-Version des Lemmas von Pick (Lemma 6.1) eine hinreichende Bedingung, wenn $\underline{V}(s)$ nur einfache Pole in der offenen rechten s-Halbebene hat.

Hierzu multipliziert man zunächst $\underline{V}(s)$ mit einer rationalen Allpaßfunktion $u_V(s)$, so daß

$$\tilde{\underline{V}}(s) = u_V(s)\underline{V}(s) \tag{9.52}$$

eine $\mathbb{H}^\infty$-Matrix ist. (9.48) ist dann sicher lösbar, wenn eine $\mathbb{H}^\infty$-Matrix $\tilde{\underline{X}}(s)$ existiert, die

$$\sup_{\mathrm{Re}[s] \ge 0} \sigma_1[\tilde{\underline{X}}(s)] \le 1 \tag{9.53}$$

und

$$\tilde{\underline{X}}(q_i) = \tilde{\underline{V}}(q_i) \tag{9.54}$$

für alle Nullstellen q_i von $u_V(s)$ erfüllt [OF]. Notwendig und hinreichend für die Lösbarkeit dieses Interpolationsproblems ist, daß die aus den Blöcken

$$(\underline{P})_{i,j} = (q_i + \bar{q}_j)^{-1} [\underline{I} - \underline{\tilde{V}}(q_i)\underline{\tilde{\bar{V}}}^T(q_j)] \tag{9.55}$$

aufgebaute Matrix positiv semidefinit ist [DGK] .

Da $[\underline{V}(s)]_-$ (der strikt antikausale Anteil von $\underline{V}(s)$) in diesem Fall rational ist, kann auch alternativ die Methode von *Glover* [GL], die im wesentlichen auf der Bestimmung einer"balancierten Realisierung" beruht, zur Auswertung von (9.48) und zur Bestimmung der Approximation des antikausalen Anteils benutzt werden. Diese Approximation ist von endlicher Ordnung. Hierzu ist dann noch der kausale Anteil von $\underline{V}(s)$ zu addieren, der i. allg. unendlich hoher Ordnung ist, es sei denn, $w_r(s)$ ist ebenfalls rational.

Betrachtet man nur die Spezifikation von $\|\underline{S}(j\omega)\|$, $(c(\omega) \equiv 0)$, so läßt sich für ein rationales Streckenmodell mit einer Nullstelle $n_1 = \eta + j\gamma$ in der rechten s-Halbebene das Gegenstück zu Satz 4.1 für den Mehrgrößenfall formulieren:

<u>Folgerung 9.5.1</u>

Notwendig für die Einhaltbarkeit von (9.31a) mit beliebig guter Genauigkeit ist unter den genannten Voraussetzungen, daß

$$\frac{1}{\pi} \int_{-\infty}^{\infty} \ln [A(\omega)] \frac{\eta}{\eta^2 + (\gamma-\omega)^2} d\omega \geq$$

$$\sigma_1 \left[\frac{s - n_1}{s + n_1} [\underline{U}^r_{NS}(s)]^{-1} \underline{Q}^1_S(s)\underline{\tilde{D}}^1_S(s)\right]_{s=n_1} \tag{9.56}$$

gilt.

Ist n_1 die einzige endliche rHE-Nullstelle, so ist diese Bedingung auch hinreichend.

9.3 Zur Synthese von Mehrgrößenregelungen

Die Synthese von Kompensationsgliedern für Mehrgrößenregelkreise, die die Einhaltung von Spezifikationen der Form (9.31a,b) sicherstellen, kann vollständig unter Verwendung der Ergebnisse aus Kapitel 7 erfolgen, indem die (skalaren) Funktionen $c(\omega)$ und ggf. auch $r(\omega)$ geeignet durch rationale Funktionen approximiert werden. Der einzige Unterschied ist dann, daß nun das Matrix-Approximations- bzw.-Interpolationsproblem (9.48) bzw. (9.53 - 54) gelöst werden muß.

Im Unterschied zum Eingrößenfall ist die Lösung dieses Problems nicht eindeutig, auch wenn in der Lösbarkeitsbedingung gerade Gleichheit herrscht, d. h. $A(\omega)$ und $B(\omega)$ optimal gewählt wurden. Es wurden verschiedene Möglichkeiten angegeben, die Gesamtheit der Lösungen darzustellen [FHZ, DGK]. Ein knapper Überblick über numerische Verfahren zur Lösung des Approximationsproblems findet sich in [SV].

Kwakernaak [KW1, KW2] hat bei der Behandlung der $\mathbb{H}^\infty$-Optimierung eines quadratischen Kostenfunktionals mit von $\underline{S}(s)$ und von $\underline{T}(s)$ abhängigen Termen vorgeschlagen, an die Lösungen zusätzliche Anforderungen zu stellen, insbesondere auch die nächst kleineren Singulärwerte zu beschränken. Kwakernaak führt die Lösung dieses Optimierungsproblems auf die schon länger bekannte Lösung von LQG-Problemen mit Polynommatrizen [KU] zurück. Bei allen berechtigten Einwänden gegen den Ansatz eines solchen Funktionals hat dieses Vorgehen den Vorteil, für Mehrgrößenregelprobleme eine Reglerauslegung zu liefern, die eine gewisse garantierte Robustheit aufweist, ohne den Umweg über eine näherungsweise Entkopplung.

Insgesamt ist im Mehrgrößenfall sowohl bei der anschaulichen Interpretation der Ergebnisse zur erreichbaren Regelgüte als auch bei der Entwicklung geeigneter rechnergestützter Syntheseprozeduren noch viel Arbeit zu leisten.

10 Abschließende Bemerkungen

In dieser Arbeit wurden, Schritt für Schritt, die wesentlichen Beschränkungen der erreichbaren Regelgüte in linearen zeitinvarianten Regelkreisen abgeleitet und diskutiert. Die in den Kapiteln 6 bis 9 dargestellten und ausgewerteten Ergebnisse geben für näherungsweise invertierbare Systeme (s. Abschnitt 4.2) vollständigen Aufschluß über die Einhaltbarkeit von Spezifikationen, die ein robustes gutes Folgeverhalten des Regelkreises sicherstellen.

Man erhält so einen absoluten Maßstab für die Bewertung spezieller Reglerauslegungen. Darüber hinaus ist eine Abschätzung, unter welchen Voraussetzungen ein variables Modell (adaptive oder schaltende Regler) zur Erreichung der gewünschten Regelgüte erforderlich ist, möglich. Auch für die Auswahl von Meß- und Stellgliedern sowie die Strukturierung des Regelkreises ergeben sich wichtige Anhaltspunkte, da das Auftreten von Polen und Nullstellen in der rechten s-Halbebene hierdurch beeinflußt werden kann.

Die dargestellten Methoden lassen sich zum Teil auch auf nichtlineare Regelungen und zeitvariable Regelkreise übertragen (s. z. B. [KP, FF]). Bezüglich der Restriktionen für das Störübertragungsverhalten (und damit vermutlich auch für die isolierte Spezifikation der anderen relevanten Signalübertragungen) ergibt sich, daß bei linearer zeitinvarianter Strecke auch zeitvariable und nichtlineare Regler keine Verbesserung der maximal erreichbaren Regelgüte bewirken.

Die hier dargestellten Überlegungen im Frequenzbereich sind auf dem heutigen Stand der Entwicklung den lange Zeit favorisierten Zustandsraummethoden prinzipiell überlegen. Es ist zwar möglich, mit "geometrischen" Konzepten Bedingungen für nahezu perfekte Störungsausregelung anzugeben [WI], jedoch nicht mit garantierter vollständiger Stabilität.

Die grundsätzliche Problematik der Zustandsraummethoden liegt darin, daß eine Charakterisierung der Robustheit sehr schwierig ist. Die Ergebnisse zum Einfluß von Parametervariationen auf die

Eigenwerte von Matrizen erlauben nur Abschätzungen, aber keine exakte Bedingung, wie sie im Frequenzbereich von Satz 3.3 bzw. Satz 9.2 geliefert wird.

Es ist möglich, daß sich hier noch Verbesserungen ergeben. Doch ein prinzipieller Unterschied zwischen Frequenzbereichs- und Zustandsraummethoden liegt darin, daß bei einer Verfeinerung des Modells die Frequenzgänge von Modell und (als linear und zeitinvariant vorausgesetztem) realem System konvergieren (in einer geeigneten, ggf. gewichteten Norm) [ZA2], während im Zustandsraum die Ordnung des Modells anwächst, und keine Konvergenz der Parameter gesichert ist. Dies gilt entsprechend natürlich für die Koeffizienten von rationalen Übertragungsfunktionen bzw. - Matrizen.

Im Frequenzbereich ist es deshalb einfach, die Modellierungsunsicherheit durch eine kompakte Umgebung um das reale Systemverhalten zu beschreiben. Eine mögliche Form hierfür ist die in Kapitel 3 bzw. Kapitel 9 eingeführte unstrukturierte Modellierungsunsicherheit. Dies ist bei einer Beschreibung im Zustandsraum nicht in vergleichbarer Weise möglich. Zwar lassen sich auch hier gewisse Robustheitsüberlegungen anstellen (s. z. B. [EK]), die Ergebnisse sind jedoch bisher auf Teilaspekte beschränkt.

Der Ansatz, sich bei einer Zustandsraumdarstellung auf die Unterscheidung verschwindender und nicht verschwindender Parameter zu beschränken [WAS, SÖ] und dann graphentheoretische Aussagen heranzuziehen, ist zwar sicher nützlich, aber prinzipiell sehr restriktiv. Insbesondere lassen sich auf diesem Weg gerade so entscheidende Kenngrößen wie die Werte der endlichen Nullstellen nicht bestimmen, wohl dagegen die Struktur des Systems im Unendlichen, d. h. für hohe Frequenzen [SVA]. Genau diese Struktur eines realen Systems ist aber bei der Modellbildung am wenigsten exakt zu erfassen, weil für hohe Frequenzen die Modellierung durch Systeme mit konzentrierten Energiespeichern fragwürdig wird.

Die Überlegungen im Frequenzbereich zur Erfassung der Modellfehler erscheinen demgegenüber wesentlich realitätsnäher und handhabbarer. In [LCP] wurde eine Abschätzung der Modellgüte angegeben, die man bei Verwendung von gemessenen Frequenzgangwerten erhält, was für die praktische Anwendung von großem Interesse ist.

Die Stärke von Zustandsraummethoden liegt auf dem Gebiet der numerischen Behandlung von Analyse- und Syntheseproblemen. Hat man sich für ein endlich-dimensionales Modell und eine Spezifikation im Frequenzbereich entschieden, so kann die Bestimmung der erreichbaren Regelgüte und der Lösungen des Interpolations-/Approximationsproblems günstig mit Zustandsraummethoden erfolgen [GL]. Auch z. B. zur numerischen Berechnung der Nullstellen von Mehrgrößensystemen sind Algorithmen, in denen Zustandsraumrealisierungen benutzt werden, am besten geeignet [SVA].

Insbesondere für Mehrgrößensysteme dürfte deshalb einer Kombination von Frequenzbereichs- und Zustandsraummethoden die Zukunft gehören.

Abgesehen von den bereits erwähnten ungelösten Problemen (Auswirkungen von Totzeiten, detaillierte Diskussion des Mehrgrößenfalls, Abtastregelungen) gibt es auch noch weitere Fragen, die einer Untersuchung bedürfen. Hierzu gehört vor allem die Erfassung der Auswirkung der Forderung nach <u>stabilen</u> Kompensationsgliedern auf die erreichbare Regelgüte. Für mehr als eine Nullstelle in der rechten s-Halbebene ergeben sich bereits instabile Regler, wenn der Amplitudengang der Störübertragungsfunktion an der Grenze des Erreichbaren liegen soll. In der Praxis möchte man aber vermeiden, den offenen Kreis bei stabiler Strecke instabil zu machen.

Die Forderung nach Stabilität der Kompensationsglieder führt z. B. bei dem Interpolationsproblem (6.6a - c) für S(s) dazu, daß die gesuchte Funktion Q(s) in der rechten s-Halbebene <u>nur</u> an den Polen von $G_{SM}(s)$ verschwinden darf. Ansätze zu einer Lösung dieses Problems finden sich in [HE2], jedoch keine einfachen Bedingungen für die Erfüllbarkeit der Forderungen.

Ein ähnlich gelagertes Problem ist, erschöpfend die Einhaltbarkeit von Spezifikationen für $S(j\omega)$ bzw. $T(j\omega)$ <u>und</u> $R(j\omega)$ zusammen zu behandeln, d. h. zu untersuchen, wann und ob Störungs- und Führungsverhalten völlig unabhängig voneinander vorgebbar sind.

Auch hierzu muß nach Lösungsfunktionen gesucht werden, die zusätzlich gewisse Werte für s-Werte aus der rechten s-Halbebene <u>nicht</u> annehmen.

Es ist zu erwarten, daß sich - unter Heranziehung weiterer Ergebnisse der Interpolations- und Approximationstheorie mit analytischen Funktionen - in absehbarer Zeit eine noch genauere Beschreibung der erreichbaren Regelgüte in Abhängigkeit von weiteren Restriktionen ergeben wird.

Die Aussagen über das erreichbare Regelkreisverhalten folgen allein aufgrund mathematischer Argumente aus den Bedingungen für die vollständige Stabilität des Regelkreises. Im Kern ist für alle diese Beschränkungen die Tatsache verantwortlich, daß das gesamte Verhalten einer analytischen Funktion durch das lokale Verhalten bestimmt wird, und deshalb lokale Restriktionen das Verhalten auf dem Rand des Gebiets der Analytizität (hier die $j\omega$-Achse bzw. der Einheitskreis) wesentlich beeinflussen. Man muß sich doch im Grunde wundern, daß die im Zeitbereich "lebenden" linearen dynamischen Systeme einen wesentlichen Teil ihrer Struktureigenschaften erst offenbaren, wenn sie als Objekte einer anderen "Welt", der der komplexen Funktionen, aufgefaßt werden, wobei die zugrundeliegenden Gesetze dieser Welt ohne jeden Bezug zu dynamischen Systemen herleitbar sind. Wie kommt der Zusammenhang zwischen den Strukturen der "Realität" und denen der Mathematik zustande? Warum führt die Betrachtung durch die Brille der Mathematik überhaupt zu einem Verständnis der uns umgebenden Welt und ist es der Mühe wert, sich durch Epsilons und Deltas zu quälen, um dynamische Systeme zu verstehen?

Anhang A: Beweise

Anhang A1: Beweis von Satz 2.2 (ℓ^2-Stabilität zeitdiskreter Eingrößensysteme

In mathematisch etwas einfacher handhabbarer Form lautet Satz 2.2:

Das durch

$$y(k) = \sum_{i=0}^{\infty} g(i) \cdot x(k-i) \tag{A1.1}$$

definierte Übertragungssystem ist genau dann ℓ^2-stabil, wenn

$$\tilde{G}(\tilde{z}) = \sum_{i=0}^{\infty} g(i)\, \tilde{z}^i \tag{A1.2}$$

für $|\tilde{z}| < 1$ analytisch und beschränkt ist.

Es ist einfach zu sehen, daß $\tilde{G}(\tilde{z})$ notwendigerweise im Einheitskreis analytisch sein muß:

Ganz offensichtlich muß die Folge $\{g(i)\}$ beschränkt sein. Dann konvergiert aber die Potenzreihe (A1.2) auf jeden Fall absolut im Einheitskreis $|\tilde{z}|<1$ und folglich ist $\tilde{G}(\tilde{z})$ dort analytisch (vgl. Abschnitt 2.2). Umgekehrt, ist $\tilde{G}(\tilde{z})$ analytisch für $|\tilde{z}|<1$, so besitzt es eine Potenzreihendarstellung (A1.2) und ist deshalb Transformierte der Gewichtsfolge eines kausalen Systems, d. h. $g(i) = 0$ für $i < 0$.

Wir wissen auch bereits, daß es sicher hinreichend ist, wenn (A1.2) auch für $|\tilde{z}| = 1$ absolut konvergiert, da dann nach Satz 2.1 BIBO- und ℓ^2-Stabilität folgen. Letztlich geht es also nur um den Fall, daß $\tilde{G}(\tilde{z})$ eine Singularität auf dem Einheitskreis besitzt, jedoch im Inneren des Einheitskreises analytisch ist.

Es liegt natürlich nahe, für die hinreichende Bedingung des Satzes 2.2 Parsevals Theorem heranzuziehen. Dieses gilt für $x(i)$ aus h^2 in der Form

$$\sum_{i=0}^{\infty} |x(i)|^2 \rho^{2i} = \frac{1}{2\pi} \int_{-\pi}^{\pi} |\tilde{X}(\rho e^{j\Omega})|^2 d\Omega \qquad , \rho < 1,$$

worin $\tilde{X}(\tilde{z})$ die analog zu (A1.2) definierte Transformierte von $\{x(i)\}$ ist, da die Folge $\{\rho^i x(i)\}$ für $\rho<1$ absolut summierbar ist [DO1, S,214]. Nun gilt auch, da $\tilde{G}(\tilde{z})$ analytisch ist für $|\tilde{z}|<1$,

$$\tilde{Y}(\rho e^{j\Omega}) = \tilde{X}(\rho e^{j\Omega})\tilde{G}(\rho e^{j\Omega})$$

für $\rho<1$ und folglich

$$\sum_{i=0}^{\infty} |y(i)|^2 \rho^{2i} = \frac{1}{2\pi}\int_{-\pi}^{\pi} |\tilde{X}(\rho e^{j\Omega})|^2 |\tilde{G}(\rho e^{j\Omega})|^2 d\Omega$$

$$\leq M_G^2 \cdot \frac{1}{2\pi}\int_{-\pi}^{\pi} |\tilde{X}(\rho e^{j\Omega})|^2 d\Omega$$

$$\leq M_G^2 \cdot ||x(k)||_2^2 , \qquad \text{(A1.3)}$$

falls $|\tilde{G}(z)|$ im Einheitskreis beschränkt ist mit oberer Schranke M_G. Daraus folgt aber daß auch

$$||y(k)||_2 \leq M_G ||x(k)||_2 \qquad \text{(A1.4)}$$

gilt. Dies zeigen wir durch Annahme des Gegenteils, d. h. es sei für irgendein $\delta>0$

$$\sum_{i=0}^{\infty} |y(i)|^2 \geq (1+\delta)\; M_G^2 ||x(k)||_2^2 .$$

Dann gibt es sicher ein N derart, daß

$$\sum_{i=0}^{N} |y(i)|^2 \geq (1+\delta/2)\; M_G^2 ||x(k)||_2^2$$

erfüllt ist, und ein ρ, so daß für dieses N

$$1 > \rho^{2N} > (1+\delta/2)^{-1}$$

gilt. Damit ist

$$\sum_{i=0}^{\infty} |y(i)|^2 \rho^{2i} \geq \sum_{i=0}^{N} |y(i)|^2 \rho^{2i} \geq \rho^{2N} \sum_{i=0}^{N} |y(i)|^2 >$$

$$> M_G^2 ||x(k)||_2^2$$

im Widerspruch zur oben abgeleiteten Aussage (A1.3). Da δ beliebig war, muß (A1.4) gelten. Dieser Beweis ist eine Abwandlung der in [DO2, S.300] benutzten Argumentation.

Es bleibt zu zeigen, daß $\tilde{G}(\tilde{z})$ notwendigerweise im Einheitskreis beschränkt ist. Wir wissen bereits, daß die Folge $\{g(k)\}$ beschränkt sein muß und $\tilde{G}(\tilde{z})$ im Einheitskreis analytisch ist.

Ist $y(k)$ in ℓ^2, so besitzt es auch eine diskrete Fourier-Transformierte $\hat{Y}(\Omega)$ und $\tilde{Y}(\rho e^{j\Omega})$ konvergiert fast überall gegen diese Funktion für $\rho\to 1$. Deshalb gilt

$$\sum_{i=0}^{\infty} |y(i)|^2 = \frac{1}{2\pi}\int_{-\pi}^{\pi} \lim_{\rho\to 1} |\tilde{Y}(\rho e^{j\Omega})|^2 d\Omega$$

$$= \frac{1}{2\pi}\int_{-\pi}^{\pi} \lim_{\rho\to 1} |\tilde{X}(\rho e^{j\Omega})\tilde{G}(\rho e^{j\Omega})|^2 d\Omega \ .$$

Da $\tilde{X}(\tilde{z})$ insbesondere so gewählt werden kann, daß $\tilde{X}(\rho e^{j\Omega})$ für $\rho\to 1$ gleichmäßig gegen eine endliche Randfunktion konvergiert, muß $\tilde{G}(\tilde{z})$ auch für fast alle Ω eine Randfunktion für $\rho\to 1$ besitzen.

Es sei nun $\tilde{x}(\Omega)$ eine Funktion mit folgenden Eigenschaften:

1. $\tilde{x}(\Omega) \geq \varepsilon^{-1/2}$ für $\Omega \in B_\Omega$,

mit

$$\varepsilon = \int_{B_\Omega} d\Omega \quad ;$$

2. $$\frac{1}{2\pi}\int_{-\pi}^{\pi} \tilde{x}(\Omega)^2 \, d\Omega = 1;$$

3. $\tilde{x}(\Omega)$ ist eine stetige, überall positive und symmetrische Funktion von Ω .

B_Ω ist eine zunächst beliebige symmetrische Teilmenge von $[-\pi, \pi]$, für die ε existiert und von Null verschieden ist. Nach Lemma 2.3 gibt es für jede solche auf dem Einheitskreis definierte Funktion eine im Einheitskreis analytische Funktion $\tilde{X}(\tilde{z})$, die Transformierte einer ℓ^2-Zeitreihe ist, so daß $|\tilde{X}(\rho e^{j\Omega})|$ für $\rho\to 1$ gleichmäßig gegen die vorgegebene Funktion $\tilde{x}(\Omega)$ konvergiert.

Wir nehmen nun an, daß $\lim_{\rho\to 1} |\tilde{G}(\rho\, e^{j\Omega})|$ überall in B_Ω nicht kleiner ist als eine beliebige positive Konstante A_G. Dann gilt sicher für dieses Eingangssignal

$$\sum_{i=0}^{\infty} |y(i)|^2 = \| G \|_2^2 \geq A_G^2/2\pi .$$

Wenn also für jeden Wert von A_G ein Frequenzbereich endlicher (von A_G abhängiger und durchaus für $A_G \to \infty$ gegen Null gehender) Länge ε existiert, so daß dort die Randfunktion von $\tilde{G}(\tilde{z})$ auf dem Einheitskreis nicht kleiner ist als A_G, so ist $\| G \|_2$ unbeschränkt. Soll G ℓ^2-stabil sein, muß also

$$\lim_{\rho\to 1} |\tilde{G}(\rho e^{j\Omega})| \leq M_G < \infty$$

für fast alle Ω -Werte (d. h. bis auf ein B_Ω vom Maß Null) gelten. Nach Lemma 2.1' ist dann aber auch $|\tilde{G}(\tilde{z})|$ für $|\tilde{z}| < 1$ durch M_G beschränkt.

Anhang A2: Beweis von Satz 2.4 (ℓ^2-Stabilität zeitkontinuierlicher Eingrößensysteme)

Für den Beweis ist das folgende Ergebnis wichtig:

Lemma A2.1 [DO1, Kap. 29]

Es sei G(s) eine in einer Halbebene Re[s]>σ analytische Funktion, und in dieser Halbebene gelte für hinreichend große Werte von $|s|$

$$|G(s)| \leq A_\infty \cdot |s|^k \quad , \quad A_\infty < \infty,$$

für endliches ganzzahliges positives k. Dann ist G(s) Laplace-Transformierte einer Distribution, die für t<0 verschwindet und durch (k+2)-fache (verallgemeinerte) Ableitung aus einer stetigen Funktion hervorgeht (d.h. g(t) enthält höchstens δ-Funktionen (k+1)-ter Ordnung). Diese Distribution ist (abgesehen von einer Nullfunktion im Lebesgueschen Sinne) eindeutig. Umgekehrt besitzt jede solche Distribution eine Transformierte mit den genannten Eigenschaften. □

Es sei $G(s) \in \mathbb{H}_H^\infty$, d. h. als für Re[s]>0 beschränkte und analytische Funktion gegeben. Ist x(t) eine ℓ^2-Funktion, so konvergieren

$$\int_0^\infty e^{-2\sigma t} x^2(t)dt$$

für $\sigma \geq 0$ und

$$\int_0^\infty e^{-\sigma t} |x(t)| dt$$

für $\sigma > 0$ nach der Schwarzschen Ungleichung [DO1, Kap. 31].

Folglich besitzt x(t) eine in Re[s]>0 absolut konvergierende Laplace-Transformierte und es gilt

$$\mathcal{L}\{y(t)\} = X(s)G(s)$$

für Re[s]>0. Ferner gilt das Parsevalsche Theorem in der Form

$$\int_0^\infty e^{-2\sigma t} x^2(t)dt = \frac{1}{2\pi} \int_{-\infty}^{\infty} |X(\sigma+j\omega)|^2 d\omega \ .$$

für $\sigma > 0$.
Bezeichnet man

$$\sup_{Re[s]>0} |G(s)| = M_G,$$

so ergibt sich (vgl. [DO2, Kap. 12])

$$||e^{-\sigma t} y(t)||_2^2 = \frac{1}{2\pi} \int_{-\infty}^{\infty} |Y(\sigma+j\omega)|^2 d\omega = \frac{1}{2\pi} \int_{-\infty}^{\infty} |X(\sigma+j\omega)|^2 |G(\sigma+j\omega)|^2 d\omega$$

$$\leq M_G^2 \cdot \frac{1}{2\pi} \int_{-\infty}^{\infty} |X(\sigma+j\omega)|^2 d\omega \leq M_G^2 \cdot || x(t)||_2^2 .$$

für alle $\sigma>0$ und damit unter Benutzung derselben Argumentation wie im zeitdiskreten Fall

$$||y(t)||_2 \leq M_G \cdot ||x(t)||_2,$$

womit bewiesen ist, daß die angegebene Bedingung hinreichend ist, und g(t) die Form (2.25) besitzt.

Zum Beweis der Notwendigkeit von $G(s) \in |H_H^\infty$ überzeugt man sich zuerst leicht davon, daß y(t) keine Ableitungen von x(t) enthalten darf, da sich sonst ℓ^2-Eingangssignale mit $||x(t)||_2 \leq 1$ konstruieren lassen, für die $||y(t)||_2$ beliebig groß wird. Somit kann g(t) in der Form (2.25) dargestellt werden, wobei $g_1(t)$ zunächst nur eine in endlichen Intervallen integrierbare Funktion ist. Gäbe es für jedes A_G ein Intervall [O, T], so daß

$$\left| \int_0^T g(t)dt \right| > A_G$$

ist, so lieferte das "Testsignal"

$$x(t) = \begin{cases} T^{-1/2} & 0 \leq t \leq 2T \\ 0 & t > 2T \end{cases}$$

ein Ausgangssignal y(t) mit

$$|y(t)| > T^{-1/2} \cdot A_G , \qquad T \leq t < 2T ,$$

$||G||_2$ wäre also unbeschränkt im Gegensatz zur Annahme, daß G ℓ^2-stabil ist. Wenn g(t) aber in endlichen Intervallen integrierbar ist und die Integrale gleichförmig beschränkt sind, so ist $e^{-\sigma t}g(t)$ für $\sigma>0$ absolut integrierbar, und g(t) besitzt eine in Re[s]>0 analytische und dort für $|s|\to\infty$ beschränkte Laplace-Transformierte. Ist y(t) in ℓ^2, so gilt

$$||y(t)||_2^2 = \frac{1}{2\pi}\int_{-\infty}^{\infty} \lim_{\sigma\to 0} |Y(\sigma+j\omega)|^2 d\omega$$

$$= \frac{1}{2\pi}\int_{-\infty}^{\infty} \lim_{\sigma\to 0} |X(\sigma+j\omega)|^2 |G(\sigma+j\omega)|^2 \, d\omega$$

für ℓ^2-Eingangssignale. Da $Y(j\omega)$ fast überall als Randfunktion von $Y(\sigma+j\omega)$ existiert, muß dies auch für $G(j\omega)$ gelten. Der Rest ist völlig analog zum zeitdiskreten Fall, wobei die "Testsignale" nun folgende Eigenschaften haben:

1. $|X(j\omega)| \geq \varepsilon^{-1/2}$ für $\omega\in B_\omega$,

   $\varepsilon = \int_{B_\omega} d\omega$;

2. $\left|\int_0^{\infty} \frac{\ln|X(j\omega)|}{1+\omega^2} d\omega\right| < \infty$;

3. $\frac{1}{2\pi}\int_{-\infty}^{\infty} |X(j\omega)|^2 d\omega = 1$;

4. $|X(j\omega)|$ ist stetig und $|X(j\omega)| = |X(-j\omega)|$.

Zu jeder solchen Funktion $|X(j\omega)|$ existiert eine h^2-Zeitfunktion mit Norm 1, und $|X(s)|$ konvergiert für $Re[s]\to 0$ von rechts gleichmäßig gegen $|X(j\omega)|$ [HO, Kap. 8]. Man kann dann wie im zeitdiskreten Fall folgern, daß die Randfunktion $G(j\omega)$ nicht für jede Zahl A_G in einem endlichen Intervall einen größeren Betrag als A_G haben darf, G(s) also auf der $j\omega$-Achse fast überall beschränkt sein muß und damit auch überall in Re[s]> 0.

Anhang A3: Beweis von Satz 4.2

S(s) und T(s) mit $G_{KF}(s)$ nach (4.31) können wie folgt durch $S^n(s)$ und $T^n(s)$ ausgedrückt werden (k'=k-1):

$$S(s) = [1 + (\frac{a}{a+s})^{k'}\{[S^n(s)]^{-1} - 1\}]^{-1}$$

$$= S^n(s)[S^n(s) + (\frac{a}{a+s})^{k'}[1 - S^n(s)]]^{-1} \quad (A3.1)$$

$$T(s) = T^n(s)\ (\frac{a}{s+a})^{k'}[S^n(s) + (\frac{a}{a+s})^{k'}T^n(s)]^{-1}$$

Besitzt $S^n(s)$ bei n_i eine endliche Nullstelle der Ordnung ν_i mit positivem Realteil, so trifft dies auch für S(s) zu, da

$$S(n_i) = S^n(n_i)(\frac{a+s}{a})^k$$

gilt. Ebenso bleiben die endlichen Nullstellen von $T^n(s)$ in T(s) erhalten.

Für die Stabilität von S(s) ist notwendig und hinreichend, daß

$$\inf_{Re[s] \geq 0} |S^n(s) + (\frac{a}{a+s})^{k'}\ T^n(s)| > 0$$

erfüllt ist, woraus man als hinreichende Bedingung

$$\sup_{Re[s] \geq 0} |T^n(s)|\cdot|1 - (\frac{a}{a+s})^{k'}| < 1 \quad (A3.2)$$

erhält. Diese Forderung kann auf der $j\omega$-Achse ausgewertet werden, da das Maximum-Prinzip anwendbar ist.

Es sei nun δ_1 eine zunächst beliebige positive Zahl und ω_1 eine Frequenz, so daß

$$|T^n(j\omega)| < \delta_1 \quad \forall\omega \ \text{mit}\ |\omega| > \omega_1 \quad (A3.3)$$

erfüllt ist. Weiter sei a so groß, daß für ein $\delta_a > 0$

$$|1 - (\frac{a}{a+j\omega})^{k'}| < \delta_a \quad \text{für}\ |\omega| < \omega_1 \quad (A3.4)$$

gilt. Die Bedingung (4.28) sichert die Existenz von ω_1 für jedes $\delta_1 > 0$.

Damit erhält man aus (A3.1) für $|\omega| < \omega_1$

$$|S(j\omega)| \leq |S^n(j\omega)| \cdot \left[|\frac{a}{a+j\omega}|^{k'} - \delta_a |S^n(j\omega)| \right]^{-1}$$

$$\leq |S^n(j\omega)| \cdot [1 - \delta_a |S^n(j\omega)|]^{-1}$$

und für $|\omega| \geq \omega_1$

$$|S(j\omega)| \leq |1 - |\frac{a}{a+j\omega}|^{k'} \cdot \frac{\delta_1}{1-\delta_1}|^{-1}$$

$$\leq \frac{1-\delta_1}{1-2\delta_1} = 1 + \frac{\delta_1}{1-2\delta_1} .$$

Aus der Bedingung für ω_1 folgt auch

$$|S^n(j\omega)| \geq 1 - \delta_1 \qquad \forall\omega \text{ mit } |\omega| \geq \omega_1 .$$

Da $S^n(s)$ in $\mathbb{H}^\infty$ ist, gilt

$$|S^n(j\omega)| \leq M_S < \infty .$$

Wählt man nun

$$\delta_1 = \frac{1}{2} \cdot \frac{\delta}{1+\delta}$$

$$\delta_a = \frac{1}{1+M_S} \cdot \frac{\delta}{1+\delta} ,$$

so folgt für alle ω-Werte

$$|S(j\omega)| \leq |S^n(j\omega)| \cdot (1+\delta).$$

Zudem gilt

$$|T^n(s)| \cdot |1 - (\frac{a}{a+j\omega})^{k'}| \leq \frac{\delta}{1+\delta} ,$$

so daß für genügend kleines δ auch die Stabilitätsbedingung (A3.2) erfüllt ist.

Anhang B: Die wichtigsten Aussagen dieser Arbeit und ihre Bedeutung für die regelungstechnische Praxis

Formulierung der Regelungsaufgabe (s. Kapitel 3)

Jedes sinnvoll gestellte Reglerentwurfsproblem enthält zum einen Anforderungen an die Schnelligkeit (Bandbreite) des Regelkreises, zum anderen Bedingungen, welche die mögliche Bandbreite einschränken. Die wichtigsten einschränkenden Bedingungen sind:

1. die Regelung muß auch bei Abweichungen zwischen der Dynamik des dem Entwurf zugrundegelegten Modells und der des realen Systems befriedigend funktionieren, insbesondere natürlich stabil sein;
2. es können keine beliebig großen und beliebig rasch veränderlichen Eingangssignale aufgebracht werden;
3. es treten Störungen der Meßsignale auf, deren relative Größe zu hohen Frequenzen hin anwächst.

Eine Angabe der zu erwartenden Modellunsicherheit gehört zu jeder praktischen Regelungsaufgabe. Ohne diese Angabe ist ein sinnvoller Entwurf eigentlich nicht möglich.

Zusätzlich zur Schnelligkeitsforderung wird in der Regel eine gewisse Dämpfung verlangt, die der Regelungstechniker traditionell am Über- und Ausschwingverhalten der Sprungantwort abliest. Im Frequenzbereich entspricht dem näherungsweise die Forderung, die Verstärkung von Störfrequenzen solle keine zu großen Werte annehmen und nur für einen kleinen Frequenzbereich auftreten.

Die wichtigsten Anforderungen an den in Bild B.1 gezeigten zeitkontinuierlichen Eingrößenregelkreis lassen sich insgesamt als Schranken für den Betrag gewisser Frequenzgänge des geschlossenen Regelkreises ausdrücken.

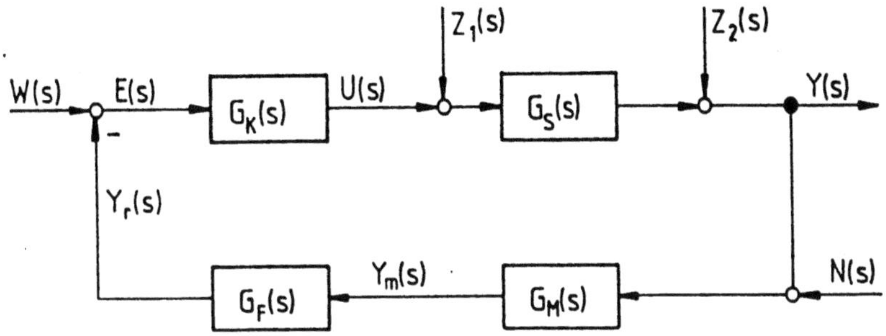

Bild B.1: Zugrundegelegter Eingrößenregelkreis

Es sei

S(s) : Übertragungsfunktion von $Z_2(s)$ nach Y(s),
- T(s) : Übertragungsfunktion von N(s) nach Y(s),
R(s) : Übertragungsfunktion von W(s) nach W(s)-Y(s).

S(s) beschreibt das Störverhalten des Regelkreises bezüglich der Störungen am Streckenausgang, T(s) zum einen das Verhalten bezüglich der Meßstörungen, zum anderen aber die Auswirkung von Modellungenauigkeiten auf die Stabilität, und R(s) das Führungsverhalten.

Das gewünschte Regelkreisverhalten läßt sich dann in der Form

$$|S(j\omega)| \le A(\omega) \quad (B.1)$$

$$|T(j\omega)| \le B(\omega) \quad (B.2)$$

$$|R(j\omega)| \le A_R(\omega) \quad (B.3)$$

angeben. Durch die Bedingung (B.1) läßt sich eine gewisse Bandbreite guter Störunterdrückung vorschreiben (kleine Werte von A(ω))und für die übrigen Frequenzen die Überhöhung von

$|S(j\omega)|$ zur Erreichung einer ausreichenden Dämpfung beschränken.

Die Beschränkung (B.2) kann insbesondere benutzt werden, um die Robustheit gegenüber Modellungenauigkeiten sicherzustellen (s.u.). Es ist auch möglich, auf diese Weise Stellgrößenbeschränkungen auszudrücken, z. B. durch Benutzung der Abschätzung

$$\max_t |u(t)| \leq \max_\omega |[G_S(j\omega)]^{-1} T(j\omega)| \cdot \max_t |z_2(t)|$$

(vgl. Kap. 2, Beispiel 2.1).

Durch (B.3) schließlich kann die Bandbreite und Dämpfung des Führungsverhaltens vorgeschrieben werden.

Wegen

$$T(s) = 1 - S(s) \qquad (B.4)$$

sind die Beschränkungen (B.1) und (B.2) konkurrierend, $A(\omega)$ und $B(\omega)$ können nicht zugleich kleine Werte annehmen.

Bei Einheitsrückführung sind $R(s)$ und $S(s)$ identisch. Im allgemeinen Fall kann $R(s)$ unabhängig von $S(s)$ eingestellt werden, solange die Kompensationsglieder G_K und G_F stabil und minimalphasig sind. Andernfalls treten gewisse Restriktionen auf (vgl. Abschnitt 5.3 und 6.4).

Gewöhnlich werden bei Reglerentwurfsproblemen $A(\omega)$ und $A_R(\omega)$ im Bereich niedriger Frequenzen kleine Werte annehmen, um ein gutes Folgeverhalten und gute Störunterdrückung für nicht zu schnelle Signale zu erreichen. Dagegen wird $B(\omega)$ für hohe Frequenzen unterhalb von Eins liegen, da dort mit einer erheblichen Modellungenauigkeit gerechnet werden muß, und Stellgrößenbeschränkungen wirksam werden.

Als minimale Regelkreisspezifikation ist die Angabe von $A(\omega)$ und $B(\omega)$ in komplementären, d. h. nicht überlappenden aber alle ω-Werte erfassenden Bereichen anzusehen. Für eine solche Spezifikation wird in dieser Arbeit die bestmögliche Regelgüte bestimmt.

Diese Regelkreisspezifikation läßt sich ganz analog auf den zeitdiskreten Fall übertragen, wobei nur an die Stelle der gesamten $j\omega$-Achse das endliche Intervall $[-\pi, \pi]$ tritt. Bei Mehrgrößensystemen ist anstelle des Betrags der Frequenzgänge der maximale Singulärwert der entsprechenden Matrizen zu verwenden (s. u.).

Beschreibung der Modellungenauigkeit (s. Abschnitt 3.4)

Modellungenauigkeiten, d. h. Abweichungen zwischen modellierter und realer Systemdynamik, treten in jedem praktischen Regelungsproblem und in mannigfaltiger Form auf. Solche Abweichungen können einerseits Folge definierter Änderungen von Systemparametern (unterschiedliche Arbeitspunkte, Lastschwankungen) sein. Solange sich die Änderungen der Systemdynamik als Änderung von Modellparametern beschreiben lassen, spricht man von strukturierten Ungenauigkeiten.

Zusätzlich zu solchen Parameterschwankungen treten in realen Problemen stets unstrukturierte Abweichungen auf, d. h. die Dynamik des realen Systems liegt innerhalb einer gewissen (dichten) Umgebung der Modelldynamik, kann aber innerhalb dieser Umgebung nicht genau lokalisiert werden.

Die mildeste Form einer solchen Unsicherheit liegt vor, wenn das reale System ebenfalls linear und zeitinvariant ist. Dann ist die zweckmäßigste Beschreibung der Modellgenauigkeit im Eingrößenfall die Angabe eines zulässigen Schwankungsbereichs für jeden Wert des Streckenfrequenzgangs. Durch eine solche Beschreibung werden einheitlich Abweichungen sowohl der Ordnung als auch von Parametern erfaßt, zusätzliche Totzeiten und vernachlässigte Dynamikanteile ebenso wie ungenau ermittelbare Kennwerte.

Allerdings muß zusätzlich vorausgesetzt werden, daß nicht grundsätzliche Änderungen der Dynamik mit infinitesimaler Auswirkung auf den Frequenzgang auftreten, wie instabile Pol-/Nullstellenpaare mit sehr kleinem Abstand. Am einfachsten ist, anzunehmen, daß die Zahl der instabilen Pole bekannt ist.

In mathematischer Form läßt sich eine solche unstrukturierte Modellunsicherheit in einfacher Weise so ausdrücken:

Für die Übertragungsfunktion $G_S^r(s)$ des realen Systems gilt

$$G_S^r(s) = G_S(s)\,[1 + \varepsilon_S(s)], \tag{B.5}$$

wobei ε_S der Beschränkung

$$|\varepsilon_S(j\omega)| \leq l_S(\omega) \tag{B.6}$$

unterliegt, und G_S und G_S^r gleichviele instabile Pole haben sollen (vgl. Bild 3.4, S. 58).

Diese Beschreibung läßt sich auf den Mehrgrößenfall direkt übertragen, indem anstelle des Betrags des Frequenzgangs des unbekannten Anteils der maximale Singulärwert der entsprechenden Matrix beschränkt wird.

Beispiel

Bei der Achsregelung von Robotern treten sowohl strukturierte als auch unstrukturierte Modellungenauigkeiten auf. Modelliert man die Dynamik einer Achse als Motor mit über eine gedämpfte Feder angekoppelter Last, wie dies bei Robotern mit Getrieben sinnvoll ist [KUN], so stellt die Änderung des Massenträgheitsmoments aufgrund der Positionsänderung und wechselnder Lasten eine strukturierte Ungenauigkeit dar. Die in dem einfachen linearen Modell 4. Ordnung nicht berücksichtigten Effekte (Reibung, Gewichtskraftkompensation, verteilte Elastizität anstelle der angenommenen Feder) führen zusätzlich zu unstrukturierten Ungenauigkeiten. In der Diplomarbeit von A. Kleiner wurden solche unstrukturierten Abweichungen für die Achse 2 des Roboters KUKA 160/45 (s. Bild B.2) aus Messungen ermittelt ([KLE], vgl. auch [EKL]).

Interessanterweise sind die nicht unmittelbar aus Änderungen der in das Modell einfließenden Parameter herleitbaren Abweichungen der Dynamik erheblich gravierender als die von der Änderung des Trägheitsmoments herrührenden (s. Bild B.3), obwohl für diese

Achse die stärksten Änderungen auftreten. Dies zeigt deutlich, daß eine Analyse der unstrukturierten Modellungenauigkeiten ein wichtiger Schritt zur Analyse eines Regelungsproblems ist.

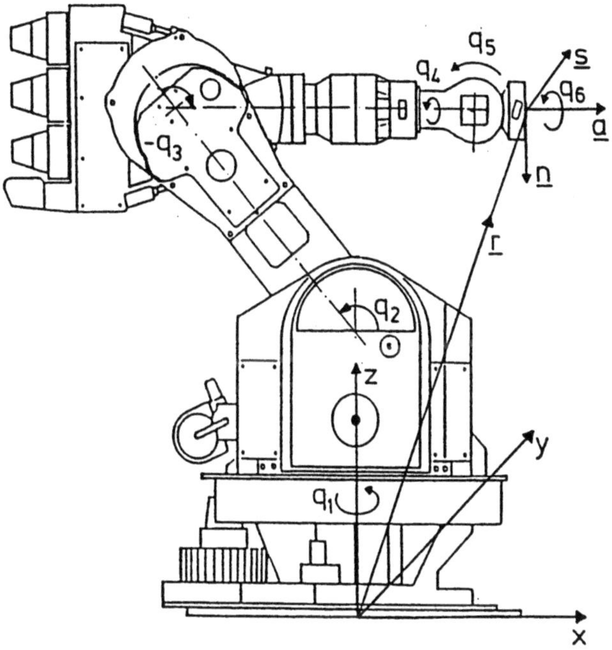

Bild B.2: Der Industrieroboter KUKA 160/45

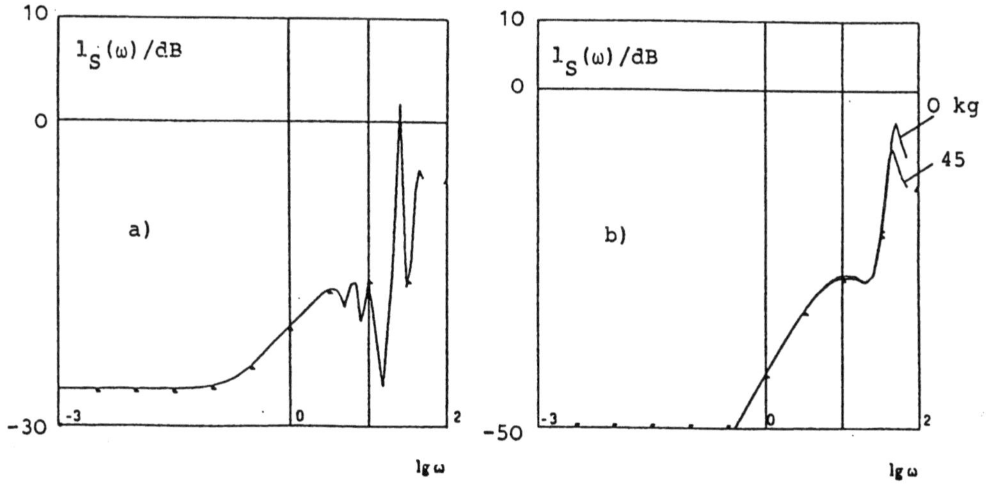

Bild B.3: Betrag der Abweichungen des Frequenzgangs zwischen Motorstrom und Achsposition hinter dem Getriebe vom Nominalmodell

a) reales Systems, $q_2 = 60^\circ$, $q_3 = -130^\circ$

b) Modell für minimale und maximale Last, $q_2 = 90^\circ$, $q_3 = 0^\circ$

Die Modellungenauigkeit nach (B.5), (B.6) beschränkt die maximal mögliche Regelgüte unmittelbar dadurch, daß

$$|T(j\omega)| \cdot l_S(\omega) < 1 \qquad (B.7)$$

für alle Frequenzen gelten muß, um die Stabilität des realen Regelkreises für alle möglichen Fälle sicherzustellen (s. Abschnitt 3.4). Damit ist wegen (B.4) auch der Frequenzbereich eingegrenzt, in dem $|S(j\omega)|$ klein gegenüber Eins sein kann. Die Beziehung (B.7) gilt im Mehrgrößenfall analog für den maximalen Singulärwert von $\underline{T}(j\omega)$.

Zur Sicherstellung einer ausreichenden Dämpfung ist es über die Erfüllung von (B.7) hinaus notwendig, daß in dem Frequenzbereich, in dem weder $|S(j\omega)|$ noch $|T(j\omega)|$ klein sind (d. h. um die Durchtrittsfrequenz des offenen Kreises herum), $l_S(\omega)$ relativ klein ist (kleiner als 0,2 - 0,3 je nach zulässiger Überhöhung von $|T(j\omega)|$). Dagegen kann eine erhebliche relative Modellungenauigkeit ohne große Auswirkungen auf die Regelgüte des realen Systems in den Frequenzbereichen, wo $|S(j\omega)| << 1$ ist, verkraftet werden (bis ca. 50 %).

Für das Beispiel der Achsregelung ist die erreichbare Durchtrittsfrequenz des offenen Kreises also aufgrund der unstrukturierten Modellfehler auf Werte unterhalb von $\omega = 15$ beschränkt.

Es sei abschließend noch erwähnt, daß es unter Umständen sinnvoll ist, anstelle von (B.6) Betrags- und Phaseninformationen zu verwenden, um allzu konservative Abschätzungen zu vermeiden (s. [EKL]). Damit erhält man allerdings weniger griffige Stabilitätsbedingungen, und dieses Vorgehen ist auf den Mehrgrößenfall nicht übertragbar.

Ursachen der Beschränkungen des erreichbaren Regelkreisverhaltens

Wenn eine feste Reglerstruktur vorgegeben wird, ist das erreichbare nominale Regelkreisverhalten zwangsläufig eingeschränkt. Es können stets nur so viele Kennwerte unabhängig eingestellt werden, wie freie Parameter vorhanden sind. Alle übrigen Eigenschaften ergeben sich dann aus dem Streckenmodell und der Reglerstruktur.

Auch wenn die Regler nicht von vornherein auf eine bestimmte Struktur festgelegt werden, sondern beliebige kausale lineare zeitinvariante Systeme sein können, treten trotzdem Grenzen der erreichbaren Regelgüte auf. Diese Grenzen definieren das optimale Regelkreisverhalten. Dieses ist ein Maßstab zur Beurteilung jedes speziellen Entwurfs bei gleicher Anforderung an die Robustheit.

Ursache der Beschränkungen der erreichbaren Regelgüte ist die Notwendigkeit der vollständigen Stabilität des Regelkreises.

Vollständige Stabilität bedeutet, daß alle von außen zugänglichen Übertragungspfade im Regelkreis (d. h. zwischen allen externen Eingängen und meßbaren Signalen) stabil sein müssen. Daraus folgt, daß einerseits S(s) und T(s) in der rechten s-Halbebene analytisch (frei von Singularitäten, insbesondere von Polen) und beschränkt sein müssen (sog. $\mathbb{H}^{\infty}$- Funktionen). Zusätzlich jedoch müssen S(s) und T(s) an den Polen und Nullstellen der vorgegebenen Regelkreiselemente in der rechten s-Halbebene den Wert Null bzw. Eins annehmen (vgl. Kap. 2). Dies ist gleichbedeutend damit, daß keine Pol-/Nullstellenkürzungen in der rechten s-Halbebene auftreten dürfen.

Zu jeder Wahl von S(s), die die Stabilitätsbedingungen erfüllt, gehören Reglerübertragungsfunktionen, die dieses Störverhalten erreichen und zu einem stabilen Regelkreis führen. Wenn die zulässigen Regler nicht in ihrer Struktur beschränkt werden, setzen ausschließlich die Stabilitätsbedingungen in Verbindung mit (B.4) der erreichbaren Regelgüte Grenzen.

Ganz allgemein können $A(\omega)$ und $B(\omega)$ in (B.1) und (B.2) nicht in komplementären Intervallen beliebig vorgeschrieben werden, weil sich analytische beschränkte Funktionen auf dem Rand des Gebiets, in dem sie analytisch sind, nicht völlig beliebig ändern können. Da $A(\omega)$ die Nähe von $S(j\omega)$ zum Ursprung, $B(\omega)$ dagegen zum Punkt (1,j0) mißt, muß ein gewisser Übergangsbereich, in dem nicht A oder B klein sind, zugelassen werden. Je kleiner dieser ist, umso größer wird der Maximalwert der Funktionen $|S(j\omega)|$ und $|T(j\omega)|$.

Treten im Regelkreis Elemente mit instabilen Polen und/oder Nullstellen in der rechten s-Halbebene (rHE) auf, so ist S(s) bzw. T(s) unter den $\mathbb{H}^\infty$-Funktionen nicht mehr beliebig wählbar. Die zusätzlichen Interpolationsbedingungen führen zu zusätzlichen Restriktionen für den möglichen Verlauf von $S(j\omega)$.

Darüber hinaus besitzen reale Systeme stets eine Nullstelle bei $s = \infty$. Dies erzwingt zunächst, daß $S(j\omega)$ für $\omega \to \infty$ gegen Eins gehen muß. Aufgrund des Theorems von Bode (s. Abschnitt 4.7) muß in fast allen Fällen $|S(j\omega)|$ sogar für gewisse Frequenzen größer sein als Eins, diese Überhöhung kann allerdings beliebig zu hohen Frequenzen hin verschoben werden, solange nicht $T(j\omega)$ zusätzlich eingeschränkt wird.

Die Bestimmung der maximal erreichbaren Regelgüte läuft mathematisch auf ein Approximations-/Interpolationsproblem mit $\mathbb{H}^\infty$-Funktionen (in der rechten s-Halbebene betragsmäßig beschränkten und analytischen Funktionen) hinaus: Die Funktion $S(s)$ soll auf der $j\omega$-Achse den Wert Null bzw. Eins (dort wo $T(j\omega)$ beschränkt ist) mit vorgegebener bzw. maximal möglicher Genauigkeit approximieren und zusätzlich an bestimmten Punkten in der rHE die Werte Null bzw. Eins annehmen, insbesondere stets für $s \to \infty$ den Wert Eins.

Dieses Problem läßt sich entweder in ein reines Interpolationsproblem umwandeln und mit Hilfe eines Satzes von Pick lösen (s. Kapitel 6) oder als Approximationsproblem behandeln (s. Abschnitt 8.4). Hierzu ist der Übergang von der Spezifikation von $|S(j\omega)|$ zu der von $|T(j\omega)|$ durch eine geeignete rationale Funktion anzunähern. Es wird hier vorgeschlagen, dazu die von Cauer erstmals angegebenen Approximationen zu verwenden (s. Abschnitt 7.1).

Sind nur Schranken für $|S(j\omega)|$ oder $|T(j\omega)|$ oder $|R(j\omega)|$ gegeben, so kann die erreichbare Regelgüte mit einfacheren Mitteln abgeschätzt werden. (s. Kapitel 4 und 5). Insbesondere läßt sich für stabile minimalphasige Regelstrecken jede solche Spezifikation einhalten, solange die Schranken von Null verschieden und für $\omega \to \infty$ (bzw. $\omega \to 0$ für $T(j\omega)$) größer als Eins sind.

Dies deutet darauf hin, daß die Angabe isolierter Schranken für $|S(j\omega)|$, $|T(j\omega)|$ oder $|R(j\omega)|$ im allgemeinen keine ausreichende Spezifikation des Entwurfsproblems darstellt. Nur wenn die Strecke selbst gewissermaßen Beschränkungen mitbringt oder unausgesprochen zusätzliche Annahmen gemacht werden, ergibt sich eine eindeutige Lösung.

Ergebnisse für zeitkontinuierliche Eingrößensysteme (s. Kapitel 7)

Den Untersuchungen wurde die folgende Spezifikation des (nominalen) Regelkreises zugrundegelegt:

$$|S(j\omega)| \leq \varepsilon_S \ll 1 \quad \text{für} \quad |\omega| \leq \omega_b \tag{B.8a}$$

$$|S(j\omega)| \leq S_{max} \quad \text{für} \quad \omega < |\omega| < \omega_z \tag{B.8b}$$

$$|T(j\omega)| \leq \varepsilon_T < 1 \quad \text{für} \quad |\omega| \geq \omega_z \, . \tag{B.9}$$

Durch diese Anforderungen wird innerhalb der Bandbreite ω_b gutes Folgeverhalten und gute Störunterdrückung erreicht, akzeptable Dämpfung und eine gewisse Robustheit durch Beschränkung von $|S(j\omega)|$ im Zwischenbereich sowie Robustheit für erhebliche Modellierungsfehler ($l_S(\omega) < \varepsilon_T^{-1}$) für hohe Frequenzen.

Die nachfolgend besprochenen Ergebnisse gelten näherungsweise genauso für andere Schranken im Bereich $|\omega| \leq \omega_b$ bzw. $|\omega| \geq \omega_z$, die dort denselben Mittelwert des Logarithmus bzw. des mit ω^{-2} gewichteten Logarithmus aufweisen. Die Wahl einer möglichst einfachen Spezifikation bietet den Vorteil, daß die Zahl der Parameter überschaubar bleibt, und die Bedeutung der Parameter unmittelbar anschaulich ist:

- ε_T und ω_z spezifizieren die geforderte Robustheit,
- ε_S und ω_b spezifizieren die erreichte Störunterdrückung,
- S_{max} spezifiziert die geforderte Dämpfung.

Die im Abschnitt 7.2 enthaltenen Diagramme zeigen, welche Werte von ω_b in Abhängigkeit von den übrigen Parametern, insbesondere von ε_T und S_{max} maximal erreichbar sind, und liefern damit die bestmögliche Regelgüte für vorgeschriebene Dämpfung und Robustheit.

Stabiles minimalphasiges Streckenmodell

Wird dem Entwurf ein stabiles minimalphasiges Streckenmodell zugrundegelegt, so treten keine Interpolationsbedingungen in der rechten s-Halbebene auf. Die erreichbare Regelgüte wird nur vom zulässigen Übergang von $S(j\omega)$ vom Kreis um den Ursprung mit Radius ε_S zum Kreis um (1, j0) mit Radius ε_T bestimmt. Deshalb hängt das erreichbare Verhältnis ω_b/ω_z wesentlich von ε_T und S_{max} ab. Je größer S_{max} ist, desto rascher kann der Übergang erfolgen. Für $S_{max} = 1{,}4$ und $\varepsilon_S = 0{,}1$ (entsprechend 20 dB mittlerer Störunterdrückung) gilt näherungsweise

$$\omega_b/\omega_z = 0{,}2 + \varepsilon_T \qquad (B.10)$$

(vgl. Bilder 7.12 und 7.13).

Die Bandbreite zuverlässiger Modellierung kann im minimalphasigen Fall zu rund 50 % ausgenutzt werden. Dies setzt aber voraus, daß bis zur Frequenz ω_z, insbesondere im Intervall (ω_b, ω_z), keine wesentlichen Modellunsicherheiten (weniger als 20 %) auftreten.

Beispiel

Das bereits erwähnte Beispiel der Achsregelung eines Roboters fällt in diese Kategorie. Aus den Diagrammen in Bild B.3 entnimmt man, daß (mit einem gewissen Sicherheitszuschlag) $\omega_z = 20$ und $\varepsilon_T = 0{,}3$ angenommen werden kann. Folglich liegt für $\varepsilon_S = 0{,}1$ und $S_{max} = 1{,}4$ der maximal mögliche Wert von ω_b bei 10.

Entwirft man für dieses System eine Regelung mit klassischen Kompensationstechniken, so ist bei guter Dämpfung (5 % Überschwingen) der in Bild B.4 gezeigte Verlauf von $|S(j\omega)|$ und $|T(j\omega)|$ erreichbar. Ein Abfall von $|T(j\omega)|$ auf -10 dB wird etwa bei $\omega = 25$ erreicht. Die Bandbreite, über die im Mittel 20 dB Störunterdrückung erreicht werden, liegt bei 2,7.

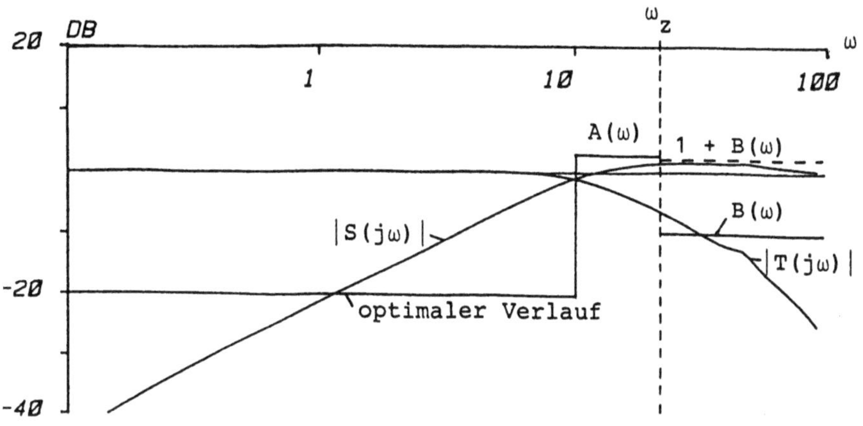

Bild B.4: |S(jω)| und |T(jω)| für Nominalmodell der Roboterachse mit Regler 4. Ordnung und Grenzen der erreichbaren Regelgüte

Da beim klassischen Entwurf anhand der Frequenzkennlinien bei guter Dämpfung die Betragskennlinie mit ca. 20 dB/Dekade im Bereich der Durchtrittsfrequenz abfällt, liegt die Durchtrittsfrequenz immer beim ε_T-fachen von ω_z, die Bandbreite guter Störunterdrückung beträgt stets etwa 1/3 dieses Wertes. Dies ist charakteristisch für das Verfahren und auf das gewünschte Modell des geschlossenen Kreises zurückzuführen (dominierendes Polpaar).

Man kann schlußfolgern, daß die maximal mögliche Nutzbandbreite beim 4 bis 5fachen des Werts liegt, den man mit herkömmlichen Verfahren erhält. Dies geht aber zum Teil auf Kosten schlechterer Dämpfungseigenschaften, da das zulässige Überschwingen von $|S(j\omega)|$ im Intervall (ω_b, ω_z) weitgehend ausgenutzt wird.

Stabiles Streckenmodell mit Nullstellen in der rechten s-Halbebene

Besitzt die Regelstrecke (oder das Meßglied) endliche Nullstellen mit positivem Realteil, so wird die Bandbreite, innerhalb derer eine gute Unterdrückung von am Ausgang angreifenden Störungen möglich ist, durch die am dichtesten am Ursprung liegende derartige Nullstelle bestimmt. Praktisch kann nur ein Bruchteil des

Betrags der Nullstelle als Bandbreite erreicht werden. Eine größere Bandbreite ω_b führt zu einer starken Überhöhung von $|S(j\omega)|$ (s. Bild 7.5, S. 180a).

Besitzt das zugrundegelegte Modell genau eine reelle Nullstelle in der rHE, so wird die erreichbare Bandbreite nur von deren Wert bestimmt, solange ω_z erheblich größer ist als die Nullstelle. Für $\varepsilon_S = 0,1$ und $S_{max} = 2$ liegt die maximale Bandbreite ω_b bei 1/3 des Werts der Nullstelle.

Zwei konjugiert komplexe Nullstellen beschränken die erreichbare Bandbreite stärker als eine reelle mit gleichem Betrag, solange der Phasenwinkel kleiner als 45° ist. Sind Real- und Imaginärteil gleich groß, so ist ω_b auf ca. 20 % des Betrags der Nullstellen beschränkt. Dieser Wert erhöht sich erheblich, wenn die Nullstellen dicht an der $j\omega$-Achse liegen, ist aber stets kleiner als der Betrag der Nullstellen. Für $\varepsilon_S = 0,1$, $S_{max} = 2$, $\varepsilon_T = 0,5$ ergibt sich bei $\pm\ 80^o$ Phasenwinkel eine optimale Bandbreite von 60 % des Betrags der Nullstellen (s. Bild 7.7 und 7.8).

Ist ω_z erheblich kleiner als der Wert der Nullstellen in der rechten s-Halbebene, so spielen diese keine Rolle und müssen eigentlich im Modell gar nicht berücksichtigt werden. Es ist ohnehin nie möglich, das Auftreten großer Nullstellen in der rechten s-Halbebene auszuschließen, da das Modell stets nur über eine gewisse Bandbreite verläßlich ist.

Entwirft man für Strecken mit einer wesentlichen rHE-Nullstelle Regler mit dem modifizierten Frequenzkennlinienverfahren nach [ENP], so erreicht man für $S_{max} = 2$ (dies entspricht einer Phase bei der Grenzfrequenz von rund $- 150^o$) und $\varepsilon_S = 0,1$ eine Bandbreite ω_b von ca. 10 % des Werts der Nullstelle. Das Verhältnis der Bandbreiten bei optimaler Regelung ohne Beschränkung der Reglerordnung und klassischem Entwurf liegt also etwa bei 4, dies ist der Preis, den man für das dort verwendete einfache Modell des geschlossenen Kreises bezahlt.

Instabile Strecken

Besitzt die Regelstrecke instabile Pole, so schreibt der betragsmäßig größte dieser Pole eine Mindestbandbreite von $T(j\omega)$ vor. Dies ist darauf zurückzuführen, daß $S(s)$ an den instabilen Polen jeweils Nullstellen besitzen muß.

Das Verhältnis von Bandbreite zu Polstelle in Abhängigkeit von Maximalwert von $|T(j\omega)|$ und der Schranke für $\omega \to \infty$ (d. h. von ε_T) entspricht genau dem Verhältnis von Nullstelle zu Bandbreite in Abhängigkeit von S_{max} und ε_S für Nullstellen in der rechten s-Halbebene. Erst beim 3 bis 5fachen des Betrags des größten Pols kann $|T(j\omega)|$ kleine Werte $(< 0{,}25)$ (s. Abschnitt 5.1) annehmen.

Bei Auftreten von instabilen Polen ist die erreichbare Bandbreite guter Störunterdrückung gegenüber dem stabilen Fall reduziert. Dieser Effekt ist umso ausgeprägter, je größer der Betrag der Polstelle relativ zu ω_z ist.

Sind im Streckenmodell Nullstellen und Pole mit positivem Realteil vorhanden, so ist das erreichbare Regelverhalten umso schlechter, je kleiner der minimale Abstand zwischen Polen und Nullstellen ist. Ist n_i die Nullstelle und p_j der Pol mit dem kleinsten Abstand, so liegt der Maximalwert von $|S(j\omega)|$ und von $|T(j\omega)|$ stets oberhalb von $|n_i+p_j|/|n_i-p_j|$.

Strecken mit instabilen Polen und Nullstellen in der rechten s-Halbebene können deshalb unter Umständen überhaupt nicht befriedigend regelbar sein. Abhilfe schafft dann nur eine Modifikation der Strecke, z. B. die Benutzung weiterer Meßgrößen. Ist der Betrag der instabilen Pole aber klein verglichen mit der erwünschten und möglichen Bandbreite des geschlossenen Kreises (10 mal oder mehr kleiner), so wirken sie sich ebensowenig abträglich auf die erreichbare Regelgüte aus wie entsprechend viel größere Nullstellen in der rechten Halbebene.

Beispiel

In [POG] wird als Beispiel für die Anwendung von H^∞-Methoden die Temperaturregelung eines gasgekühlten Atomreaktors diskutiert. Das zugrundegelegte Modell 6. Ordnung besitzt folgende Pole und Nullstellen:

Pole	Nullstellen
$+\ 1{,}0956 \cdot 10^{-3}$	$-\ 2{,}3273 \cdot 10^{-3}$
$-\ 1{,}2507 \cdot 10^{-2}$	$-\ 1{,}2911 \cdot 10^{-2}$
$-\ 7{,}2696 \cdot 10^{-2} \pm j7{,}7839 \cdot 10^{-2}$	$-\ 0{,}20646$
$-\ 1{,}04430 \pm j0{,}61042$	$-\ 1{,}2338$
	$+\ 6{,}1390 \pm j5{,}9569$

Für dieses System ist jedoch als wesentliche Beschränkung zu beachten, daß die Geschwindigkeit der als Stellgröße fungierenden Steuerstäbe sehr stark eingeschränkt ist. Will man sicherstellen, daß diese Beschränkung für sprungförmige Temperaturänderungen Δ_{max} eingehalten wird, so kann dies durch die Forderung

$$\max_{\omega} |\omega \cdot G_S^{-1}(j\omega) T(j\omega)| \leq v_{max} / \Delta_{max} \tag{B.11}$$

erreicht werden. Hierdurch ist die Bandbreite von $|T(j\omega)|$ auf ca. 0,05 beschränkt (vgl. Bild B.5).

Da $|T(j\omega)|$ bei $\omega = 0{,}1$ bereits unterhalb von 0,5 liegen muß, ist ω_z einerseits um 2 Dekaden kleiner als der Betrag der Nullstellen in der rHE, andererseits um 2 Dekaden größer als der Wert des instabilen Pols. Weder die Pole noch die Nullstellen in der rHE beeinflussen die erreichbare Regelgüte merklich, wenn die Stellgrößenbeschränkung eingehalten wird. Die Nullstellen in der rHE könnten deshalb im Modell unberücksichtigt bleiben, ebenso die nahezu gleichen Pole und Nullstellen.

Die erreichbare Regelgüte unter Einhaltung von (B.11) kann mit Hilfe der in Kapitel 7 besprochenen Methode exakt bestimmt werden. Fordert man

$$|T(j\omega)| \leq \frac{v_{max}}{\Delta_{max}} \cdot \frac{|G_S(j\omega)|}{\omega}$$

ab der Frequenz $\omega = 0{,}05$ (d. h. dort, wo die Schranke kleiner als 1 ist), so ergibt sich, daß $|S(j\omega)|$ bis $\omega = 0{,}045$ unterhalb von 0,1 liegen kann bei maximaler Überhöhung von + 3 dB im Zwischenbereich $0{,}045 < \omega < 0{,}05$.

Der in [POG] entworfene Regler 2. Ordnung erzielt eine mittlere Störunterdrückung von -20 dB für $|\omega| \leq 0{,}01$, mit einem einfachen Regler läßt sich also wiederum nur 1/4 der optimalen Bandbreite guter Störunterdrückung erreichen.

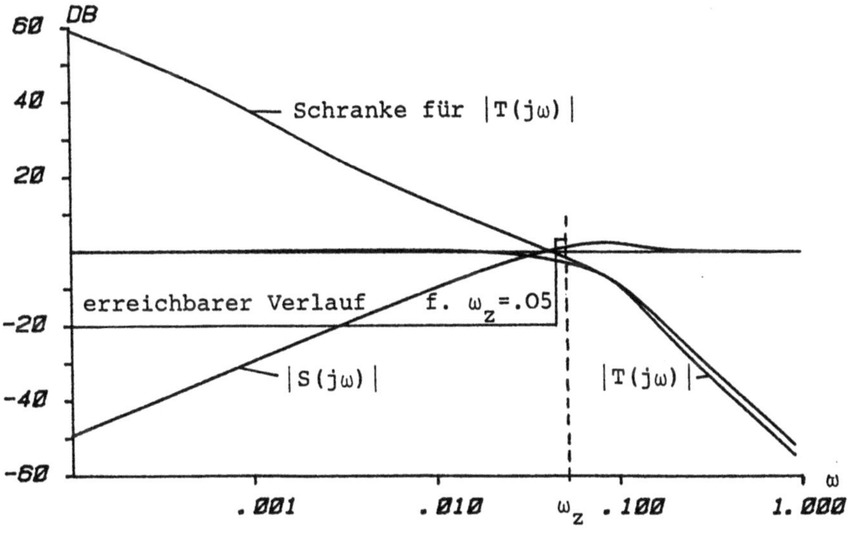

Bild B.5: Aus der Stellgeschwindigkeitsbeschränkung resultierende Schranke für $|T(j\omega)|$ nach (B.11) und Amplitudengänge der in [POG] entworfenen Regelung (Regler 2. Ordnung)

Nullstellen des Streckenmodells im Unendlichen und auf der $j\omega$-Achse

Modelle realer Systeme haben im allgemeinen die Eigenschaft, daß der Frequenzgang für $\omega \to \infty$ gegen Null geht. Die Übertragungsfunktion besitzt dann eine (u. U. mehrfache) Nullstelle im Unendlichen.

Eine solche Nullstelle beeinflußt die optimale Regelgüte jedoch nur infinitesimal, d. h. die angegebene Regelgüte kann mit beliebig guter Genauigkeit mit realisierbaren Kompensationsgliedern erreicht werden.

Auch Pole und/oder Nullstellen auf der $j\omega$-Achse beeinflussen das optimale Verhalten im Prinzip nicht.

Anders ausgedrückt heißt das, daß die aus dem Theorem von Bode folgenden Beschränkungen (s. Abschnitte 4.7 und 5.1) für die Einhaltbarkeit von (B.8) und (B.9) unwesentlich sind. Die zwangsläufig auftretende Überhöhung von $|S(j\omega)|$ bzw. $|T(j\omega)|$ kann in beliebig kleinem Umfang auf beliebig große Frequenzen verteilt werden.

Andere Verhältnisse liegen allerdings vor, wenn der Abfall von $|T(j\omega)|$ für $\omega \to \infty$, der von der Nullstelle im Unendlichen erzwungen wird, nicht bei beliebig großen ω-Werten, sondern von einer bestimmten Grenzfrequenz an eintreten soll. Dann muß für eine exakte Auswertung die in Kapitel 7 beschriebene Rechenmethode auf eine modifizierte Spezifikation angewendet werden. Als Abschätzung für den Fall, daß $|T(j\omega)|$ bei ω_z den Wert ε_T besitzen und von dort an mit -40 dB/Dekade abfallen soll, erhält man aus dem Theorem von Bode für $\varepsilon_T = 0{,}25$ und $\varepsilon_S = 0{,}1$ ein maximales Verhältnis ω_b/ω_z von 0,4 (s. Abschnitt 4.7).

Systeme mit Totzeitgliedern

Alle bisher angeführten Aussagen gelten nur für Streckenmodelle, die in der rechten s-Halbebene einschließlich des Werts ∞ meromorph sind, d. h. als Singularitäten nur Pole enthalten. Totzeitglieder fallen nicht in diese Kategorie, sie besitzen bei $s = \infty$ eine wesentliche Singularität. Die exakte mathematische Behandlung im kontinuierlichen Fall ist deshalb sehr aufwendig. Für praktische Zwecke erscheinen zwei Auswege sinnvoll:

a) Approximation der Totzeit durch rationale Glieder (Padé-Approximation), z B.

$$e^{-sT_t} \approx \frac{2 - sT_t}{2 + sT_t} ;$$

b) Analyse als Abtastsystem mit gegenüber der Totzeit kleiner, diese ganzzahlig teilender Tastzeit.

Im ersten Fall kann man direkt die vorstehenden Ergebnisse benutzen, wobei natürlich die zusätzlichen Modellierungsfehler zu beachten sind. Im zweiten Fall ist der Aufwand recht hoch, dabei kann aber im Prinzip beliebige Genauigkeit erreicht werden. Beide Methoden liefern eine erreichbare Regelgüte, die unterhalb des exakten Optimums liegt.

Der Effekt einer Totzeit auf den erreichbaren Verlauf von $|T(j\omega)|$ allein ist genau derselbe wie der des aus den Nullstellen in der rechten s-Halbebene gebildeten Allpaßfaktors (s. Abschnitt 5.4). Ist die Strecke stabil, so haben Totzeiten wie rHE-Nullstellen auf $|T(j\omega)|$ keinen Einfluß, da sie in T(s) nur zu einem Allpaßfaktor führen. Treten instabile Pole auf, so muß der Maximalwert von $|T(j\omega)|$ größer sein als $\max_j \{\exp(p_j T_t)\}$ (p_j seien die instabilen Pole). Für eine gute Regelung ist es deshalb notwendig, daß der größte Realteil eines Pols kleiner ist als 1/3 der reziproken Totzeit.

Optimales Führungsverhalten (s. Abschnitt 5.3)

Das erreichbare Führungsverhalten wird durch Nullstellen mit positivem Realteil von $G_S(s)$ und instabile Pole von $G_M(s)$ erheblich beschränkt. Diese Beschränkung entspricht in beiden Fällen derjenigen, die rHE-Nullstellen von G_S oder G_M für $S(j\omega)$ zur Folge haben. Die zusätzliche Reduzierung der erreichbaren Regelgüte durch instabile Streckenpole tritt nicht auf, und Nullstellen im Rückführzweig haben keinen Einfluß, solange $G_K(s)$ und $G_F(s)$ frei wählbar sind.

Wird ein beliebiges Führungsverhalten im Rahmen dieser Grenzen vorgeschrieben, so kann dies zusätzliche Restriktionen für $|S(j\omega)|$ zur Folge haben, nämlich dann, wenn die Kompensationsglieder Pole oder Nullstellen in der rechten Halbebene aufweisen müssen.

Für Regelungen mit Einheitsrückführung entsprechen die einhaltbaren Schranken für $|R(j\omega)|$ denen für das Störverhalten.

Zeitdiskrete Regelkreise und Abtastregelungen (s. Kapitel 8)

Beschreibt man das Übertragungsverhalten zeitdiskreter Systeme durch die z-Transformation der Gewichtsfolgen, so tritt an die Stelle der rechten s-Halbebene das Äußere des Einheitskreises als kritisches Gebiet. Die analog zum kontinuierlichen Fall definierten Funktionen $S(z)$, $T(z)$, $R(z)$ müssen dort analytisch und beschränkt sein und zusätzlich Interpolationsbedingungen erfüllen, falls die gegebenen Systeme Pole oder Nullstellen außerhalb des Einheitskreises besitzen.

Die Spezifikation des gewünschten Regelkreisverhaltens erfolgt dann entsprechend durch Vorgabe von Schranken für $S(e^{j\Omega})$, $T(e^{j\Omega})$, $R(e^{j\Omega})$, $\Omega \in [-\pi,\pi]$.

Durch Anwendung der w-Transformation,

$$w = \frac{2}{T}\,\frac{z-1}{z+1}\,, \qquad \text{(B.12)}$$

läßt sich die erreichbare Regelgüte bei stückweise konstanten Schranken unmittelbar aus den Ergebnissen für den kontinuierlichen Fall ablesen. Hierzu müssen nur die Pole und Nullstellen außerhalb des Einheitskreises nach (B.12) in die entsprechenden Werte in der rechten s-Halbebene umgerechnet werden. Der Zusammenhang der transformierten Frequenzwerte (Imaginärteil von $w=u+jv$) zu den ursprünglichen Ω-Werten lautet

$$\Omega = 2 \arctan\left(\frac{vT}{2}\right). \tag{B.13}$$

Die aus den Diagrammen ermittelten Werte von v_b, v_z liefern nach dieser Beziehung die interessierenden Eckfrequenzen Ω_b, Ω_z.

Starke Bandbreitenbeschränkungen ergeben sich aus Nullstellen von $G_S(z)$ nahe bei + 1 außerhalb des Einheitskreises. Eine Nullstelle bei $z = \infty$ (diskrete Totzeit von einem Abtastschritt) beschränkt die erreichbare Bandbreite auf $v_b \approx \frac{1}{T}$ bzw. $\Omega_b \approx 1$. Nullstellen nahe der negativen reellen Achse bewirken eine geringere Bandbreitenbegrenzung als solche im Unendlichen, diese fällt umso weniger ins Gewicht, je dichter die Nullstelle bei (-1, j0) liegt.

Umgekehrt ist der Einfluß zusätzlicher instabiler Pole der Regelstrecke auf das Regelkreisverhalten umso stärker, je dichter diese am Punkt (-1, j0) liegen. Die grundsätzlichen Auswirkungen entsprechen genau denen im kontinuierlichen Fall.

Wegen der nichtlinearen Abbildungsvorschrift (B.13) spielt der Bereich $v > 10/T$ für das Verhalten des diskreten Regelkreises keine wesentliche Rolle.

Die Auswirkungen von Totzeiten (Nullstellen im Unendlichen) lassen sich im zeitdiskreten Fall exakt berücksichtigen. Dazu müssen die Sätze von Schur bzw. Nehari benutzt werden (s. Abschnitte 8.3 und 8.4). Während die Überprüfung der Einhaltbarkeit von Spezifikationen von $|S(e^{j\Omega})|$ allein noch relativ einfach ist, ergibt sich für die vollständige Spezifikation allerdings ein hoher Rechenaufwand.

Die Ergebnisse für zeitdiskrete Regelkreise gelten auch für Abtastregelkreise, wenn nur das Verhalten in den Abtastzeitpunkten interessiert, und die Abtastung geeignet angesetzt wird (s. Abschnitt 8.5).

Als Besonderheit weisen abgetastete kontinuierliche Regelstrecken häufig Nullstellen außerhalb des Einheitskreises bzw. für w-Werte mit positivem Realteil auf, obwohl das kontinuierliche System minimalphasig ist. Diese führen ebenfalls zu Restriktionen für das optimal mögliche Verhalten des Abtastregelkreises. Besitzen die zusätzlichen Nullstellen außerhalb des Einheitskreises im z-Bereich jedoch negative Realteile, so sind sie zwar bei der Reglerberechnung zu berücksichtigen (da nicht kompensierbar), bewirken aber keine einschneidenden Beschränkungen der erreichbaren Bandbreite.

Mehrgrößensysteme (s. Kapitel 9)

Im Mehrgrößenfall wird das Übertragungsverhalten eines dynamischen Systems durch die Frequenzgangs- bzw. Übertragungsmatrix anstelle der Übertragungsfunktion bzw. des Frequenzgangs beschrieben. Der Betrag des Frequenzgangs als Maß der Stärke der Übertragung einer bestimmten Frequenz kann ersetzt werden durch den maximalen Singulärwert der Frequenzgangmatrix (das Quadrat des maximalen Singulärwerts ist der größte Eigenwert des Produkts der Matrix mit der konjugiert komplexen transponierten Matrix).

Als Maß der Regelgüte erhält man so Schranken für die maximalen Singulärwerte der Störfrequenzgangmatrix $\underline{S}(j\omega)$, der komplementären Matrix $\underline{T}(j\omega)$,

$$\underline{T}(j\omega) = \underline{I} - \underline{S}(j\omega), \tag{B.14}$$

sowie der entsprechend dem skalaren Fall definierten Matrix $\underline{R}(j\omega)$:

$$\sigma_1 [\, \underline{S}(j\omega) \,] \le A(\omega) \tag{B.15}$$

$$\sigma_1 [\, \underline{T}(j\omega) \,] \le B(\omega) \tag{B.16}$$

$$\sigma_1 [\, \underline{R}(j\omega) \,] \le A_R(\omega) . \tag{B.17}$$

Die Einhaltbarkeit dieser Anforderungen, die wie im skalaren Fall gutes Folgeverhalten und Robustheit sicherstellen, wird wiederum durch die Forderung nach vollständiger Stabilität bestimmt.

Vollständige Stabilität eines Mehrgrößensystem liegt dann vor, wenn alle Übertragungsmatrizen zwischen von außen zugänglichen Signalen als Elemente in der rechten s-Halbebene beschränkte und analytische Funktionen haben. Wie im Eingrößenfall ist hierfür die Stabilität von $\underline{S}(s)$ notwendig, aber nicht hinreichend. Zusätzlich muß die Kompensation von Polen und Nullstellen in der rechten s-Halbebene ausgeschlossen werden.

Im Unterschied zum Eingrößenfall läßt sich diese Forderung jedoch nicht als eine Interpolationsbedingung oder als Kürzungsverbot ausdrücken. Der Grund hierfür ist, daß nun nicht nur die Lage von Polen und Nullstellen, sondern auch deren "Geometrie" eine Rolle spielt. Besitzen z. B. zwei diagonale Übertragungsmatrizen je einen Pol bzw. eine Nullstelle mit gleichem Wert, so kürzen sich diese Anteile im Produkt nur dann, wenn sie im gleichen Element auftreten. Die Darstellung aller erreichbaren geschlossenen Regelkreise muß daher von einer Darstellung des gegebenen Systems als Quotient zweier stabiler Systeme ausgehen und ist durch die sog. Youla-Parametrierung (Lemma 9.3) gegeben. Aus dieser lassen sich Matrix-Interpolationsbedingungen herleiten.

Wenn nur die Einhaltbarkeit von Schranken $\sigma_1[\underline{S}(j\omega)]$ überprüft werden soll, so ergeben sich als notwendige Bedingungen genau dieselben Beziehungen für $A(\omega)$ wie im skalaren Fall für Nullstellen in der rechten s-Halbebene. Zusätzliche instabile Pole bewirken jedoch zusätzliche Beschränkungen nur unter bestimmten geometrischen Bedingungen.

Aus der Youla-Parametrierung und einer Faktorisierung der dort auftretenden Übertragungsmatrizen gewinnt man ganz analog zum skalaren Fall Bedingungen für die Einhaltbarkeit von Spezifikationen von $\underline{S}(j\omega)$ und $\underline{T}(j\omega)$ in komplementären Intervallen. Diese können wiederum durch Umwandlung in ein reines Approximationsproblem oder in ein reines Interpolationsproblem ausgewertet werden, wobei im letzteren Fall die entsprechende Verallgemeinerung des Ergebnisses von Pick verwendet wird. Für die Approximation des Übergangs von der Spezifikation von $\underline{S}$ zu der von $\underline{T}$ können die im skalaren Fall verwendeten Cauer-Approximationen ebenfalls benutzt werden.

Die Ermittlung der optimalen Regelgüte ist so im Mehrgrößenfall ganz analog zum Eingrößenfall möglich. Allerdings bedeutet die Bestimmung der Darstellung der Strecke als Quotient, die Berechnung der für die Youla-Parametrisierung benötigten Matrizen sowie vor allem die Faktorisierung von Übertragungsmatrizen in minimalphasige Anteile und Allpaßmatrizen einen erheblichen Aufwand. Die Durchführung dieser Berechnungen erfolgt vorteilhaft im Zustandsraum, ausgehend von einer entsprechenden Minimalrealisierung der Regelstrecke. Entsprechende Algorithmen finden sich in dem kürzlich erschienenen Buch von Francis [FRA] . Auch die Bestimmung von Reglern zur Erreichung der optimalen Regelgüte geschieht am besten mit den dort beschriebenen Zustandsraummethoden.

Die Benutzung der Ergebnisse für den Reglerentwurf

Die grundlegende Bedeutung der hier dargestellten Ergebnisse besteht zuerst darin, daß sie klare und exakte Aussagen über das prinzipiell erreichbare Regelkreisverhalten machen. Für eine einfache, durchsichtige und anschauliche Spezifikation der gewünschten Regelgüte geben die Diagramme in Kapitel 7 einen Überblick über die objektiven Grenzen des durch Regelung Erreichbaren.
Die vorgestellten Berechnungsmethoden lassen sich genauso auf andere Anforderungen an den geschlossenen Regelkreis, die sich aus dem speziellen Entwurfproblem ergeben, anwenden (vgl. das Beispiel der Reaktorregelung).

Auf der Grundlage der Bestimmung der aufgrund der Modelldynamik, der Modellgenauigkeit und ggf. weiterer Beschränkungen der zulässigen Bandbreite wie Stellgrößenbegrenzungen erreichbaren Regelgüte läßt sich eine bewußte Wahl treffen, wie nahe man dem Optimum kommen will, und welcher Preis in Form komplizierterer Kompensationsglieder hierfür gezahlt werden soll. Insbesondere kann die Regelbarkeit einer Strecke <u>vor</u> dem Reglerentwurf beurteilt werden.

Hieraus kann sich durchaus ergeben, daß zuerst die Voraussetzungen für die Regelung verbessert werden sollten oder die Spezifikationen abgeändert werden müssen, bevor mit dem eigentlichen Entwurf begonnen wird.

Von gar nicht zu überschätzender praktischer Bedeutung ist, daß mit den dargestellten Methoden die Modellgüte in Beziehung gesetzt werden kann zur gewünschten bzw. erreichbaren Regelgüte. Wer mit praktischen Regelungsproblemen konfrontiert ist, weiß, daß die Erstellung und Validierung eines brauchbaren Streckenmodells meistens weitaus aufwendiger ist als der Reglerentwurf selbst. Ausgehend von den Anforderungen an das Regelkreisverhalten kann mit den vorgestellten Ergebnissen ermittelt werden, welche Modellierungsgenauigkeit erforderlich ist, d.h. in welchem Frequenzbereich das Modell genau sein muß und wo eine grobe Näherung ausreicht. So kann u. U. das zugrundegelegte Modell auch gleich vereinfacht werden.

Ist umgekehrt bekannt, welche Abweichungen vom Nominalmodell von der Regelung toleriert werden müssen (z.B. weil das reale System ein bekanntes nichtlineares Verhalten aufweist), so kann die mit linearen festeingestellten Reglern bestenfalls erreichbare Güte der Regelung bestimmt werden als Grundlage der Strukturfestlegung.

Die Optimierung des Regelkreises für Schranken der Frequenzgänge des Störverhaltens und der komplementären Störübertragungsfunktion stellt auch den ersten Schritt einer systematischen rechnergestützten Entwurfsprozedur dar. Als zweiter Schritt muß sich die Vereinfachung der Kompensationsglieder anschließen. Denn bei optimaler Auslegung wird die Streckendynamik stets soweit wie irgend möglich invertiert, und zusätzlich ist die gewünschte Funktion S(s) vor allem bei Benutzung einfacher Schranken von hoher Ordnung. Diese erniedrigt sich zwar, wenn anstelle stückweise konstanter Schranken rationale Funktionen verwendet werden, jedoch um den Preis einer von vornherein geringeren effektiven Bandbreite des Regelkreises. Die Verwendung von Schranken mit weicherem Verlauf ändert auch nichts daran, daß eine Vereinfachung der Regler vorgesehen werden muß.

Deshalb erscheint es folgerichtiger, die Reglerordnung nicht schon bei der Wahl der Schranken im Auge zu haben, sondern zuerst das optimale Verhalten für die gewünschte Spezifikation zu bestimmen. Daraus resultiert folgendes Entwurfsverfahren:

1. Lösung des Interpolationsproblems für den optimalen Regelkreis wie in Kapitel 6 beschrieben (dies hat eine eindeutige Lösung),
2. Berechnung des resultierenden optimalen Reglerfrequenzgangs (hierzu muß die Phase zur spezifizierten Betragsfunktion berechnet werden),
3. Approximation dieses Frequenzgangs durch eine rationale Funktion möglichst niedriger Ordnung, wobei zweckmäßig der für das Verhalten des geschlossenen Regelkreises entscheidende Frequenzbereich um die Durchtrittsfrequenz des offenen Kreises stärker gewichtet wird.

Diese Vorgehensweise ist natürlich ganz analog im zeitdiskreten Fall möglich, z. B. unter Benutzung der w-Transformation. Sie bietet sich auch insbesondere zur Lösung von Mehrgrößenproblemen an, da es hier prinzipiell erheblich schwieriger ist, dem optimalen Verhalten mit Probierverfahren nahezukommen. Eine gute Übersicht über mögliche Verfahren zur Vereinfachung der Kompensationsglieder im Mehrgrößenfall findet sich in [WAH].

An der Universität Oxford wurde inzwischen ein CAD-Programm zur Lösung des gemischten $\mathbb{H}^\infty$-Optimierungsproblems

$$\max_{\omega} \quad |W_A(j\omega)S(j\omega)|^2 + |W_B(j\omega)T(j\omega)|^2 \rightarrow \text{Min}$$

bzw. des entsprechenden Mehrgrößenproblems mit festen rationalen Gewichtungsfunktionen entwickelt und ist kommerziell verfügbar [POG]. Wählt man W_A^{-1} und W_B^{-1} als rationale Approximationen der minimalen Schranken für $|S(j\omega)|$ und $|T(j\omega)|$ in (B.8) bzw. (B.9), die für $|\omega| \geq \omega_b$ bzw. $|\omega| \leq \omega_z$ möglichst rasch auf Null abfallen, so liefert dies einen Regler, der annähernd das optimale Verhalten im Sinne der Spezifikation durch komplementäre Schranken erreicht (Schritt 2 der obigen Entwurfsprozedur).

Schließlich kann die Analyse der optimalen Regelgüte dazu benutzt werden, Reglerentwurfsverfahren geeignet zu parametrieren, z.B. durch Wahl der Eigenwerte entsprechend der bestimmten Bandbreite bei Entwurf durch Polvorgabe, oder als Qualitätsmaßstab für den Entwurf mit klassischen Verfahren dienen.

Damit steht im Frequenzbereich ein breites Spektrum von Entwurfsverfahren zur Verfügung, das den rein im Zeitbereich angesiedelten Methoden hinsichtlich der Robustheit und der Möglichkeit, Regler niedriger Ordnung zu bestimmen, überlegen ist und theoretisch nicht weniger gut fundiert ist als die reinen Zustandsraummethoden.

Vorteile der Behandlung im Frequenzbereich

Wesentlicher Vorteil der Analyse von Regelungssystemen im Frequenzbereich ist die Möglichkeit, unstrukturierte Modellungenauigkeiten, wie sie bei jedem Regelungsproblem auftreten, exakt zu berücksichtigen. Nur im Frequenzbereich läßt sich das optimale Regelverhalten bei garantierter Einhaltung von realistischen Robustheitsforderungen bestimmen. Hierbei spielt es keine Rolle, ob das reale System eine andere Ordnung besitzt als das Modell oder Totzeiten auftreten. Sinnvolle Aussagen über die erforderliche Modellordnung und -genauigkeit erfordern eine Analyse im Frequenzbereich, nämlich eine Überprüfung, ob das dynamische Verhalten bei den für die Regelung kritischen Frequenzwerten vom Modell gut beschrieben wird.

Die Eigenschaften dynamischer Systeme lassen sich in einer frequenzabhängigen Darstellung umfassend und anschaulich erfassen. Die Spezifikation von Regelkreisen sollte deshalb stets im Frequenzbereich formulierte Anforderungen enthalten. Die Erfüllbarkeit grundlegender Entwurfsforderungen für die charakteristischen Frequenzgänge des geschlossenen Kreises läßt sich mit dem in dieser Arbeit besprochenen Methoden exakt analysieren.

Literatur zu Anhang B

[EKL] S. Engell and A. Kleiner: Frequency domain analysis of robot joint dynamics. Proceedings Workshop "Kinematic and dynamic issues in sensor based control", Castelvecchio, 1987, to be published by Springer Verlag.

[ENP] S. Engell, G. Nöth und J. Pangalos: Indirekte Reglersynthese für Strecken mit einer Nullstelle in der rechten s-Halbebene. Regelungstechnik 30 (1982), 232-238.

[FRA] B.A. Francis: A Course in H^{∞} Control Theory. (Lecture Notes in Control and Information Sciences No. 88). Berlin: Springer Verlag 1987.

[KLE] A. Kleiner: Robuste Achsregelung bei Industrierobotern: Modellbildung und Identifikation. Diplomarbeit, Fakultät für Elektrotechnik, Universität Karlsruhe, 1987.

[KUN] H.-B. Kuntze: Regelungsalgorithmen für rechnergesteuerte Industrieroboter. Regelungstechnik 32, 215-226.

[POG] J. Postlethwaite, S.D. O'Young, D.-W. Gu and J. Hope: $\mathbb{H}^{\infty}$ Control systems design: a critical assessment. IFAC World Congress, München, 1987, Preprints Vol.8, 328-333.

[WAH] B. Wahlberg: On the Identification and Approximation of Linear Systems. Dissertation Department of Electrical Engineering, Linköping University, 1987.

Literaturverzeichnis

[AAK] V.M. Adamjan, D.Z. Arov and M.G. Krein: Infinite Hankel matrices and generalized problems of Carathéodory, Fejér and I. Schur. Functional Anal. Appl. 2 (1968), 269-281.

[AC1] J. Ackermann: Parameter space design of robust control systems. IEEE Tr. on Automatic Control 25 (1980), 1058-1072.

[AC2] J. Ackermann: Abtastregelung (2. Auflage). Berlin: Springer-Verlag 1982.

[AH] L. Ahlfors: Complex Analysis (3. Ed.). New York: McGraw-Hill, 1979.

[BD] S. Boyd and C.A. Desoer: Subharmonic functions and performance bounds on linear time-invariant feedback systems. University of California, Berkeley, Memorandum ERL M84/51 sowie Proc. MTNS-85, North Holland Publ., 1986.

[BO] H.W. Bode: Network Analysis and Feedback Amplifier Design. New York: Van Nostrand, 1945.

[BR] G. Bräuning: Gewöhnliche Differentialgleichungen. Frankfurt und Zürich: Verlag Harri Deutsch, 1972.

[BS] I.N. Bronstein, K.A. Semendjajew et al.: Taschenbuch der Mathematik (21. Auflage). Leipzig: Verlag B.G. Teubner, 1982.

[CA1] W. Cauer: Ein Interpolationsproblem mit Funktionen mit positivem Realteil. Math. Z. 38 (1933), 1-44.

[CA2] W. Cauer: Theorie der linearen Wechselstromschaltungen (2. Auflage). Berlin: Akademieverlag, 1954.

[CA3] W. Cauer: Bemerkung über eine Extremalaufgabe von Zolotareff. ZAMM 20 (1940), 358.

[CAD] F.M. Callier and C.A. Desoer: Stabilization, tracking and disturbance rejection in multivariable convolution systems. Ann. Soc. Sci. Bruxelles 94 (1980), 7-51.

[CD1] M.J. Chen and C.A. Desoer: Necessary and sufficient conditions for robust stability of linear distributed feedback systems. Int. J. Control 35 (1982), 255-267.

[CD2] M.J. Chen and C.A. Desoer: The problem of guaranteeing robust disturbance rejection in linear multivariable feedback systems. Int. J. Control 37 (1983), 305-313.

[CO] J.B. Conway: Functions of One Complex Variable. New York: Springer-Verlag, 1978.

[CP] B.C.Chang and J.B. Pearson: Optimal disturbance rejection in linear multivariable systems. IEEE Tr. on Automatic Control 29 (1984), 880-887.

[DGK] P. Delsarte, Y. Genin and Y. Kamp: The Nevanlinna-Pick problem for matrix-valued functions. SIAM J. Appl. Math. 36 (1979), 47-61.

[DO1] G. Doetsch: Einführung in Theorie und Anwendung der Laplace-Transformation (2. Auflage). Basel und Stuttgart: Birkhäuser Verlag, 1970.

[DO2] G. Doetsch: Handbuch der Laplace-Transformation, Band 1. Basel und Stuttgart: Birkhäuser Verlag 1971.

[DO3] G. Doetsch: Anleitung zum praktischen Gebrauch der Laplace-Transformation und der z-Transformation. München und Wien: Oldenbourg Verlag, 1967.

[DR] M. Drechsler: Untersuchung zum Einsatz des Strobel'schen Approximationsverfahrens bei der Synthese von Eingrößenregelkreisen. Studienarbeit am FG MSRT (Betreuer S. Engell), Universität -GH- Duisburg, 1983.

[DS] J.C. Doyle and G. Stein: Multivariable feedback design: concepts for a classical-modern synthesis. IEEE Tr. on Automatic Control 26 (1981), 4-16.

[DV] C.A. Desoer and M. Vidyasagar: Feedback Systems: Input-Output Properties. New York: Academic Press, 1975.

[EI] EISPACK Guide Extension - Matrix Eigensystem Routines. Berlin: Springer-Verlag, 1977.

[EK] S. Engell und D. Konik: Robust decentralized control by approximate decoupling. 10th IFAC World Congress, München 1987.

[EN1] S. Engell: Das Gleichgewichtstheorem aus informationstheoretischer Sicht. (a) Regelungstechnik 32 (1984), 119-124. (b) Forschungsbericht 7/82, FG MSRT, FB7, Universität -GH- Duisburg.

[EN2] S. Engell: Untersuchung der digitalen Übertragung analoger Zufallssignale. VDI-Fortschrittbericht, Reihe 8, Nr. 53, 1983.

[EN3] S. Engell: An information-theoretical approach to regulation. Int. J. Control 41 (1985), 557-573.

[ENP] S. Engell, G. Nöth und J. Pangalos: Indirekte Reglersynthese für Strecken mit einer Nullstelle in der rechten s-Halbebene. Regelungstechnik 30 (1982), 232-239.

[FF] A. Feintuch and B.A. Francis: Uniformly optimal control of linear feedback systems. Automatica 21 (1985), 563-572.

[FL] J.S. Freudenberg and D.P. Looze: Right half-plane poles and zeros and design tradeoffs in feedback systems. IEEE Tr. on Automatic Control 30 (1985), 555-565.

[FÖ1] O. Föllinger: Zur Stabilität von Totzeitsystemen. Regelungstechnik 15 (1967), 145-149.

[FÖ2] O. Föllinger: Regelungstechnik (2. Auflage). Berlin: Elitera-Verlag, 1978.

[FÖ3] O. Föllinger: Laplace- und Fourier-Transformation. Berlin: Elitera-Verlag, 1977.

[FP] G.F. Franklin and J.D. Powell: Digital Control of Dynamic Systems. Reading, MA: Addison-Wesley Publ. , 1980.

[FR1] P.M. Frank: Regler mit negativer Gruppenlaufzeit für Totzeitstrecken. Dissertation, TH Karlsruhe, 1966.

[FR2] P.M. Frank: Empfindlichkeitsanalyse dynamischer Systeme. München und Wien: Oldenbourg Verlag, 1976.

[FHZ] B.A. Francis, J.W. Helton and G. Zames: $\mathbb{H}^\infty$-optimal feedback controllers for linear multivariable systems. IEEE Tr. on Automatic Control 29 (1984), 888-900.

[FTZ] C. Foias, A. Tannenbaum and G. Zames: Weighted sensitivity minimization for delay systems. Proc. 24th IEEE Int. Conf. on Decision and Control (1985), 244-249.

[FZ] B.A. Francis and G. Zames: On $\mathbb{H}^\infty$-optimal sensitivity theory for SISO feedback systems. IEEE Tr. on Automatic Control 29 (1984), 9-16.

[GA] J.B. Garnett: Bounded Analytic Functions. New York: Academic Press, 1981.

[GE] W. Gerth: Zur Identifikation und Minimalrealisierung von Mehrgrößensystemen durch Markovparameter. Dissertation TU Hannover, 1972.

[GG] J. Goclowski and A. Gelb: Dynamics of an automatic ship steering system. Proc. Joint Autom. Control Conf. 1969, 294-304.

[GL] K. Glover: All optimal Hankel-norm approximations of linear multivariable systems and their L^∞-error bounds. Int. J. Control 39 (1984), 1115-1193.

[GR] M.J. Grimble: $\mathbb{H}^\infty$- and LQG robust design methods for uncertain linear systems. IFAC Workshop on Model Error Concepts and Compensation. Boston, MA, 1985.

[HE1] J.W. Helton: Broadbanding: gain equalization directly from data. IEEE Tr. on Circuits and Systems 28 (1981), 1125-1137.

[HE2] J.W. Helton: Worstcase analysis in the frequency domain: the $\mathbb{H}^\infty$-approach to control. IEEE Tr. on Automatic Control 30 (1985), 1154-1170.

[HI] E. Hille: Analytic Function Theory Vol. 1 (2nd Ed.). New York: Chelsea Publ. Comp., 1976.

[HO] K. Hoffman: Banach Spaces of Analytic Functions. Englewood Cliffs, NJ: Prentice-Hall Publ., 1962.

[HOP] M. Hoppe: Die Regelung von Systemen mit Allpaß-Eigenschaften. Dissertation, Ruhr-Universität Bochum, 1981.

[HOR] I.M. Horowitz: Synthesis of Feedback Systems. New York: Academic Press, 1963.

[JA] G.M.L. Janssen: Die Deutung des Verhaltens eines Regelsystems aus dem Abweichungsverhältnis. Regelungstechnik 3 (1955), 303-309.

[KAK] N. Karcanias and B. Kouvaritakis: The output-zeroing problem and its relationship to the invariant zero structure. Int. J. Control 30 (1979), 395-415.

[KK] H.W. Knobloch und H. Kwakernaak: Lineare Kontrolltheorie. Berlin: Springer-Verlag 1985.

[KP] P.P. Khargonekar and K.R. Poolla: Uniformly optimal control of linear time-invariant plants: nonlinear time-varying controllers. Systems and Control Letters 6 (1986), 303-308.

[KR] V. Krebs: Das Gleichgewichtstheorem - eine grundsätzliche Aussage über das Verhalten von Regelkreisen. Regelungstechnik 21 (1973), 25-27 und 56-59.

[KS] H. Kwakernaak and R. Sivan: The maximally achievable accuracy of linear optimal regulators and linear optimal filters. IEEE Tr. on Automatic Control 17 (1972), 79-86.

[KU] V. Kucera: Discrete Linear Control: The Polynomial Equation Approach. Chichester: John Wiley, 1979.

[KW1] H. Kwakernaak: Minimax frequency domain performance and robustness optimization of linear feedback systems. IEEE Tr. on Automatic Control 30 (1985), 994-1004.

[KW2] H. Kwakernaak: A polynomial approach to minimax frequency domain optimization. Preprint MTNS-85, Proc. MTNS-85, North-Holland Publ. Comp., 1986.

[LCP] A.P. Loh, G.O. Correa and I. Postlethwaite: Estimation of uncertainty bounds for robustness. IEE Int. Conf. Control 85, Preprints 138-144.

[LIM] D.J.N. Limebeer: The application of generalized diagonal dominance. Int. J. Control 36 (1982), 185-212.

[LIN] D.P. Lindorff: Theory of Sampled-Data Control Systems. New York: John Wiley, 1965.

[LS] C. Landgraf und G. Schneider: Elemente der Regelungstechnik. Berlin: Springer-Verlag, 1970.

[NEH] Z. Nehari: On bounded bilinear forms. Ann. Math. 65 (1957), 153-162.

[NEV] R. Nevanlinna: Über beschränkte analytische Funktionen. Ann. Acad. Sci. Fenn. 32 (1929), Nr. 7.

[NÖ] G. Nöth: Self-Tuning-Strategien zur Regelung nichtminimalphasiger Regelstrecken. Dissertation Ruhruniversität Bochum, 1982.

[OF] S.D. O'Young and B.A. Francis: Optimal performance and robust stabilization. University of Toronto, Systems and Control Group Report 8502, 1985; s.a. Proc. 24th IEEE Int. Cont. on Decision and Control (1985), 239-244.

[PA] A. Papoulis: The Fourier-Integral and its Applications. New York: McGraw-Hill, 1962.

[PF] I. Postlethwaite and Y.K. Foo: Robustness with simultaneous pole and zero movement across the $j\omega$-axis. Automatica 21 (1985), 433-443.

[PIC] G. Pick: Über die Beschränkungen analytischer Funktionen, welche durch vorgegebene Funktionswerte bewirkt werden. Math. Ann. 77 (1916), 7-23.

[PIL] H. Piloty: Zolotareff'sche rationale Funktionen. ZAMM 34 (1954), 175-189.

[RO1] H.H. Rosenbrock: The stability of multivariable systems. IEEE Tr. on Automatic Control 17 (1982), 105-1o7.

[RO2] H.H. Rosenbrock: Computer Aided Control Systems Design. New York: Academic Press, 1974.

[SA] R. Saal und W. Entenmann: Handbuch zum Filterentwurf. Berlin: AEG-Telefunken Verlag, 1979.

[SL] G. Schlegel: Experimentelle Identifikation und Optimierung des nichtlinearen Mehrgrößen-Regelsystems Umlauf-Dampferzeuger. Dissertation Universität Stuttgart, 1973.

[SM] G. Schmidt: Grundlagen der Regelungstechnik. Berlin: Springer-Verlag, 1984.

[SN] J. Snyders: Error expressions for optimal linear filtering of stationary processes. IEEE Tr. on Information Theory 18 (1972), 574-582.

[SÖ] W. Söte: Eine strukturorientierte Untersuchung zur Approximation von linearen zeitinvarianten Systemen. Dissertation TU Hannover, 1979.

[SS] R. Saucedo and E.E. Schiring: Introduction to Continuous and Digital Control Systems. New York: Macmillan Publ., 1968.

[ST] V. Streijc: Dimensionierung stetiger linearer Regelkreise für die Praxis. Braunschweig: Vieweg Verlag, 1970.

[SU] I. Schur: Über Potenzreihen, die im Innern des Einheitskreises beschränkt sind. J. Reine Angew. Math. 147 (1917), 205-232.

[SV] M.G. Safonov and M.S. Verma: L^{∞}-optimization and Hankel approximation. IEEE Tr. on Automatic Control 30 (1985), 279-280.

[SVA] F. Svaricek: Graphentheoretische Beschreibung und Bestimmung der endlichen und unendlichen Nullstellen von linearen Mehrgrößensystemen. Dissertation, Universität -GH- Duisburg; VDI Fortschrittsbericht R.8 Nr. 135. Düsseldorf: VDI-Verlag 1987.

[SW1] H. Schwarz: Mehrfachregelungen Band II. Berlin: Springer-Verlag, 1971.

[SW2] H. Schwarz: Frequenzgang- und Wurzelortskurvenverfahren. Mannheim: Bibliographisches Institut,1968; neu aufgelegt 1976.

[SW3] H. Schwarz: Zeitdiskrete Regelungssysteme. Braunschweig: Vieweg Verlag,1979.

[TA] A. Tannenbaum: Feedback stabilization of linear dynamical plants with uncertainty in the gain factor. Int. J. Control 32 (1980), 1-18.

[TO] H. Tolle: Mehrgrößen-Regelkreissynthese Band I. München und Wien: Oldenbourg Verlag,1983.

[UE] H. Unbehauen und S. Engell: Anwendung des Mehrgrößen-Nyquist-Verfahrens auf ein Dampferzeugermodell. Regelungstechnik 27 (1979), 250-259.

[UN1] H. Unbehauen: Regelungstechnik I (2. Auflage). Braunschweig: Vieweg Verlag, 1984.

[UN2] H. Unbehauen: Regelungstechnik II. Braunschweig: Vieweg Verlag, 1983.

[VSF] M. Vidyasagar, H. Schneider and B.A. Francis: Algebraic and topological aspects of feedback stabilization. IEEE Tr. on Automatic Control 27 (1982), 880-894.

[WA] J.L. Walsh: Interpolation and Approximation by Rational Functions in the Complex Domain. Providence, RI: American Math. Soc. Publ., 1960.

[WAS] M. Wassel: Eine stabilitätsorientierte Untersuchung zum Verhalten und Entwurf von hierarchisch organisierten Optimalsystemen. Dissertation, TU Hannover, 1976.

[WE] J.H. Wescott: The development of relationships concerning the frequency bandwidth and the mean square error of servo systems. Automatic and Manual Control (Ed. A. Tustin), London, 1952.

[WI] J.C. Willems: Almost invariant subspaces: an approach to high gain feedback design, part II. IEEE Tr. on Automatic Control 27 (1982), 1071-1085.

[YOU] D.C. Youla: On the factorization of rational matrices. IRE Tr. on Information Theory, 1961, 172-189.

[YJB] D.C. Youla, H. Jabr and J. Bongiorno: Modern Wiener-Hopf design of optimal controllers, part II. IEEE Tr. on Automatic Control 21 (1976), 319-338.

[YS] D.C. Youla and M. Saito: Interpolation with positive-real functions. J. of the Franklin Institute 284 (1967), 77-108.

[ZA1] G. Zames: Nonlinear Operators for System Analysis. PhD-Thesis, MIT, Cambridge, MA, 1960.

[ZA2] G. Zames: Feedback and Complexity. IEEE Int. Conf. on Decision and Control, 1977.

[ZA3] G. Zames: Feedback and optimal sensitivity: model reference transformations, multiplicative seminorms and approximate inverses. IEEE Tr. on Automatic Control 26 (1981), 301-320.

[ZF] G. Zames and B.A. Francis: Feedback, minimax sensitivity, and optimal robustness. IEEE Tr. on Automatic Control 28 (1983), 585-601.

[ZU] R. Zurmühl: Matrizen (4. Auflage). Berlin: Springer-Verlag, 1964.

Stichwortverzeichnis

MIX
Papier aus verantwortungsvollen Quellen
Paper from responsible sources
FSC® C105338

If you have any concerns about our products,
you can contact us on
ProductSafety@springernature.com

In case Publisher is established outside the EU,
the EU authorized representative is:
Springer Nature Customer Service Center GmbH
Europaplatz 3, 69115 Heidelberg, Germany

Printed by Libri Plureos GmbH
in Hamburg, Germany